新时代上海"人民城市"建设的探索与实践丛书

事关群众切身利益的事再难也要办好

旧区改造卷

Safeguarding People's Livelihood with Unrelenting Efforts

Urban Redevelopment

上海市住房和城乡建设管理委员会　编著

中国建筑工业出版社

人民城市人民建

人民城市为人民

丛书编委会

主　　　任：张小宏　上海市人民政府副市长
　　　　　　秦海翔　住房城乡和建设部副部长
　　　　　　彭沉雷　上海市人民政府党组成员、原上海市人民政府副市长
常务副主任：王为人　上海市人民政府副秘书长
副　主　任：杨保军　住房和城乡建设部总经济师
　　　　　　苏蕴山　住房和城乡建设部建筑节能与科技司司长
　　　　　　胡广杰　中共上海市城乡建设和交通工作委员会书记、
　　　　　　　　　　上海市住房和城乡建设管理委员会主任
委　　　员：李晓龙　住房和城乡建设部办公厅主任
　　　　　　曹金彪　住房和城乡建设部住房保障司司长
　　　　　　姚天玮　住房和城乡建设部标准定额司司长
　　　　　　曾宪新　住房和城乡建设部建筑市场监管司司长
　　　　　　胡子健　住房和城乡建设部城市建设司司长
　　　　　　王瑞春　住房和城乡建设部城市管理监督局局长
　　　　　　宋友春　住房和城乡建设部计划财务与外事司司长
　　　　　　牛璋彬　住房和城乡建设部村镇建设司副司长
　　　　　　张玉鑫　上海市规划和自然资源局局长
　　　　　　于福林　上海市交通委员会主任
　　　　　　史家明　上海市水务局（上海市海洋局）局长
　　　　　　邓建平　上海市绿化和市容管理局（上海市林业局）局长
　　　　　　王　桢　上海市住房和城乡建设管理委员会副主任、
　　　　　　　　　　上海市房屋管理局局长
　　　　　　徐志虎　上海市城市管理行政执法局局长
　　　　　　张玉学　上海市公安局交通警察总队总队长
　　　　　　咸大庆　中国建筑出版传媒有限公司总经理

丛书编委会办公室

主　　　任：胡广杰　中共上海市城乡建设和交通工作委员会书记、
　　　　　　　　　　上海市住房和城乡建设管理委员会主任
副　主　任：张　政　上海市住房和城乡建设管理委员会副主任
　　　　　　金　晨　上海市住房和城乡建设管理委员会副主任
成　　　员：杨　睿　中共上海市城乡建设和交通工作委员会办公室主任
　　　　　　鲁　超　上海市住房和城乡建设管理委员会办公室主任
　　　　　　徐存福　上海市住房和城乡建设管理委员会政策研究室主任

本卷编写组

主　编： 胡广杰　中共上海市城乡建设和交通工作委员会书记、
　　　　　　　　上海市住房和城乡建设管理委员会主任
副主编： 张　政　上海市住房和城乡建设管理委员会副主任
　　　　　马　韧　上海市住房和城乡建设管理委员会副主任
　　　　　金　晨　上海市住房和城乡建设管理委员会副主任
　　　　　万　勇　上海社会科学院城市与房地产研究中心主任、
　　　　　　　　上海城市记忆空间研究院院长

撰　稿： 马　韧　徐　尧　徐存福　万　勇　周建梁　胡　煜　刘雪芹
　　　　　陈　卓　杜　骥　姚　琪　赵　勋　黄三卯　龙　腾　邓郴宜
　　　　　刘明洋　万泓杉　高杉杉

上海是中国共产党的诞生地，是中国共产党的初心始发地。秉承这一荣光，在党中央的坚强领导下，依靠全市人民的不懈奋斗，今天的上海是中国最大的经济中心城市，是中国融入世界、世界观察中国的重要窗口，是物阜民丰、流光溢彩的东方明珠。

党的十八大以来，以习近平同志为核心的党中央对上海工作高度重视、寄予厚望，对上海的城市建设、城市发展、城市治理提出了一系列新要求。特别是 2019 年习近平总书记考察上海期间，提出了"人民城市人民建，人民城市为人民"的重要理念，深刻回答了城市建设发展依靠谁、为了谁的根本问题，深刻回答了建设什么样的城市、怎样建设城市的重大命题，为我们深入推进人民城市建设提供了根本遵循。

我们牢记习近平总书记的嘱托，更加自觉地把"人民城市人民建，人民城市为人民"重要理念贯彻落实到上海城市发展全过程和城市工作各方面，紧紧围绕为人民谋幸福、让生活更美好的鲜明主题，切实将人民城市建设的工作要求转化为紧紧依靠人民、不断造福人民、牢牢植根人民的务实行动。我们编制发布了关于深入贯彻落实"人民城市人民建，人民城市为人民"重要理念的实施意见和实施方案，与住房和城乡建设部签署了《共建超大城市精细化建设和治理中国典范合作框架协议》，全力推动人民城市建设。

我们牢牢把握人民城市的战略使命，加快推动高质量发展。国际经济、金融、贸易、航运中心基本建成，具有全球影响力的科技创新中心形成基本框架，以五个新城建设为发力点的城市空间格局正在形成。

我们牢牢把握人民城市的根本属性，加快创造高品质生活。"一江一河"生活秀带贯通开放，"老小旧远"等民生难题有效破解，大气和水等生态环境质量持续改善，在城市有机更新中城市文脉得到延续，城市精神和城市品格不断彰显。

我们牢牢把握人民城市的本质规律，加快实现高效能治理。政务服务"一网通办"和城市运行"一网统管"从无到有、构建运行，基层社会治理体系不断完善，垃圾分类引领绿色生活新时尚，像绣花一样的城市精细化管理水平不断提升。

我们希望，通过组织编写《新时代上海"人民城市"建设的探索与实践丛书》，总结上海人民城市建设的实践成果，提炼上海人民城市发展的经验启示，展示上海人民城市治理的丰富内涵，彰显中国城市的人民性、治理的有效性、制度的优越性。

站在新征程的起点上，上海正向建设具有世界影响力的社会主义现代化国际大都市和充分体现中国特色、时代特征、上海特点的"人民城市"的目标大踏步地迈进。展望未来，我们坚信"人人都有人生出彩机会、人人都能有序参与治理、人人都能享有品质生活、人人都能切实感受温度、人人都能拥有归属认同"的美好愿景，一定会成为上海这座城市的生动图景。

Shanghai is the birthplace of the Communist Party of China, and it nurtured the party's initial aspirations and intentions. Under the strong leadership of the Party Central Committee, and relying on the unremitting efforts of its residents, Shanghai has since blossomed into a city that is befitting of this honour. Today, it is the country's largest economic hub and an important window through which the rest of the world can observe China. It is a brilliant pearl of the Orient, as well as a place of abundance and wonder.

Since the 18th National Congress of the Communist Party of China, the Party Central Committee with General Secretary Xi Jinping at its helm has attached great importance to and placed high hopes on Shanghai's evolution, putting forward a series of new requirements for Shanghai's urban construction, development and governance. In particular, during his visit to Shanghai in 2019, General Secretary Xi Jinping put forward the important concept of "people's cities, which are built by the people, for the people". He gave profound responses to the questions of for whom cities are developed, upon whom their development depends, what kind of cities we seek to build and how we should approach their construction. In doing so, he provided a fundamental reference upon which we can base the construction of people's cities.

Keeping firmly in mind the mission given to us by General Secretary Xi Jinping, we have made more conscious efforts to implement the important concept of "people's cities" into all aspects of Shanghai's urban development. Adhering to a central theme of improving the people's happiness and livelihood, we have conscientiously sought ways to transform the requirements of people's city-building into concrete actions that closely rely on the people, that continue to benefit the people, and which provide the people with a deeply entrenched sense of belonging. We have compiled and released opinions and plans for the in-depth implementation of the important concept of "people's cities", as well as signing the *Model Cooperation Framework Agreement for the Refined Contruction and Government of Mega-Cities in China* with the Ministry of Housing and Urban-Rural Development.

We have firmly grasped the strategic mission of the people's city in order to accelerate the promotion of high-quality urban development. We have essentially completed the construction of a global economy, finance, trade and logistics centre, as well as laying down the fundamental framework for a hub of technological innovation with global influence. Meanwhile, an urban spatial layout bolstered by the construction of five new cities is currently taking shape.

We have firmly grasped the fundamental attributes of the people's city in order to accelerate the creation of high standards of living for urban residents. The "One River and One Creek" lifestyle show belt has been connected and opened up, while problems relating to the people's livelihood (such as outdated, small, rundown or distant public spaces) have been effectively resolved. Aspects of the environment such as air and water quality have continued to improve. At the same time, the heritage of the city has been incorporated into its organic renewal, allowing its spirit and character to shine through.

We have firmly grasped the essential laws of the people's city in order to accelerate the realization of highly efficient governance. Two unified networks – one for applying for government services and the other for managing urban functions—have been built from scratch and put into operation. Meanwhile, grassroots social governance has been continuously improved, garbage classification has been updated to reflect the trend of green living, while micro-scale urban management has become increasingly intricate, like embroidery.

Through the compilation of the *Exploration and Practices in the Construction of Shanghai as a "People's City" in the New Era series*, we hope to summarize the accomplishments of urban construction, derive valuable lessons in urban development, and showcase the rich connotations of urban governance in the people's city of Shanghai. In doing so, we also wish to reflect the popular spirit, effective governance and superior institutions of Chinese cities.

At the starting point of a new journey, Shanghai is already making great strides towards becoming a socialist international metropolis with global influence, as well as a "people's city" that fully embodies Chinese characteristics, the nature of the times, and its own unique heritage. As we look toward to the future, we firmly believe in our vision where "everyone has the opportunity to achieve their potential, everyone can participate in governance in an orderly manner, everyone can enjoy a high quality of life, everyone can truly feel the warmth of the city, and everyone can develop a sense of belonging". This is bound to become the reality of the city of Shanghai.

上海是一座饱经沧桑的城市，经过上千年的时空演进，中心城区发生了沧海桑田式的变化。也由于历史的原因，逐渐积累了大量的"老破小"居住房屋，上海民生曾经极为窘迫。

三十年前，上海人均居住面积仅 6.6 平方米，更有数十万户家庭人均居住面积低于 4 平方米，住房成套率仅 31%。2000 年底，中心城区仍有成片二级旧里以下房屋 1600 余万平方米。即使在五年前，仍有近 18 万户家庭还在使用手拎马桶。一面是霓虹璀璨的高楼大厦，一面是逼仄破败的陋室简屋，"十个平方九个头，陆海空样样有""门对门，窗对窗，白天要开灯，户户拎马桶"，这些在旧区居民中流传几十年的自我调侃，背后是道不尽的无奈与辛酸。

党中央、国务院高度重视棚户区改造工作。2018 年，习近平总书记考察上海时指出：上海旧区改造任务还很重，难度也在加大，但"事关人民群众切身利益的事情，再难也要想办法解决"。2019 年，习近平总书记考察上海时，提出"人民城市人民建，人民城市为人民"重要理念，再次指出"无论是新城区建设还是老城区改造，都要坚持以人民为中心，聚焦人民群众的需求"。近年来，国家先后就"棚改"和老旧小区改造制定政策，积极推动，为上海旧区改造提供了制度保障、资金支持，也营造了良好氛围。

历届上海市委、市政府始终把旧区改造作为事关百姓福祉和城市长远发展的重要民生工程和民心工程，放在全市工作的突出位置，以坚定的决心、务实的作风、创新的政策，"一届接着一届干""一年接着一年干"，持之以恒，久久为功，从未懈怠，从未间断。三十年间，先后经历了以"拆旧建新"为主要方式的"365"危棚简屋改造、以"拆改留"为主要方式的成片二级旧里以下房屋改造和以"留改拆并举、以保留保护为主"的成片历史街区更新改造三个阶段。通过这些工作，上海累计完成危棚简屋和成片二级旧里以下房屋改造约4070万平方米，约165万户居民告别"蜗居"，圆梦"新居"，赢得了老百姓的赞誉，同时还积累了经验，探索了模式，书写了辉煌的一页。三十年如一日的旧区改造，两三代人、数以十万计的干部群众作出了贡献，很多人为旧区改造几乎献出半生精力。

2017年以来，上海从"拆改留并举"走向"留改拆并举、以保留保护为主"，既要在保护中推进旧区改造，又要在旧区改造中更好保护历史建筑，难度更大，压力更大。上海为了推进旧区改造，每个基地都进行广泛的社会动员，达成广泛的社会共识。过程中，通过党建联建发挥党员干部模范带头作用，通过"阳光征收"打消老百姓疑虑，通过"两轮征询"体现全过程人民民主，通过改革创新筹措了资金、筹建了房源、完善了政策、创新了机制、构建了模式……特别是党的十九大以来，上海市委、市政府将旧区改造列为民心工程之首，改革创新，攻坚克难，三次"提速换挡"，跑出了"加速度"，经历了不平凡的五年。2022年7月24日，上海迎来了中心城区成片二级旧里以下房屋改造全面完成的历史性时刻，困扰上海多年的民生难题得以历史性解决。五年间，累计实施旧区改造328万平方米，16.5万户居民受益。

如今，通过旧区改造，上海绝大多数居民住房条件得到了改善，2020年年底住房成套率已增加至97.6%，2021年人均住房建筑面积已稳步提高至37.4平方米，市民住上整洁的成套住房，过上有尊严的生活，获得感、幸福感、安全感大大增强。通过旧区改造，上海开展家门口的"脱贫攻坚"，实现广大市民共享改革发展成果，为全面建成小康社会、推进共同富裕奠定基础。通过旧区改造，上海城市全面发展，城市功能得以提升，城市形象得到改观，居住环境更加宜人，治理水平整体提升，现代化进程大大加快。所有这些都凝聚了为此作出贡献的市民、组织者、管理者和专业技术人员的心血。

上海旧区改造写下了上海城市现代化和旧城区复兴的辉煌篇章。无论是民生工程的社会属性，还是受益居民的总体规模，抑或人居环境的改善程度，上海三十年旧区改造都堪称中国城市现代化的典型样本、城市民生工程的重要典范和世界人居发展史上的成功范例，是中国改革开放折射于城市旧区更新发展的缩影。

本书以三十年旧区改造为背景，重点梳理党的十八大以来，尤其是党的十九大以来，上海市旧区改造工作经历的方方面面，既有历程、路径、成效与经验的阐述，更有生动实践的总结，还穿插大量访谈资料、媒体报道和旧貌新颜的对比照片，力求做到图文并茂、深入浅出。

全书内容包括以下六章：

第一章"回望历史"，对上海三十年旧区改造的总体情况进行回顾。包括上海旧区改造工作的三个阶段伟大历程、多个领域不懈探索、五个方面主要特征，开展系统性总结和全景式描述，便于读者基本了解上海旧区改造的历史脉络和基本情况。

第二章"人民至上"，主要是以编写者视角看旧区改造决策。整理党的十八大以来，围绕解决旧区改造这一民生工程、民心工程，党中央、国务院的重视关心，上海市委、市政府的精心部署，市人大、市政协的建言献策，各部门、机构和各区的积极推动，以及各级党组织和广大党员干部的辛勤耕耘。

第三章"改革创新"，主要是以管理者视角看旧区改造创新历程。通过政策如何制订、资金如何筹措、房源如何筹建、机制如何创新四个方面，折射上海围绕解决旧区改造这一"天下第一难"问题，积极应对挑战，破解瓶颈难题，走出了一条具有上海特色的超大城市旧区改造新路子。

第四章"群众路线"，主要是以第一线视角看旧区改造群众工作。通过党建联建、"阳光征收"、全过程民主、全要素服务、全过程监督，解开百姓心结，力将好事办好。过程中，用好群众路线这个"传家宝"，做到"心用到""脑用活""力用足"，尽一切努力解决人民群众关心的问题。

第五章"终见成效"，主要是以受益者视角看旧区改造成效。结合今昔对比、重要案例，通过受益者对旧区改造征收前后生活状态的客观描述、对上海市攻坚克难推进旧区改造的真切感受与亲身体会，以老百姓的平实语言和专家的客观评价，还原一个个有说服力的故事与场景，并在此基础上进行了工作成效与经验的总结。

第六章"继往开来"，对上海未来旧区改造的愿景进行展望。梳理针对未来旧区改造工作，国家有哪些要求，市民有哪些诉求，上海有哪些追求，并在此基础上重点介绍上海围绕实施"两旧一村"改造和城市更新行动，开展的一系列谋划，提出的一系列构想。

本书由中共上海市城乡建设和交通工作委员会与上海市住房和城乡建设管理委员会组织编写。上海市各相关部门、单位以及中心城各区给予了全方位的协助，为本书提供了很多很生动的资料、案例。上海社会科学院城市与房地产研究中心、上海城市记忆空间研究院全程参与了本书的编写工作。上海市住房和城乡建设管理委员会办公室、政研室、综合规划处，上海市旧区改造工作专班，上海市城市更新中心，上海市城市更新建设发展有限公司，各区旧改办、更新公司，以及相关专家和业务工作者，均为本书的编写提供了不少宝贵意见。中国建筑工业出版社建筑与城乡规划图书中心在图书校订中投入了大量精力。

本书得以完成同样离不开上海广大旧区改造工作者、人大代表、政协委员、媒体记者、企业、社会组织等，他们的建议、提案和监督等工作推动着上海旧区改造工作的不断前进。

特别需要感谢的是广大上海旧区居民。旧区居民是旧区改造的参与者、奉献者和受益者，也是旧区改造工作成效的最终评判者。正是数百万上海旧区居民的奉献，上海这座城市才能更好地推进社会、经济、文化、环境现代化，实现"人民城市人民建"；也正是通过旧区改造实现数百万旧区居民居住生活的改善，才真正体现出"人民城市为人民"的内涵。

因能力水平和撰写、调研、访谈等方面的不足，本书一定存在不少疏漏和谬误。我们衷心期待国内外读者、专家学者，以及所有对旧区改造、城市更新感兴趣的朋友提出宝贵意见，以便不断修订，推进上海旧区改造、城市更新工作走向更高水平，取得更好成效。

Shanghai has undergone a great deal of change throughout the ages, and its central area has changed significantly. However, due to historical factors, a large number of "old and dilapidated" lodgings had clustered, and Shanghai residents' living conditions were very harsh in the past.

Thirty years ago, the average living space per person in Shanghai was only 6.6 square meters, with hundreds of thousands of households living on less than 4 square meters per person, and the housing set rate was only 31%. By the end of 2000, there were still more than 16 million square meters of housing that did not meet the standards of Secondary Old Lanes (ordinary scattered bungalows, buildings and old homestead houses with safe structure) in the downtown area. Even five years ago, there were still nearly 180,000 families using hand-carried toilets.

In contrast to the neon-lit skyscrapers, there were merely dilapidated residences and unpleasant living conditions, where ridicules went, "nine people living in ten squares" "lights in the daytime" "doors to doors, windows to windows" "toilets carried in hands".

The Party Central Committee and the State Council place a high priority on renovating Shanghai's old districts. General Secretary Xi Jinping noted during a visit to Shanghai in 2018 that although the task of renovating Shanghai's historic districts was still very heavy and got more challenging, as it concerned with vital interests of the masses, it must be done. During his visit to Shanghai in 2019, General Secretary Xi Jinping emphasized the significance of "people's city built by the people, people's city for the people" and that "both the construction of new urban areas and the renovation of old districts should be people-oriented". In recent years, the central government has released policies to actively and financially support the renovation of shanty areas and old districts, offering institutional protection and favorable conditions for the redevelopment of the neighborhoods.

The successive Shanghai Municipal Party Committees and Municipal Governments have consistently prioritized the renovation of old districts as an important project for the welfare of citizens and the city's long-term development, with yearly efforts, firm determination, down-to-earth attitude and innovative policies. Shanghai have gone through three stages of renovation over the past three decades, including the construction-dominant "365" renovation project of dilapidated houses (to complete the city's 3.65 million square meters of shantytowns, dilapidated renovation task in the city), the demolition-dominant preservation and renovation complementary of clusters below the standard of Secondary Old Lanes, and the protection-dominant historic district renovation. Through these efforts, Shanghai has completed the renovation of about 40.7 million square meters of dangerous shacks and old lanes below the standard of Secondary Old Lanes, and about 1.65 million households left their narrow dwellings and moved into new houses thanks to the thirty-year-course demanding laborious work of thousands of cadres and individuals—many of whom had dedicated nearly their entire lives to the renovation of the old districts.

Since the 18th CPC National Congress, the priority of old district renovation in Shanghai has switched from demolition-preservation renovation to preservation-oriented renovation which made the work more demanding. In order to promote the renovation of old districts, extensive social mobilization was carried out: through the joint party building to play a key role of party members and cadres, through the transparent collection mechanism to dispel the people's doubts, through two rounds of consultation to achieve people's democracy, through innovative policies to raise funds and construct houses. Since the 19th CPC National Congress, the municipal party committee and the municipal government have prioritized the transformation of old districts as the top of 16 heart-wining projects, releasing policies to promote renovation for three times in the past five years. On July 24, 2022 came the historical moment that Shanghai citizens witnessed the long-standing issues were finally resolved and the completion of the rehabilitation below the standard of the Secondary Old Lanes in the center city. 3.28 million square meters of old district renovations and 165,000 dwellings were carried out during the five-year course.

The majority of Shanghai residents have improved their living conditions currently thanks to the renovation project. Housing set rate increased to 97.6% at the end of 2020. The floor area per person steadily increased to 37.4 square meters in 2021. Currently citizens live in tidy sets of housing, leading dignified lives, and their senses of accessibility, happiness, and security have significantly improved. District renovation project contributed to poverty alleviation and economic development, which promoted prosperity for all, so as to keep realizing the people's aspirations for a better life. Besides, this project also stimulated Shanghai's city comprehensive development: its functions have been improved, its image has been improved, its living environment has become more pleasant, its governance level has generally improved, and its modernization process has been significantly accelerated. These were achieved by the citizens, organizers, managers, and experts through laborious work and selfless dedication.

The transformation of Shanghai's old districts represents urban modernization and revival of old urban areas in terms of the social attributes of livelihood projects, the increasing scale of beneficiary residents, or the improvement of the living environment. Shanghai's 30-year district transformation is regarded as a typical sample of China's urban modernization, an important model of urban livelihood projects, a benchmark in the history of world habitat development, and a miniature of China's reform and opening-up, reflecting in the development of old urban areas.

In the light of thirty-yeas district renovation in Shanghai, this book combs Shanghai's old district renovation work during the period since the 18th CPC National Congress, especially during the 19th CPC National Congress, including descriptions of the history, path, achievements and experience. It also contains a lot of interview materials and media reports, and illustratively makes comparison pictures of the city before and after the renovation work.

The book consists of six chapters.

Chapter one A Historical Overview

This chapter reviews the general situation of the rehabilitation and renovation of the old districts in Shanghai in the past 30 years, including systematical summary and full range description about three transformation stages, explorations in various fields and critical characteristics in five aspects, making it easy for readers to have a general understanding of the development process and the general situation.

Chapter Two Put people the First

This chapter primarily reviews the decisions made about the people-centered project of the old districts renovation since the 18th CPC National Congress: concerns form the Party Central Committee and the State Council, deployment of the municipal party committee and the municipal government, advice from the municipal people's congress and the municipal committee of CPPCC, support from various departments and agencies in every districts as well as the hard work of Party organizations at all levels and Party members and cadres.

Chapter Three Reform and Innovation

This chapter focuses on the old district renovation process from the perspective of management layer from four aspects, namely, policy formulation, fund raising, housing preparation and mechanism innovation. These reflect that Shanghai has found a new way to transform the old areas of megacities with Shanghai characteristics, focusing on solving the difficult problem of rebuilding the old districts.

Chapter Four The Mass Line

This chapter primarily focus on the transformation of historic regions from the first-line perspective of the mass: how to address the concerns of the people through party building, transparent collection mechanism, democratic process, comprehensive service, whole-process supervision.

Chapter Five Finally paid off

Chapter five focuses on the result of old district renovation project from the perspective of the beneficiaries and summarizes the experience and lessons through narrations of the beneficiaries' lives before and after the renovation of the old districts and the comments from the experts.

Chapter Six Building on Past Achievements and Strive for New Progress

This chapter looks to the future vision of Shanghai's old district renovation in terms of the guidance of government, the needs of the citizens, and pursuit of Shanghai. Besides, it highlights a series of plans and ideas for the implementation of the "two old & one village" (sporadic old reformation, old housing renewal and urban village renovation) and urban renewal initiatives.

This book was compiled by CPC Committee of Shanghai Municipal of Construction and Transportation and Shanghai Municipal Housing and Urban-rural Development Management Committee. The relevant departments of Shanghai and the units in each district of downtown provided vivid materials and cases for this book. The Urban and Real Estate Research Center of Shanghai Academy of Social Sciences and Shanghai Urban Memory Space Research Institute fully supported the writing of this book. Office, Policy Research Center and Comprehensive Planning Office of Shanghai Municipal Housing and Urban-Rural Development Management Committee, Shanghai Old District Renovation Task Force, Shanghai Urban Renewal Center, Shanghai Urban Renewal Construction and Development Limited Company, old districts renovation offices and renewal companies as well as relevant experts and working staff, all contributed a great deal of insightful feedback to the writing of this book. The Center for Architecture and Urban Planning of China Construction Industry Press devoted significant effort and resources to this book.

Without the support from Shanghai's old district renovation workers, deputies to the NPC, CPPCC members, media reporters, businesses, social organizations and others, this book would not have been able to be published. Their suggestions, proposals, and oversight have advanced Shanghai's old district renovation.

In particular, we need to thank the residents of Shanghai's old districts. They are the participants, contributors as well as recipients of the renovation work in the old districts. They are the one who have a say will ultimately determine whether the work was successful or not. It is the dedication of millions of residents of the old districts in Shanghai that has enabled the city to modernize socially, economically, culturally and environmentally, and realize the people's city being built by the people. At the same time, it is through the reconstruction of the old districts to improve the living conditions of millions of residents, which truly reflects the connotation of "people's city for the people".

The book may have some shortcomings. We sincerely look forward to the valuable comments from readers, experts and scholars at home and abroad, as well as friends who are interested in the renovation and urban renewal of the old districts, so that we can continue to revise this book, so as to promote the renovation and urban renewal of the old districts of Shanghai to a higher level and achieve better results.

目录

Contents

第 一 章
Chapter 1

回望历史

A Historical Overview

　　三十年前，上海人居状况极为困难，中心城区居住极为拥挤。从1992 年上海提出危棚简屋改造目标，至 2022 年宣布这一民生难题"历史性解决"，共三十年历程，全面收官了成片旧区改造，实现了 165 万户家庭住房条件的改善。其间，上海矢志不渝地推进旧区改造这项民生工程、民心工程，经历了循序渐进的三个阶段，历届市委、市政府"一届接着一届干""一年接着一年干"，从未懈怠，从未间断；其间，上海旧区改造的工作重心不断调整，改造方式不断演进，旧改制度不断创新，旧改政策不断完善，投入力度不断加大，旧改模式更加多元，走过了不平凡的三十年；其间，民心工程的人民性，干部群众的创造性，攻坚克难的坚韧性，推进落实的协同性，面向未来的时代性，成为贯穿上海旧区改造三十年的主要特征和主要经验，也成为上海今后工作的宝贵财富。

Shanghai's living conditions were very unfavorable and the core city was very crowded thirty years ago. Shanghai firstly proposed the goal of renovating perilous shacks and simple lodgings in 1992. In 2022, it is an announced that this livelihood problem was resolved after a 30-year renovation process, improving housing conditions for 1.65 million families through three stages and via the dedication and efforts of successive municipal committees and municipal governments without slack or interruption. During this process, Shanghai committed to promoting the transformation of old districts, a project for the people's livelihood, with the continuous adjustment of working prority, evolution of transformation approach, improvement of renovation system, comprehensiveness of renovation policy, increase of investment and diversification of working mode. The thirty-year Shanghai's old district renovation have been characterized by people-oriented nature of the People's livelihood project, the creativity of the cadres and the mass, the resilience to overcome challenges, the coordination to promote implementation, and the future-oriented attitude. These characteristics and experiences have also become a valuable asset for Shanghai's future work.

上海三十年旧区改造的伟大历程

The Great Journey of Shanghai's Thirty Years of Urban Renewal

　　三十年前，上海人居状况极为困难。中心城区居住拥挤，人均居住面积仅 6.6 平方米，更有数十万户家庭人均居住面积低于 4 平方米，住房成套率仅 31%。一些成片棚户简屋区域，房屋简陋，环境脏乱，配套设施匮乏，违法搭建普遍，安全隐患严重，社会矛盾突出。棚户简屋住房的结构简单，多为毛竹屋架，屋顶铺油毛毡、草席、稻草。条件稍好的人家，在屋面竹条上铺石棉瓦或弧形瓦片，墙壁用竹篱或泥巴建造，墙外糊黄泥、石灰，屋内是泥土地面。附近没有像样的医院、浴室、道路等基础设施，公交无法进入，水、电、煤、通信不配套，居民要求改造的呼声十分强烈。即便在五年前，中心城区仍然有近 18 万户家庭在使用手拎马桶。

　　三十年间，针对旧区改造这一最大、最紧迫的民生议题，历届市委、市政府高度重视、科学决策，广大市民群众坚决拥护、积极响应，各级党员干部以"功成不必在我、功成必定有我"的坚定信念和坚强决心，开拓创新、辛勤耕耘，以靠前指挥的决策领导、系统完备的政策创新、协同联动的组织推进、攻坚克难的敬业精神，使旧区改造三十年如一日地稳妥推进。

　　从改造方式和改造对象而言，上海三十年旧区改造经历了三个主要阶段，即以"拆旧建新"为主要方式的危棚简屋改造、以"拆改留并举"为主要方式的成片二级旧里改造、以"留改拆并举"为主要方式的历史街区更新改造。

1. 第一阶段（1992—2000 年）

　　本阶段以"拆旧建新"为主要方式开展"365"危棚简屋改造。

　　1991 年 3 月，上海市委、市政府召开住宅建设工作会议，决定"按照疏解的原则，改造危房、棚户、简屋，动员居民迁到新区去""旧式里弄要通过逐步疏解，改造成具有独立厨房、厕所的成套住宅，以改善居民的居住条件"。同年3月，国务院印发《城市房屋拆迁管理条例》，7月19日，市政府印发《上海市城市房屋拆迁管理实施细则》。1991年的这些工作为1992年实质性启动"365"危棚简屋改造打下了基础、营造了条件。

1992年，邓小平南方谈话后，上海建设发展势头强劲。1992年，中共上海市第六次代表大会召开，提出"到本世纪末完成市区365万平方米危棚简屋改造"（简称"365"危棚简屋）的目标，建设主管部门规划确定23个地段作为重点改造基地。还是1992年，原卢湾区"斜三"地块（打浦桥斜徐路三个居委会所在地块）成为第一块以毛地批租形式开展旧区改造的项目，解决了一直困扰旧区改造的资金难题，是一次重大的体制创新与机制突破，开启了大规模危棚简屋改造的先河。仍然是1992年，南市区高雄路棚户区采用商品房开发的新路，拆除全部棚屋，新建多、高层住宅；虹口区临平路、溧阳路地段棚户区，由区政府调拨房源安置居民，并采用集资和中外合资等方式进行改造。1993年12月，市政府进一步加快旧区改造步伐，市场主体通过自筹资金或向银行贷款，以批租方式取得土地使用权，拆迁安置旧区居民，置换调整工业用地，利用土地级差效应开展旧区改造。1994年8月24日，上海明确土地批租是国有土地使用制度的改革方向。同时，上海市房屋拆迁政策也向市场化、货币化方向进行了循序渐进的制度创新和突破。通过努力，至1995年，用了四年时间，结合土地批租、房地产开发、市政建设，上海市共拆除危棚简屋180万平方米，占1991年危棚简屋统计总数的近50%。

1997年，亚洲金融危机爆发，一些市场主体资金周转困难，旧区改造一度陷入困境。同时，商品住宅出现空置，市场主体参与旧区改造的意愿下降。为抓紧推进旧区改造，同年6月和次年5月，市政府陆续出台了一系列优惠政策，自1998年起连续三年将"365"危棚简屋改造列为市政府实事项目加以推动。各区按照市政府下达的改造计划，因地制宜，调动各方力量进行攻坚，成效显著。包括成都路高架工程、黄浦71街坊、闸北"不夜城"、普陀"两湾一宅"、虹口唐山里、静安永源浜等一大批重点、难点旧区改造项目得以实施。

20世纪90年代是上海旧区改造推进较快的十年，上海全市拆除二级旧里 1714.5 万平方米、简屋 577.7 万平方米，基本完成"365"危棚简屋改造任务，受益居民约 68 万户（据统计年鉴等文献，以下同）。

"365"危棚简屋改造经典案例

斜三基地位于打浦路以西、瑞金南路以东、卢湾中学以北，占地约 3 公顷，有居民 1300 多户（含徐家汇路和斜徐路之间的"夹心层"中居民 300 户）、单位 20 多家，区块内危棚简屋非常密集，居住条件极差。经反复研究、磋商，斜三基地首次探索出一条运用土地批租形式，利用中心城区土地级差优势，改造危棚简屋和"三废"工厂的新路子，同时也开了改革开放以来吸引外资进行旧区改造的先河。动迁工作 1992 年上半年正式启动，前后用了半年多时间，完成了全部居民的动迁安置工作。

成都路高架是上海解放以来投资规模最大的市政道路工程之一，北起中山北路北部的老沪太路，南至中山南路，工程全长 8.45 公里，其中高架部分为 8 公里，沿途建设 4 座大型立交桥和一座跨苏州河大桥。这项工程动迁面涉及近 10 万人，沿途拆迁 1000 多家单位、18000 多户居民，涉及学校 18 所。1993 年 6 月下旬，动迁工作开始。1994 年底，成都路高架工程结构贯通，1995 年 5 月 1 日通车，年底全面竣工。

"两湾一宅"即潘家湾、潭子湾和王家宅，地处中山北路以南、恒丰北路斜拉桥以西、苏州河以北、光复路以东，占地 49.5 公顷。改造前，"两湾一宅"是中心城区面积最大、危棚简屋最集中的棚户区，共有居民 9700 余户、企事业单位 147 家，危棚简屋 41 万平方米，建筑密度和人口密度堪称全市之最。动迁工作从 1998 年 8 月 10 日始，至 1999 年 7 月 8 日全面完成。1999 年 12 月 8 日，《人民日报》转载文章认为"两湾一宅"旧区改造创造了上海动迁历史上投资量最大、拆迁范围最广、人口密度最高、拆平速度最快等多项纪录。

1992 年 5 月，闸北区成立不夜城开发办公室，通过了《建设不夜城地区（新客站地区）的规划设想》。规划中的不夜城，东起大统路、南北高架，北到中兴路，西、南均以苏州河为界，总面积 1.24 平方公里，共有居民 16000 多户、单位 300 多家。通过近十年的建设，不夜城地区已是高楼大厦林立，以崭新的面貌屹立在世人面前。

2. 第二阶段（2001—2016 年）

本阶段以"拆改留并举"为主要方式开展成片二级旧里以下房屋改造。

2000 年底，中心城区（包括浦东新区）尚有旧里及以下房屋约 1800 万平方米，改善市民居住条件的压力仍然很大。这些房屋具有成片、成街坊的空间分布特征，成片占 56.95%，整街坊占 31.47%，合计近九成。围绕这些成片、成街坊的旧住房区域，上海开展了二十余年不遗余力的改造，直至 2022 年全面收官。其中，前 16 年是以"拆改留并举"方式进行改造。

（1）"十五"期间（2001—2005 年）

2000 年底，上海市委、市政府决定实施重点针对成片二级旧里以下房屋的新一轮旧区改造。"十五"规划明确按照"政府扶持、市场运作、市民参与、有偿改善"原则，实行以货币安置为主的改造政策和"拆改留并举"的改造方式。市政府组成联合工作小组，认定试点地块 58 幅，土地面积约 296 公顷。同年 6 月 13 日，国务院印发新的《城市房屋拆迁管理条例》。10 月 29 日，上海出台新版《上海市城市房屋拆迁管理实施细则》（市政府 111 号令）。新政策将房屋拆迁补偿市场化，实行从按人口补偿安置向市场化补偿安置的转变，以"数砖头"为主导，并调高最低补偿标准，设置托底保障，还开展了以房屋租赁方式进行房屋拆迁安置的探索。过程中，实行减免一系列行政收费的优惠政策，一些区还通过建立旧区改造基金，对结合旧区改造、道路拓宽、公益性配套公建建设的开发项目进行一定幅度的补贴。2005 年起，市政府对重点成片旧区改造地块也提供配套商品房，还跨区定向划拨给改造地块所在区一定量新征土地，作为拆迁安置房建设基地。2005 年 8 月，上海明确按照"政府主导、土地储备"原则，探索以市、区联手土地储备为主方式的旧区改造机制。此间，房屋拆迁工作日益规范。2002 年 5 月，首次提出"阳光动迁"理念。2003 年 8 月，市委、市政府出台《拆迁管理五项制度》，2005 年房屋动迁工作第一次开展党建联建活动，另外还在单项目动迁量最大的工程——世博园区动迁中，探索了"九公开、两参与、三一致、四同步"等工作机制。"十五"期间，结合世博会主展区的动迁，共改造二级旧里以下房屋 700 万平方米，受益居民 36.6 万户。

新一轮旧区改造

2000 年，上海市委七届七次全会提出了加快旧区改造的要求，确定"十五"期间新一轮旧区改造的重点是中心城区成片、成街坊二级旧里以下房屋地块。当时认定的"成片二级旧里以下房屋地块"是指占地面积 5000 平方米以上，二级旧里以下房屋建筑面积占地块内居住房屋面积 70% 以上的区域；"成街坊二级旧里以下房屋地块"是指在一个完整街坊内，二级旧里以下房屋建筑面积占地块内居住房屋面积 70% 以上的区域。2001 年，市有关部门下发《关于鼓励动迁居民回搬推进新一轮旧区改造的试行办法》（0068 号文）。之后，改造范围有所扩大，逐渐将房屋结构和环境特别差、居民改造意愿特别强烈的少数石库门房屋，以及小梁薄板、"两万户"（新中国成立后上海兴建的第一批工人住宅）等非成套的职工住宅一同纳入旧区改造范围。

（2）"十一五"期间（2006—2010 年）

"十一五"期间，上海市继续通过市、区联手土地储备推进旧区改造工作。重点推进闸北区北广场、黄浦区董家渡、普陀区建民村、虹口区虹镇老街、杨浦区平凉西块等"五大基地"，五位市领导分别建立对口联系点。2006 年 7 月，市政府印发文件，明确"数人头"政策，解决面积小、人口多的被动迁居民实际困难。同年 12 月，市政府规定六类经营性土地公开出让前，要完成土地收购储备和土地前期开发，以净地条件出让。2008 年初，市委、市政府将"完善旧区改造政策、创新旧区改造机制"作为当年的重大调研课题，研究旧区改造工作新政策、新机制。有关部门开始在浦东新区塘一塘二（徐家弄）旧区改造项目进行"两轮征询"试点并取得成功，其后的扩大试点项目也取得较好效果。2009 年2 月，在课题研究和试点项目基础上，市政府印发《关于进一步推进本市旧区改造工作的若干意见》（沪府发〔2009〕4 号），正式实行旧区改造事前征询居民意见制度，并在居住房屋拆迁补偿中实施"数砖头 + 套型保底"政策，增加就近安置方式，加快建设和筹措各类动迁安置房，满足动迁居民多元选择要求。同时，开展"创建规范拆迁示范点"活动，营造良好氛围；继续推进"阳光动迁"制度化、法制化，增加房屋拆迁透明度和公信力，包括开展结果公开、公信评议、审计监督、专项检查、信息化管理等一系列举措，推广电子文本协议，实现"网上签约"。通过以上措施，改造速度明显加快，"十一五"期间，共改造房屋 343 万平方米，受益居民 28.1 万户。

全面推进旧区改造"五大基地"

2005 年 8 月 30 日，市政府办公厅转发市建设交通委《关于推进闸北区"北广场"等 5 个旧区改造重点项目改造的若干意见》。重点对历年遗留下来的居住条件特别差、居民改造愿望特别强烈的成片二级旧里以下的房屋进行改造，改造方式是市、区合作实施土地储备。为加快推进全市的旧区改造，闸北"北广场"、黄浦董家渡 13、15 街坊、杨浦平凉西块、普陀建民村、虹口虹镇老街"五大基地"被列为市重点改造项目，五位市领导分别与"五大基地"建立对口联系点，对地块的改造推进提出节点目标要求。至 2009 年，闸北区"北广场"三期居民签约率达到 88%，黄浦区董家渡 13A、15A 街坊居民签约率达到 83.4%，杨浦区平凉西块 16、17 街坊居民签约率达到 96.4%，普陀区建民村已完成总量的 90%，虹口区虹镇老街完成 2009 年计划的 63%。

（3）"十二五"期间（2011—2015年）及"十三五"初期

这个阶段，旧区改造从"拆迁"到"征收"，上海及时调整体制机制，实现平稳过渡。此间，上海继续实施市、区联手改造，地产集团（市土地储备中心）、城投集团、久事集团积极参与重点区旧区改造，旧区改造地块土地出让收入按照市、区两级投入资金比例分成，在扣除规定基（资）金后，纳入旧区改造专项基金，全部用于旧区改造支出。旧区改造作为重大工程建设项目，通过土地预告登记方式开展融资工作，解决银行贷款抵押问题。探索引入保险资金、政府购买服务等方式推进旧区改造项目。将九个市、区联手旧区改造项目纳入旧区改造专项贷款统贷平台。作为全国试点城市，利用公积金结余资金贷款支持旧区改造建设就近安置房。选址建设一批大型居住社区，大多用于解决旧区改造动迁居民安置需要，人口导出区与导入区签订市属动迁安置房供需框架文件，建立"供需提前对接、房源按需建设"工作机制。2012年，针对停滞的原旧区改造毛地出让地块，市政府多部门明确多种处置口径，并通过书面通知或主动约谈等方式督促开发主体启动改造，吸引有实力的企业集团接盘改造，对部分开发主体没有能力继续改造的旧区改造毛地出让地块解除国有土地使用权出让合同。通过加强考核、优化流程、落实责任，以及通过群众工作、思想工作、行政协调、司法调解等多种方式，完成了一批在拆基地收尾平地任务。通过努力，2011年至2016年六年间，共改造房屋406万平方米，受益居民15万户。其中，长宁区基本完成二级旧里以下房屋改造，徐汇区基本完成成片二级旧里以下房屋改造。

3. 第三阶段（2017—2022年）

本阶段以"留改拆并举，以保留保护为主"为主要方式开展成片二级旧里以下房屋改造。

2017 年，上海旧区改造向"留改拆并举、以保留保护为主"转型，旧区改造工作进入了新的阶段。面临既要加大力度保护历史建筑和风貌，又要抓紧收官成片二级旧里以下房屋改造的压力，尤其是需要尽快解决手拎马桶家庭居住困难等问题；同时，还面临政策法规调整、管理体制变化、融资管理收紧等因素影响，旧区改造事业经历了不平凡的五年。

这期间，上海贯彻落实党的十九大精神和习近平总书记考察上海时的重要讲话精神，适应加快建设具有世界影响力的社会主义现代化国际大都市的需要，转变观念，创新机制，完善政策，运用城市有机更新的理念，突出历史风貌保护和文化传承，更加注重城市功能完善和品质提升，稳妥有序，分层、分类推进实施"留改拆"工作，多途径、多渠道改善市民群众居住条件。在此背景下，上海统筹推进风貌保护和旧区改造工作，市委提出"两个绝不"，即"加快推进旧区改造和改善群众居住条件绝不犹豫懈怠，保护历史文化风貌绝不放松忽视"。过程中，上海还进一步开展了大型居住社区及其配套设施建设工作。

其间，上海采取了一系列强有力举措，"走出了新路子"。一是做实市旧区改造工作领导小组办公室，成立市旧区改造工作专班，抽调业务骨干集中办公，高效研究政策措施，统筹协调手续办理，协同解决难题顽症。二是成立市城市更新中心，有关职能部门为其赋权赋能，具体推进旧区改造、旧住房改造、城中村改造及其他更新改造项目，主要以推进成片二级旧里以下房屋改造为主。三是创新"政企合作、市区联手、以区为主"新模式，打通功能性国企参与旧区改造的方式和途径，成立城市更新平台公司，与相关各区合作实施旧区改造。四是形成"1+15"政策体系，市委、市政府联合下发《关于加快推进我市旧区改造工作的若干意见》，并从规划、土地、资金、房源、征收等方面有力支持旧区改造。五是创建党建引领旧改工作议事协调平台、行政司法沟通协商平台、协商推进国企签约平台等一系列工作协同新机制，加快旧区改造毛地处置和征收收尾。六是坚持征收工作"公开、公平、公正"，归纳总结了"群众工作十法""三千精神"等一系列好的制度与做法。同时，还积极争取国家政府专项债、成立城市更新基金，拓展旧区改造融资新模式，加快旧区改造土地出让、开工建设和回笼资金，千方百计激活毛地启动改造，加强区域功能定位研究，统筹风貌保护和更新改造，通过这一系列举措，全力保障与支撑旧区改造这一民生工程。

在成片旧区改造收官这关键的五年，一大批旧区改造项目顺利推进，跑出了"加速度"。2022 年 7 月 24 日，上海成片二级旧里以下房屋改造全面完成。累计实施改造 328 万平方米，16.5 万户居民受益。

上海三十年旧区改造的不懈探索

Thirty Years of Unremitting Exploration of Old District Transformation in Shanghai

鉴于旧区改造工作的必要性、重要性、紧迫性，历届上海市委、市政府都把旧区改造作为事关百姓福祉和城市长远发展的重要民生工程和民心工程，放在全市工作的突出位置，以坚定的决心、务实的作风、创新的政策，全力推进旧区改造，把这项功在当代、利在千秋、关系全局、影响深远的重大工程，一届一届坚定地推进下去。为了适应不同时期国家治理的总体要求和本地发展的实际情况，上海旧区改造工作也在三十年间不断调整，循序渐进地开展了一系列探索，走出了一条不平凡的道路。

1. 旧区改造重心不断调整

从 1992 年启动实施 "365" 危棚简屋改造，到 2001 年启动新一轮旧区改造，再到 2019 年提出五年内基本完成手拎马桶家庭房屋改造，乃至 2022 年提出 "两旧一村" 改造（即零星旧区改造、旧住房成套改造、城中村改造）任务，旧区改造工作重心循序渐进、不断超越。

2. 旧区改造方式不断演化

从 2000 年以前主要针对危棚简屋以 "拆旧建新" 形式进行改造，到 2000 年以后主要针对成片二级旧里以下房屋以 "拆改留并举" 形式进行改造，到 2017 年以后主要针对成片二级旧里以下房屋以 "留改拆并举" 形式实施更新改造，以及近几年来强调 "保民生、保基本、保安全" 基础上的 "应留必留、该改尽改、当拆快拆"，旧区改造工作方式不断演化、与时俱进。

3. 旧区改造制度不断探索

从 1990 年代初原卢湾区委、区政府调动 200 余名干部组成成都路高架工程动迁指挥部和工作班子参与旧区改造动迁，到 2002 年提出"阳光动迁"，其后又先后开展"五项制度""十大公开""公信支持""党建联建""两轮征询""结果公开""群众工作十法"等一系列举措，上海市旧区改造制度不断探索、不断规范。

"阳光征收"早期演进历程

2002 年 5 月，原卢湾区在瑞金医院专家楼动迁中首次提出"阳光动迁"理念，探索"公开、公平、公正"的"阳光动迁"新路径。

2003 年 8 月，上海市委、市政府出台《拆迁管理五项制度》，明确已签约户数在 50% 以下的拆迁基地，必须全面推行五项制度（房屋拆迁公示制度、信访接待制度、举报制度、承诺书制度、监管制度）。

2005 年，上海第一次开展房屋动迁工作党建联建活动。上海安佳房地产动拆迁有限公司党总支和原卢湾区五里桥街道铁一居民区党总支联系，首创党建联建机制，保障原卢湾区世博动迁基地"阳光征收"的推进。

2009 年 2 月，上海市政府出台《关于进一步推进本市旧区改造工作的若干意见》，明确了事前征询制度。次月，上海市城乡建设和交通工作委员会（简称市建设交通委）出台《关于开展旧区改造事前征询制度试点工作的意见》，试点"征询制、数砖头 + 套型保底"动迁新机制，提出"动迁方案由居民参与制定，动迁过程由居民群众全程监督"新理念。

4. 旧区改造政策不断完善

从"动迁"到"征收",从"数人头"到"数砖头"再到"数砖头＋套型保底",从毛地批租、协议出让到土地储备、净地招拍挂,再到保留建筑物、带方案出让,从毛地动迁到市区联手土地储备、政企合作平台推动、遗留"毛地出让"地块处置等多策并举,不断完善旧区改造政策,不断贴近百姓需求。

从毛地出让到净地出让历程

1992 年 1 月 25 日,上海市土地局与上海海华房产有限公司签订第一个《土地使用权出让合同》,将位于卢湾区打浦桥的"斜三"地块使用权有偿转让给该公司,建设海华小区。该项目作为上海中心城区第一块毛地批租的旧区改造项目,开创了改革开放以来吸引外资进行旧区改造的先河。

1994 年 8 月 24 日,上海明确土地批租是国有土地使用制度的改革方向,土地批租后,土地使用权出让给受让人,土地批租地块的房屋被拆迁人异地安置房屋,若被拆迁人需回原地,可向土地批租的受让人以市场价购买房屋。

2005 年 8 月 30 日,上海市政府办公厅转发市建设交通委《关于推进闸北区"北广场"等 5 个旧区改造重点项目改造的若干意见》,明确"十一五"期间旧区改造主要按照"政府主导、土地储备"原则,探索以土地储备为主要方式的旧区改造机制。

2006 年 12 月,上海市政府发布《关于贯彻国务院关于加强土地调控有关问题的通知》,正式明确"六类经营性土地公开出让前要完成土地收购储备和土地前期开发,以净地条件出让"。

从"数人头"到"数砖头＋套型保底"的补偿政策历程

1991年7月，上海市政府出台《上海市城市房屋拆迁管理实施细则》，规定以实物房屋分配为主，按被拆除房屋建筑面积结合居民家庭户口因素确定应安置面积。

1997年12月，上海市政府出台《上海市危棚简屋改造地块居住房屋拆迁补偿安置试行办法》，开始采用货币化补偿安置方式。

2006年7月，上海市政府出台《上海市城市房屋拆迁面积标准房屋调换应安置人口认定办法》（61号令），进一步规范被拆迁应安置人口的认定标准和认定程序，将"数人头"政策以市政府令的形式进行了明确。

2009年2月，上海市政府出台《关于进一步推进本市旧区改造工作的若干意见》（沪府发〔2009〕4号），明确旧区改造的目标、机制、政策和要求。意见规定实行"数砖头＋套型保底"补偿模式。

5. 旧区改造力度不断加大

从投入资金，到建设房源，再到政策供给，旧区改造力度不断加大，旧区改造政策不断聚焦。一是采取各种形式筹措资金，投入规模数万亿元，仅以近五年16.5万户受益居民和众多单位征收计，就需要近万亿元资金投入。二是采取各种形式筹措房源，建设了上亿平方米的配套商品房，仅"十一五"期间就开工建设3250万平方米。三是不断完善政策、创新机制，前后制定上百个规范性文件，其中很多文件在标题中就直接表达了"进一步""加快""推进"旧区改造的愿望，可见旧区改造的紧迫性，以及上海市委、市政府加强旧区改造的决心。

6. 旧区改造形式不断丰富

从以征收形式为主的旧区改造，到探索多种形式非征收的综合改造，包括针对里弄与多层老工房的成套改造、针对优秀历史建筑的保留保护试点、针对老工房的平改坡与综合平改坡、针对老旧小区民生改善的实事工程、针对工业遗存的转型升级保护利用、针对历史文化街区的综合环境治理、针对公房资产的常态化大修和修缮等，总体上形成了具有上海特点的、类型多样的更新改造体系，旧区改造类型不断丰富、不断具有多样性。

总之，通过三十年的不懈努力，作为申城"天下第一难"的危棚简屋和成片二级旧里以下房屋改造工作，终于告一段落。无论是民生工程的社会属性，还是受益居民的总体规模，抑或是人居环境的改善程度，上海三十年旧区改造都堪称中国城市现代化的典型样本、城市民生工程的重要典范和世界人居发展史上的重大进程，是中国改革开放折射于城市旧区更新发展的缩影。同时，通过这项波澜壮阔的浩大工程，既改善了民生，也促进了城市的功能提升、结构调整、经济增长、环境优化和遗产保护，不管是对于微观层面的市民生活改善，还是对于城市总体发展的战略成效，都十分显著。

通过三十年旧区改造，共完成约4070万平方米危棚简屋和二级旧里以下房屋改造任务，约165万户家庭、500万居民住房条件得到明显改善（图1-1）。如果加上郊区城镇棚户简屋和城中村改造、国有农场危旧房改造、非征收的旧住房成套改造，受益居民的规模则更大。总体而言，上海的旧区改造相当于营造了两座特大城市（500万人以上为特大城市），一座是历久弥新的旧城区，一座是焕然一新的新城区。这是人居发展历史上的壮举，是城市民生工程的典范。绝大多数居民都从改造前户均二十几平方米、不成套、居住拥挤的旧住房，搬迁至房屋面积相对较大、独立成套、环境优美的新居，居住条件大幅改善。

通过三十年旧区改造，住房成套率、人均住房水平等居住指标大幅提升。上海居民住宅成套率从1990年的31.6%，提升到2000年的

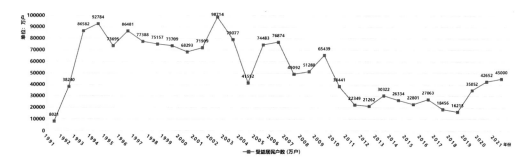

图 1-1　1992—2021 年上海市通过旧区改造受益的居民户数情况图

74%、2010 年的 95.8%，至 2020 年的 97.6%，绝大多数市民住上整洁的成套住房，过上有尊严的生活（图 1-2）。中心城区人均居住面积由 1990 年的 6.6 平方米，提升到 2001 年的 17.3 平方米、2006 年的 22 平方米，现已稳步提高到 2021 年的 37.4 平方米（2007 年后统计口径为建筑面积）（图 1-3）。市民住房条件得到了普遍改善，获得感、幸福感、安全感大幅增强。同时，根据联合国人居发展评价体系，上海旧区改造无论是在社会参与、社会影响、社会认知等方面，还是在可持续性、可沿用性、创新性等方面，都堪称人居发展史上的典型样本。

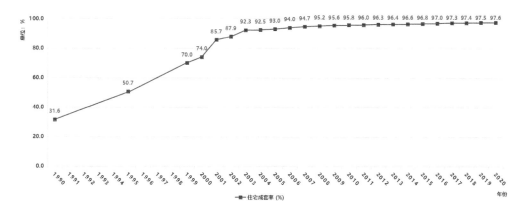

图 1-2　1990—2020 年上海市住房成套率增长情况图

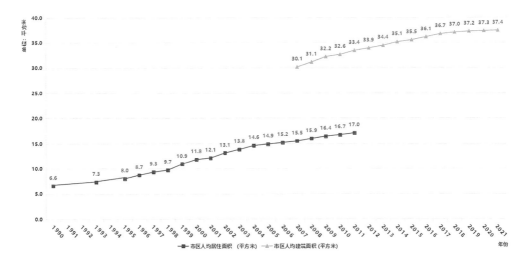

图 1-3 1990—2021 年上海市人均居住面积（2007 年后为建筑面积）增长情况图

通过三十年旧区改造，上海城市综合功能、空间结构与服务水平得到不断优化。旧区改造腾出了大量空间，各类住房、公共绿地、道路广场、市政基础设施、公建配套设施等城市要素得以建设发展，城市总体功能得以优化提升，城市空间布局得到科学合理调整。同时，中心城区人口也得以有序疏解，人口密度从 1990 年的每平方公里 67681 人，下降至 2000 年的 43044 人、2010 年的 24137 人、2020 年的 23092 人（图 1-4），改变了中心城区极度拥挤的局面，缓解了交通，改善了环境，优化了服务。

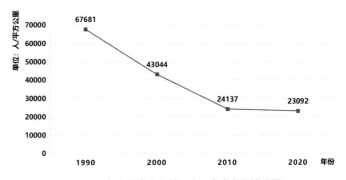

图 1-4 1990—2020 年上海市中心城区人口密度变化情况图

　　通过三十年旧区改造，城市经济水平、产业结构和城市能级得到不断增强。极大改善了中心城区的投资环境，促进了固定资产投资，增加了社会经济发展的物理空间，带动了相关产业的转型升级，释放了大量的消费需求，为上海"五个中心"建设作出了重要贡献。通过旧区改造，推进了楼宇建设，中央商务区、中央活力区呈现出现代化国际大都市的形象与实力，楼宇经济、总部经济迅猛发展，税收"亿元楼"比比皆是，"百亿元楼"也并不遥远。

　　通过三十年旧区改造，城市总体形象、环境品质和城市特色得到不断体现。上海旧区改造使市容市貌焕然一新，空间品质大幅提升，土地利用更加集约高效，生态环境更加优美宜人。通过旧区改造向城市更新的转型、单体保护向风貌保护的递进，实现了优秀历史建筑的修缮和历史风貌的保护，将更多人文、艺术元素植入城市肌理，产生了新天地、外滩源、思南公馆等一大批经典项目，成为城市名片，享誉海内外，彰显了一座历史文化名城的魅力与活力。

上海三十年旧区改造的主要特征
The Main Features of Shanghai's Old District Transformation in the Past 30 Years

2022 年 7 月 27 日，习近平总书记在省部级主要领导干部专题研讨班上强调，必须坚持以中国式现代化推进中华民族伟大复兴。国家层面如此，作为构成国家的基本单元——城市，则体现得尤为具体。一方面，城市的现代化是中国式现代化进程的重要组成部分，而旧区改造是城市现代化进程中的重点、难点。另一方面，中华民族的伟大复兴必然包括城市的复兴，而城市复兴最精要、最艰巨的部分在旧城。

因此，将习近平总书记重要讲话精神延伸到城市，就是必须坚持中国式现代化的理念与路径，推进旧城区的复兴。而上海自 1992 年启动危棚简屋改造以来，走出了一条不同凡响的三十年轨迹，写下了上海城市现代化和旧城区复兴的辉煌篇章，成为彰显中国式现代化的典型样本。总体而言，上海三十年旧区改造主要有以下五个主要特征。

1. 民心工程的人民性

从上海三十年旧区改造的过程看，一个很显著的特征就是坚持人民性，把人本价值作为城市发展的核心取向，把实现好、维护好、发展好旧区居民的根本利益作为出发点和落脚点，推动旧区居民共享改革发展成果，推动家门口的"脱贫攻坚"，实现全面建成小康社会目标和共同富裕愿景，回答旧区改造"为了谁""依靠谁"等根本问题。正是基于这一指导思想，历届市委、市政府把旧区改造作为事关百姓福祉和城市长远发展的重要民生工程和民心工程放在全市工作的突出位置，开展了一系列工作：为打消居民关于旧改征收的疑虑，不断完善"阳光征收"制度；为保障最困难家庭的基本住房需求，在补偿安置"数砖头"基础上加以"套型保底"；为充分尊重居民意见，从"要我改"到"我要改"，以"两轮征询"形式建立全过程人民民主……2019 年 11 月，习近平总书记考察上海时提出"人民城市人民建、人民城市为人民"重要理念，要求"无论是新城区建设还是老城区改造，都要坚持以人民为中心，聚焦人民群众的需求……让人民有更多获得感，为人民创造更加幸福的美好生活"。
2020 年 8 月，习近平总书记在扎实推进长三角一体化发展座谈会上，再
一次强调"长三角区域城市开发建设早、旧城区多，改造任务很重，这
件事涉及群众切身利益和城市长远发展，再难也要想办法解决"。各级党
委、政府增强旧区改造工作的紧迫感和使命感，急市民之所急，自我加
压，不断提高目标任务，工作周期大幅压缩。近年来的旧改征询，启动
当天的居民签约率就经常超过 99.5%，有的甚至达到 100%。这说明只
要坚持以人民为中心，旧区改造工作就能够得到积极响应与拥护。

2．干部群众的创造性

　　人民群众是城市建设发展的主体。只要是对自身有益、对社会有益
的事，人民群众往往就有较高的热情和动力。只有充分尊重民意、汇聚
民智、凝聚民力，把人民群众广泛组织起来、调动起来，才能为民生攻
坚注入源头活水，不断创造发展奇迹。上海旧区改造正是坚持了"从群
众中来，到群众中去"的群众路线，发动社会踊跃参与，鼓励各区试点
探索，充分调动起基层干部群众的积极性、主动性、创造性，才让难题
迎刃而解，实现旧区改造的全面突围。三十年里，上海围绕旧区改造开
展了一系列制度、政策与模式创新，可谓攻坚克难、与时俱进。原卢湾
区"斜三"地块以毛地批租形式开展旧区改造，解决了一直困扰旧区改
造的资金难题，开启了大规模危棚简屋改造的先河。后在"土地储备、
净地出让"条件下，又积极探索了市区联手土地储备、政企合作平台推
动、遗留毛地出让地块处置等的多策并举，并创新土地政策、金融政策
以解决政策困难、资金瓶颈。在历史建筑保留保护要求下，探索带建筑
物、带方案招拍挂和场所联动等机制，实施区域平衡、动态平衡、长期
平衡。为处理好保护与利用的关系，探索了新天地的"整旧如旧"，外滩
源的"重现风貌、重塑功能"，承兴里的"抽户"式综合改造，田子坊的

"软改造"等创新模式。另外还在关键的近五年，通过成立旧区改造专班、城市更新中心、更新平台公司和城市更新基金，加强组织与统筹；创建了行政司法沟通协商平台、协商推进国企签约平台等工作协同机制；探索形成了"群众工作十法"等一系列群众工作制度，使旧区改造得到全力保障与支撑。

3．攻坚克难的坚韧性

　　解决民生难题，要下决心，更要有恒心。很多工作不是一朝一夕就能见成效的，必须持之以恒、久久为功。上海三十年旧区改造真正体现了这一特征。从 1992 年第六次党代会拉开大规模危棚简屋改造序幕起，至 2022 年第十二次党代会宣布成片旧里改造年内即将完成，上海历次党代会都将旧区改造作为解决民生难题的重要工作加以推进，三十年如一日，从未间断。咬住目标、排定计划，从点上突破，向面上推广，不断解决具体问题、完善制度机制、创新工作方法，一块骨头接着一块骨头啃，一年接着一年干。民生发展永无止境，民生工程、民心工程都是长期工程、系统工程，既要细微处见精神、见品质、见温度，又要有钉钉子的精神，去除浮躁心理和急躁情绪，沉下心来，保持专注，咬定青山不放松，坚持把工作重心落到一项一项事情上、一个一个阶段性目标上，完善制度、机制、标准，形成方法、路径、模式，牵住"牛鼻子"，在持续攻坚、迭代升级中实现民生工作的华丽蝶变，不断满足人民日益增长的美好生活需要。近五年来，在人民城市理念引领下，上海旧区改造进入决战决胜阶段，市委、市政府强调"旧区改造绝不犹豫懈怠"，还把旧区改造与"不忘初心、牢记使命"主题教育和党史学习教育结合起来，探索形成指导全市旧区改造的目标、原则和路径，倒排时间，谋定而动。即便在新型冠状病毒肺炎疫情（简称新冠肺炎疫情）期间，有关工作也不断不乱、有序推进，从而为尽快收官成片旧区改造打下了坚实基础。

上海历届党代会报告关于旧区改造工作的表述

1992 年 12 月第六次党代会提出"到本世纪末，完成全市 365 万平方米棚户、简屋、危房的改造任务（简称'365'危棚简屋），住宅成套率达到 70%"的目标，拉开了大规模旧区改造的序幕。

1997 年 12 月第七次党代会提出，在 2000 年之前努力完成内环线高架路之内以及两侧成片旧区的改造任务。2000 年，上海市委七届七次全会提出了加快旧区改造的要求，确定"十五"新一轮旧区改造的重点是中心城区成片、成街坊二级旧里以下房屋地块。

2002 年 5 月第八次党代会宣告，全面完成原定的"365"危棚简屋改造任务，新一轮旧区改造开始启动。并提出以安居乐业为目标，坚持为民办实事，市区居民人均居住面积达到 12.1 平方米。

2007 年 7 月第九次党代会提出，着力创新机制，积极有序推进二级以下成片旧里改造和旧住房综合改造，分层次、多渠道地解决好群众的住房问题。

2012 年 5 月第十次党代会提出，中心城区二级旧里以下房屋改造完成 350 万平方米，郊区城镇化地区的危旧房改造加快推进，"十二五"新增 100 万套保障性住房任务全面完成。

2017 年 5 月第十一次党代会提出，今后五年积极推进城市有机更新，优化"四位一体"住房保障体系，保障和改善市民基本居住条件。

2022 年 6 月第十二次党代会宣告中心城区成片二级旧里以下房屋五年累计已实施改造 308 万平方米，涉及 15.4 万户居民，这一困扰上海多年的民生难题 2022 年将历史性解决（后于 7 月 24 日全面收官，最终数据更新为 328 万平方米和 16.5 万户），并提出要加快老旧小区、城中村改造，打造现代、宜居、安全的生产生活空间。

4. 推进落实的协同性

　　上海旧区改造之所以能顺利推进，离不开上下贯通、执行有力的工作推进机制。市委、市政府高度重视、关心，精心部署，谋划布局，强化旧区改造领导小组和专项工作力量，充分作好组织和政策保障，市人大、市政协也把旧区改造工作列为重点督查、民主监督、建言献策的主要内容；各区高规格成立旧区改造指挥部，聚全区资源，尽全区之力，在各环节加强沟通协作，全周期、全领域形成合力；基层街道社区换位思考、将心比心，满怀真情、充满感情地为群众办实事、做好事、解难事，不因事烦而畏难、不因事小而不为；房屋征收队伍加强管理，配强配齐人员力量，加大人员培训和队伍建设力度，提升业务水平和能力素质。为了推进旧区改造，每个基地都进行了广泛的社会动员，达成了广泛的社会共识。同时，党建联建也贯穿始终，强化市、区、街道、居民区党组织在旧区改造工作中的"四级联动"，逐级明确党建工作任务，市里制定政策，区委履行第一责任，街道党工委履行直接责任，居民区党组织履行具体责任，并以此为"动力主轴"，建立"党建联席会议＋临时党支部"的党建工作组织架构，加大对各类组织力量的统筹整合，实现指挥有力、功能互补、协同推进。一些区实行"领导带头、全员参与、分片划块、包干到户"的旧区改造工作法，机关干部下沉旧区改造基地，主动带头，负责困难多、矛盾多的片区，在关键时刻往往发挥先锋示范作用。上海三十年旧区改造过程中，两三代人，数以十万计的党员干部作出贡献，很多人为旧区改造献出半辈子精力。三十年旧区改造的巨大成效，凝聚了所有作出贡献的组织者、管理者、原居民和专业技术人员的心血。

5．面向未来的时代性

推进"民生工程""民心工程"的目的，就是要让人民群众生活更有品质、更有尊严、更加幸福。面对人民群众不断涌现的新需求、新期待，必须善于应用新思维、导入新技术、创新新模式。上海旧区改造始终注重模式创新、管理创新和制度创新，广泛利用数字化技术实现"精准排摸"，结合实际大胆探索，形成了全市跨区域资金平衡的新模式，完善旧区改造、城市更新、风貌保护统筹推进的新机制，迅速打开了局面，成为超大城市旧区改造的引领者。包括在补偿安置中，坚持市场化评估，住房市场价格有一定变化，补偿安置水平也随之相应变化，从而建构了补偿安置与住房市场之间的合理关系，还着力推进电子协议、网上签约、信息联网等制度的实施，消除了居民的种种担忧与顾虑。在政策演进中，随着土地制度的不断完善、规范，由毛地批租、协议出让发展为土地储备、净地出让；随着人们对历史文化风貌保护意识的不断增强，由基于拆迁政策针对危棚简屋实施的拆旧建新发展为征收政策背景下针对历史建筑和历史风貌的"保留保护"；随着总体形势的演进与市民诉求的变化，工作重心从危棚简屋改造到成片二级旧里以下房屋改造，再到"两旧一村"改造等，都说明上海旧区改造工作历程的内在逻辑，那就是时代性，不断随时代变化而与时俱进。面向未来实施"民心工程"，就是要善于把握多层次、个性化、高品质的民生需求，积极利用政策工具、技术工具、治理工具，不断推出引领时代、着眼未来的问题解决方案，形成更多可复制、可推广、可持续的先进经验，为人民群众创造更多便利，带来更多实惠，让生活在这个城市的每个人都感受到"民心工程"的温度和力量。

上海历次社会经济发展五年规划有关旧区改造的表述

"九五"计划（1996—2000年）提出，到2000年，市区居民人均居住面积达到10平方米，住房成套率达到70%，民用煤气普及率达到90%；改善居民生活环境，提高社会联系便利程度。

"十五"计划（2001—2005年）提出，加快建立"政府扶持、有偿改善、企业参与、市场运作"的旧区改造新机制，根据城市总体规划，进一步推进旧里以下住房的拆除和不成套独用住房的成套改造，保护和修缮有历史文化价值的建筑与街坊；在内外环线之间续建和新建20个大型居住区。

"十一五"规划（2006—2010年）提出，要改善困难家庭和中低收入家庭的居住条件；完善住房保障体系，通过扩大廉租住房、实行公有住房低租金和旧公房改造等措施，逐步解决生活和居住困难家庭的安居问题。

"十二五"规划（2011—2015年）提出，新增供应各类保障性住房100万套（间）左右，其中加快建设动迁安置房，主要针对市政动迁和部分旧区改造家庭，预计新增供应动迁安置房35万套；推进旧区改造和旧住房综合改造，坚持"拆、改、留、修"并举，全面实施旧区改造新机制和政策，继续推进旧区改造和旧住房综合改造；中心城区完成350万平方米左右二级旧里以下房屋改造，完成5000万平方米旧住房综合改造；扩大旧住房综合改造范围，逐步对1970年代以前建造的老公房实施综合维修；积极推进郊区城镇的危旧房改造。

"十三五"规划（2016—2020年）提出，新增供应各类保障性住房30万套左右。实施1500万平方米老旧住房和居住小区综合改造，提高公建配套标准，增加公共空间，缓解做饭难、洗澡难、如厕难等急难愁问题，惠及30万户居民。

"十四五"规划（2021—2025年）提出，全力推进旧区改造和旧住房更新改造。深化城市有机更新，着力提升整体居住环境和质量。加快完成旧区改造，本届党委政府任期内全面完成约110万平方米中心城区成片二级旧里以下房屋改造任务，到2025年全面完成约20万平方米中心城区零星二级旧里以下房屋改造任务。加强旧区改造土地收储和开发建设联动，引导规划提前介入，形成滚动开发建设机制。明确历史风貌保护甄别标准，加强对风貌保护资源多途径活化利用。探索零星旧里改造的方法和途径，建立市区联动、统筹平衡改造机制。全面完成旧区改造范围外的无卫生设施的老旧住房改造，全面启动以拆除重建为重点的旧住房成套改造，到 2025 年分类实施旧住房更新改造 5000 万平方米。有序推进"城中村"改造。

Chapter 2

人民至上
Put People the First

旧区改造是民生问题，也是发展问题，还是政治问题，关乎市民群众"急难愁盼"的民生需求，关系千家万户切身利益，关系经济社会发展全局，关系社会和谐稳定。

据统计，截至"十一五"期末，上海中心城区仍有成片二级旧里以下房屋 640 万平方米左右。随着社会经济进一步发展，二级旧里以下房屋日益不能满足市民居住生活要求，存在一定安全隐患，与现代化、国际化大都市发展要求也很不协调。加快推进旧区改造，不仅可以改善市民群众的住房困难，还可以优化城市功能、改善城区面貌、增强人民群众的幸福感与安全感。

民有所呼，我有所应。党中央、国务院高度重视上海旧区改造工作。2019 年 11 月，习近平总书记考察上海时，对抓好旧区改造提出明确要求，强调"再难也要想办法解决"。历届上海市委、市政府认真贯彻落实总书记的重要指示要求，深入排摸旧区改造这一民生难题的症结所在，深入思考和研究破解难题的思路、办法，勇于创新，敢于担当，全力推动上海旧区改造跑出"加速度"、走出新路子。

The living conditions of Shanghai citizens were once extremely difficult and unpleasant. Even five years ago, approximately 170,000 families in Shanghai were still "carrying toilets," and there was a huge public demand for the renovation of historic neighborhood districts. Following Deng Xiaoping's Southern Talk in 1992, The Sixth CPC National Party Congress set the ambitious goal of "completing the renovation of 3.65 million square meters of dangerous shacks and lodgings by the end of this century," which kicked off the extensive renovation of Shanghai's old districts, a major project for the livelihood of the local residence. In November 2018, General Secretary Xi Jinping noted that "the burden of rebuilding Shanghai's old regions districts is still very heavy and demanding, and the difficulty is increasing, but as it concerns the essential interests of the masses, we must find a method to solve" during his visit to Shanghai. Facing one of the world's most difficult old district renovation challenges, the successive Shanghai Municipal Party Committee and the municipal government put people the first, coordinating all resources, mobilizing all forces, taking the lead, going in-depth at front-line, addressing key problems and doing everything possible to promote the transformation of old districts so as to achieve the rapid breakthrough of this livelihood project. The transformation of old districts is the target project of government, businesses, society, and other groups.

既定的方向
Basic Principle

党中央、国务院历来高度重视老旧小区改造工作，多次实地调研、深入考察，提出一系列要求，出台一系列政策，为上海旧区改造工作指明了方向。

1. 人民城市人民建，人民城市为人民

对于老城区的改造和发展，习近平总书记时刻牵挂于心。

2007 年，习近平在上海工作时，"旧区改造"就是他在调研时经常提及的关键词。2007 年 5 月，习近平在中共上海市第九次党代会上指出，要建立健全住房保障体系，努力改善群众住房条件，进一步扩大廉租住房制度覆盖面，积极有序推进二级以下成片旧区改造和旧住房综合改造。

同年 6—9 月，习近平先后调研黄浦区、徐汇区和静安区，强调要集中精力将推进旧区改造作为认真解决人民群众最关心、最直接、最现实的利益问题的抓手。在黄浦区调研时，习近平登上中山东二路、金陵东路路口的光明大厦楼顶，这里是当时外滩地区的至高点。他一边俯瞰四周，一边听区里的汇报。朝西南望去，十六铺、董家渡的大片旧区尽收眼底。习近平指着一片正在动迁、亟待开发的地块，语气坚定地说："旧区改造一定要坚持推进，不能让老百姓再在这么破旧的房子里生活下去了。"他对一起考察的干部们说："上海中心城区改善民生的任务仍然繁重而紧迫，要以推进旧区改造为抓手，改善群众居住条件和生活质量，扩大廉租住房制度覆盖面。"在闸北区调研时，习近平来到彭浦新村街道第五社区，专门了解旧房改造情况。在一户廉租房政策受益居民家中，他跟居民们亲切攀谈，关切地询问他们的生活情况，并仔细察看经过成套改造后的独用厨房和卫生间。习近平反复叮嘱，要将这项造福百姓的实事工程办好。他跟大家说："要高度重视民生，认真解决好人民群众的'三最'问题。旧区改造要稳步推进，把需求和可能结合起来，逐

步改善群众的居住质量。"在普陀区调研时，对于这个上海的"西大堂"，习近平特意叮嘱："要高度重视民生问题，切实为人民群众谋福祉。要推进旧区改造，坚持尽力而为、量力而行，分层次、多渠道解决好群众的住房问题。"

旧区改造绝非简单地大拆大建。无论是到中心城区还是到远郊调研，习近平总是不忘提醒上海的各级干部，要保护好历史建筑，保护好自然村落，保护好城乡的历史风貌，妥善处理好保护与发展、改造与新建的关系。2007 年 7 月，习近平利用周末来到苏州河边由老厂房改建的 M50 创意园区调研。9 月，习近平在徐汇区调研时，听取了关于徐家汇商业开发和徐汇历史风貌保护区的情况汇报，还登上港汇广场 1 号楼的顶楼，在 220 多米的高处俯瞰徐家汇全貌。看到武康大楼等老建筑时，习近平对上海的城市文脉流露出浓厚的感情。他说："上海历史风貌的价值精华就在于 4000 多幢老建筑，如果这些老建筑消失了，上海的文脉就被切断了，历史风貌就没有了，城市特色也就没有了。对于历史风貌区要防止大拆大建，切实传承好历史文脉。"

习近平强调历史文化遗产的保护，抓好城市治理体系和治理能力现代化。"文化是城市的灵魂。城市历史文化遗存是前人智慧的积淀，是城市内涵、品质、特色的重要标志。要妥善处理好保护和发展的关系，注重延续城市历史文脉，像对待'老人'一样尊重和善待城市中的老建筑，保留城市历史文化记忆，让人们记得住历史、记得住乡愁，坚定文化自信，增强家国情怀。"

到中央工作后，习近平更是把这种关切与牵挂带到了全国各地。"只要还有一家一户乃至一个人没有解决基本生活问题，我们就不能安之若素。"

党的十八大以来，习近平心系百姓安居冷暖，始终把"实现全体人民住有所居"作为一项重要改革任务，全面部署，躬身推进。他在多次实地考察时强调，要让棚户区、老城区里的群众居住更舒适、生活更美好，解决好大家关心的实际问题。习近平告诫广大干部，全国棚户区改造任务还很艰巨，只要是有利于老百姓的事，我们就要努力去办，而且要千方百计办好。在他的直接关心和推动下，棚改工作和老旧小区改造工作在全国各地扎实推进，短短几年时间，上亿居民"出棚进楼"，圆了安居梦。

2018 年 11 月，习近平在考察上海时指出，上海旧区改造任务还很重，难度在加大，但"事关群众切身利益的事情，再难也要想办法解决"。

2019 年 11 月，习近平考察上海，提出"人民城市人民建，人民城市为人民"重要理念，"无论是城市规划还是城市建设，无论是新城区建设还是老城区改造，都要坚持以人民为中心，聚焦人民群众的需求，合理安排生产、生活、生态空间，走内涵式、集约型、绿色化的高质量发展路子，努力创造宜业、宜居、宜乐、宜游的良好环境，让人民有更多获得感，为人民创造更加幸福的美好生活"。

习近平：人民城市人民建，人民城市为人民

人民城市人民建，人民城市为人民

2019 年 11 月 2 日下午，正在上海考察的习近平总书记来到杨浦滨江公共空间杨树浦水厂滨江段，沿滨江栈桥察看黄浦江两岸风貌。看到总书记来了，正在这里休闲健身的群众纷纷围拢过来，高兴地向总书记问好。习近平指出，这里原来是老工业区，见证了上海百年工业的发展历程。如今，"工业锈带"变成了"生活秀带"，人民群众有了更多幸福感和获得感。人民城市人民建，人民城市为人民。在城市建设中，一定要贯彻以人民为中心的发展思想，合理安排生产、生活、生态空间，努力扩大公共空间，让老百姓有休闲、健身、娱乐的地方，让城市成为老百姓宜业宜居的乐园。

中国的民主是一种全过程的民主

正在上海考察的习近平总书记 2 日下午来到长宁区虹桥街道古北市民中心，考察社区治理和服务情况。市民中心内，一场别开生面的法律草案意见建议征询会正在进行。习近平同参加征询会的中外居民亲切交谈，详细询问法律草案的意见征集工作情况。习近平强调，我们走的是一条中国特色社会主义道路，人民民主是一种全过程的民主，所有的重大立法决策

都是依照程序，经过民主酝酿，通过科学决策、民主决策产生的。希望你们再接再厉，为发展中国特色社会主义民主继续作贡献。

《人民日报》，2020 年 1 月 13 日

2．不能这边高楼大厦，那边棚户连片

党的十八大以来，党中央、国务院始终把"实现全体人民住有所居"作为一项重要改革任务，全面部署，扎实推进旧区改造工作，成效显著。同时，妥善处理好保护与发展、改造与新建的关系，注重保护历史建筑和历史风貌。

时任国务院总理李克强念念不忘棚户区改造（简称棚改），在就任后的首次记者招待会上，就提出将棚改工作列入计划，并承诺"本届政府将再改造 1000 万户以上各类棚户区"。在不同场合，李克强还多次强调：对棚户区的老百姓而言，住房就是"天大的事""不能让城市这边高楼大厦，那边棚户连片；这边霓虹闪烁，那边连基本的生活条件都不具备"。棚户区居民的居住困难，让他"心里面感到不安"。李克强多次主持召开国务院常务会议，部署加大棚改力度，顺应群众改善居住条件的期盼，推动惠民生、扩内需；加快改造城镇老旧小区，创新投融资机制，安排中央补助资金，鼓励金融机构和地方积极探索，以可持续方式加大金融对老旧小区改造的支持；运用市场化方式吸引社会力量参与；建立政府与居民、社会力量合理共担改造资金的机制，中央财政给予补助，地方政府专项债给予倾斜，鼓励社会资本参与改造运营。在十三届全国人大五次会议开幕会上，李克强再次强调，有序推进城市更新，再开工改造一批城镇老旧小区，在城乡规划建设中做好历史文化保护传承。2018 年 4 月，李克强考察上海。在长阳创谷，他指出，"百年的老厂房创出了今天的新天地，这是新旧动能转换最生动的缩影。希望你们充分发掘人

才人力资源，打造双创'升级版'，把长阳创谷早日建成世界级创谷"。2022年3月5日，李克强在十三届全国人大五次会议上作政府工作报告，提出"再开工改造一批城镇老旧小区"。

全国人大、政协将旧区改造作为监督和参政议政的重要内容。人大代表从如何完善旧区改造立法，化解居民征收矛盾等方面提出建议。政协委员围绕旧区改造提交提案，从政策制订、改造方式、资金筹措等方面建言献策。2013年，时任中央政治局常委、全国政协主席俞正声在做全国政协委员会常务委员会工作报告时明确，把"抓好保障房建设和棚户区改造"作为政协工作的重要内容。

时任中央政治局常委、国务院副总理韩正十分关心城镇老旧小区改造工作。2019年12月17日，韩正在住房和城乡建设部召开座谈会上表示，要以城市更新为契机做好老旧小区改造，指导各地因地制宜开展工作，尊重群众意愿，满足居民实际需求。2020年7月26日，韩正主持召开房地产工作座谈会强调，要做好住房保障工作，因地制宜推进城镇老旧小区和棚户区改造。

党中央、国务院将棚户区改造作为保障性安居工程建设的重要内容，多次要求各地加大棚户区改造力度，并出台一系列支持政策，为上海旧区改造工作明确方向。

2013年，国务院下发《关于加快棚户区改造工作的意见》，从总体要求、基本原则、工作目标、政策措施、规划建设、组织领导等方面作了全面规定。

2015年6月，国务院下发《关于进一步做好城镇棚户区和城乡危房改造及配套基础设施建设有关工作的意见》，提出了2015—2017年改造包括城市危房、"城中村"在内的各类棚户区住房1800万套的工作目标，并要求各地区进一步做好城镇棚户区和城乡危房改造及配套基础设施建设工作，切实解决群众住房困难，推动经济社会和谐发展。12月，中央城市工作会议提出，要加快推进棚户区改造，力争到2020年基本完成现有城镇棚户区改造。

2016年，《国民经济和社会发展第十三个五年规划纲要》明确提出：

"加快城镇棚户区和危房改造。基本完成城镇棚户区和危房改造任务。将棚户区改造与城市更新、产业转型升级更好结合起来,加快推进集中成片棚户区和城中村改造,有序推进旧住宅小区综合整治、危旧住房和非成套住房改造,棚户区改造政策覆盖全国重点镇。完善配套基础设施,加强工程质量监管。"

2018年9月,住房和城乡建设部印发《关于进一步做好城市既有建筑保留利用和更新改造工作的通知》,要求各地进一步做好既有建筑保留利用和更新改造,建立健全城市既有建筑保留利用和更新改造工作机制,做好城市既有建筑基本状况调查,制定引导和规范既有建筑保留和利用的政策,加强既有建筑的更新改造管理,建立既有建筑的拆除管理制度。

2020年,《中共中央关于制定国民经济和社会发展第十四个五年规划和二〇三五年远景目标的建议》明确提出"实施城市更新行动","城市更新"首次作为一项重大整体决策部署被纳入国家中长期发展规划。住房和城乡建设部明确,实施城市更新行动,就是要推动城市开发建设方式从粗放型、外延式发展转向集约型、内涵式发展,将建设重点从房地产主导的增量建设,逐步转向以提升城市品质为主的存量提质改造。将老旧小区改造、生态修复、完善城市空间结构、强化历史文化保护、新型城市基础设施建设、增强防洪排涝能力等各项内容列入城市更新的任务清单。

2020年7月,国务院办公厅印发《关于全面推进城镇老旧小区改造工作的指导意见》,要求满足人民群众美好生活需要,推动惠民生、扩内需,推进城市更新和开发建设方式转型,促进经济高质量发展。重点改造2000年底以前建成的老旧小区。改造内容可分为基础类、完善类、提升类三类,要求各地因地制宜确定改造内容清单、标准,科学编制城镇老旧小区改造规划和年度改造计划。

2021年7月,中共中央办公厅、国务院办公厅印发《关于推进城乡建设绿色发展的意见》,要求转变城乡建设发展方式,推进既有建筑绿色化改造,鼓励与城镇老旧小区改造、农村危房改造、抗震加固等同步实施。完善项目审批、财政支持、社会参与等制度机制，推动历史建筑更新改造、合理利用。

2021 年 8 月，中共中央办公厅、国务院办公厅印发《关于在城乡建设中加强历史文化保护传承的意见》。这是首次以中央名义，专门印发的关于城乡历史文化保护传承工作的指导文件。同年 8 月 31 日，住房和城乡建设部印发《关于在实施城市更新行动中防止大拆大建问题的通知》，明确划出城市更新重要底线：一是控制大规模拆除，二是控制大规模增建，三是尊重居民意愿，四是控制住房租金涨幅。同时要求全力保留城市记忆，尽量保留、改造、利用既有建筑，鼓励采用"绣花功夫"来织补、修补、更新，延续城市的历史文脉和特色风貌。要求稳妥推进改造提升，加强统筹谋划，坚持城市体检评估先行，探索政府引导、市场运作、公众参与的城市更新可持续模式，推动由过去的单一"开发方式"转向"经营模式"。

精心的部署
Meticulous Deployment

从 1992 年开启大规模旧区改造至今，历届上海市委、市政府把提高居民居住质量作为民生保障"头等大事"，"一届接着一届干""一年接着一年干"，持之以恒、久久为功。165 万户曾"蜗居"在危棚简屋、二级旧里的居民家庭搬进了新建小区，城市发生了翻天覆地的变化。

2008—2012 年，市委、市政府以"创新旧区改造机制，完善旧区改造政策"为主线，探索"启动之前听群众、补偿标准数砖头、安置方式多选择、住房保障来托底"的旧区改造思路，迎来新一轮旧区改造的高潮，圆满完成各类旧区改造任务。为了"啃下硬骨头"、加快推进旧区改造，市委、市政府五位时任领导对口联系重点推进的五大基地，时任市委书记俞正声对口联系闸北区上海站北广场改造，时任市委副书记、市长韩正对口联系黄浦区董家渡 13、14、15 街坊改造，时任市委副书记殷一璀对口联系杨浦区平凉西地块改造，时任市委常委、常务副市长杨雄对口联系普陀区建平村改造，时任分管副市长沈骏对口联系虹口区虹镇老街改造。根据多年的试点、探索，结合国务院征收新政，2011 年 10 月 19 日，《上海市国有土地上房屋征收与补偿实施细则》（市政府 71 号令）公布，进一步规范了旧区改造征收补偿工作，并一直沿用至今。

党的十八大以来，历任上海市委、市政府领导高度重视，全力以赴推动旧区改造工作。市委、市政府主要领导先后多次深入旧区改造基地调研，召开座谈会、专题会研究推进，并多次作出重要指示，要求创新思路、办法和机制，加快推进旧区改造。历任市委书记韩正、李强多次调研旧区改造基地，听取各方意见。历任市长杨雄、应勇、龚正，多次主持召开旧区改造专题会议，部署全市旧区改造工作。历任分管副市长善平、蒋卓庆、陈寅、时光辉、汤志平、彭沉雷、张小宏全力推进。市人大加强民主监督，市政协积极建言献策。在市委、市政府的坚强领导下，上海旧区改造直面困难，不断创新机制，制定政策，拓宽融资渠道，让老百姓"住有所居"。同时，从"拆改留"转为"留改拆"，强化风貌保护，走出一条具有上海特色的旧区改造新路子。

党的十九大以来，市委、市政府将旧区改造摆在更加突出的位置，坚持党建引领，创新思路办法，加大工作力度，着力改善市民居住条件，深化城市有机更新，全力打好旧区改造攻坚战，上海旧区改造呈现出加速推进的良好态势。2019 年以来，上海旧区改造进入决战决胜阶段，市委、市政府践行"人民城市人民建，人民城市为人民"重要理念，全力以赴加大推进力度，终于在 2022 年 7 月全面收官中心城区成片二级旧里以下房屋改造。

1. 下更大决心、花更大力气

中共上海市第十届市委高度重视旧区改造工作。韩正在上海工作期间，心里始终装着旧区居民，多次到旧区改造基地调研，听取居民和一线工作人员的想法、困难，将旧区改造作为全局工作的重中之重，持续推进。他再三强调："旧区改造是发展问题，更是民生问题。上海在加快建设'四个中心'和社会主义现代化国际大都市的过程中，要时刻惦记着那些依然居住在旧区中的市民，从群众利益考虑，从群众意愿出发，依法依规，尽最大努力推进旧区改造。"

根据计划，"十二五"期间全市要完成 320 万平方米中心城区二级旧里以下房屋改造，受益居民 13 万户。2012 年 1 月 16 日，在上海市政府记者招待会上，韩正承诺，"上海今年将改造二级以下旧里 60 万—70 万平方米左右，将惠及 2.5 万户。对于大型居住社区配套，原先计划五年配套总量约 60 亿元，今年市政府作了一个决定，五年任务两年完成"。9 月 12 日，韩正在苏河湾旧区改造基地调研，反复叮嘱闸北区负责人，旧区改造中要尽最大努力保护历史建筑，传承好上海的历史文脉。同时，他说，"我们心里要始终装着住在旧区的群众"，旧区改造是上海全局工作中的重中之重，要聚焦重点抓推进，在实践中不断完善公开透明、依法依规的动迁机制，探索化解纠纷、协调利益的新办法。

2016 年，上海"十三五"规划提出，创新旧区改造模式，完成黄浦、虹口、杨浦等中心城区 240 万平方米成片二级旧里以下房屋改造，积极推进"城中村"地块整体改造。

2017年2月3日，韩正深入基层，实地调研上海市历史文化风貌区保护工作，并指出上海必须下更大的决心、花更大力气保留保护更多历史建筑。以城市更新的全新理念推进旧区改造工作，要牢牢把握好两条原则：第一，要从"拆改留并举、以拆为主"转换到"留改拆并举、以保留保护为主"；第二，在更加注重保留保护的过程中，要创新工作方法，努力改善旧区居民的居住条件。要抓紧研究出台有针对性的政策措施，实实在在落实最严格的历史建筑和历史文化风貌区保护要求，保护好上海的历史文脉和文化记忆。从"拆改留"转为"留改拆"并举，上海旧区改造指导思想发生重大调整，由此开启新篇章。

2017年7月13日，上海市政府印发《关于深化城市有机更新促进历史风貌保护工作的若干意见》，明确上海的城市有机更新的指导思想：坚持"以保护保留为原则，拆除为例外"的总体工作要求，遵循"规划引领、严格保护、区域统筹、分类施策、政府引导、多方参与"的原则，按照整体保护的理念，积极推进历史风貌保护工作，改善居民生活环境。

2017年11月9日，上海市政府印发《关于坚持留改拆并举，深化城市有机更新，进一步改善市民群众居住条件的若干意见》的通知。

韩正：必须下更大决心、花更大力气保留保护更多历史建筑，保留保护更多成片历史建筑风貌区

2月3日，市委书记韩正前往黄浦区老城厢和静安区老闸北和老静安部分区域，实地调研本市历史建筑风貌区保护工作。韩正说，历史文脉要精心保护、文化记忆要用心留存，上海必须下更大决心、花更大力气保留保护更多历史建筑，保留保护更多成片的历史建筑风貌区。要以城市更新的全新理念推进旧区改造工作，进一步处理好留、改、拆之间的关系，处理好历史建筑保留保护与改善旧区居民居住条件的关系。

上午，韩正和市委常委、市委秘书长尹弘一行来到黄浦区老城厢历史

风貌保护区。老城厢是上海本地文化的"摇篮",具有悠久的历史文脉和深厚的文化底蕴,区域内有众多文物保护单位、登记不可移动文物和上海市优秀历史建筑。韩正走进尚文路133弄,这里是上海市优秀历史建筑、黄浦区登记不可移动文物"龙门邨"。1865年,清代江苏巡道丁日昌在此创办了龙门书院,即现在上海中学的前身,龙门邨由此得名。龙门邨占地面积逾23亩,共有76幢建筑,建造于1905年至1934年间,其中独立住宅6幢、新式里弄住宅68幢、旧式里弄住宅2幢,每一幢建筑都不相同,西班牙式、苏格兰式、古典巴洛克式以及中国江南民居,被称作"微缩的万国民居群",中西方古典艺术装饰细节展现着岁月的温柔之光。韩正沿着龙门邨一路察看,不时停下来听取历史建筑保护情况介绍。龙门邨虽然历史厚重,居民众多,但管理得井井有条,已是上海文明小区、造树绿化百佳里弄、上海市消防安全小区。韩正专门走到里弄深处的居委会看望基层干部,祝大家新春吉祥。

安康苑位于静安区老闸北区域,建造于1910年代,以一级旧里为主,是"老北站"地区非常有特点的石库门里弄居住与商业集聚地,共有13处历史保护建筑,其中吴昌硕故居、梁氏民宅是市级优秀历史建筑,另有10处列入上海市第三次全国文物普查不可移动文物名录。该地块是本市体量较大的旧区改造基地,目前正在实施动迁。

韩正走进山西北路551弄康乐里潘氏住宅,与居民们交流。4号的主人在这里居住了近70年,他们告诉市领导,房子老了居住环境实在不行,大家非常希望改善,但是老建筑充满着历史,建筑格局和装饰细节蕴含着许多文化典故,如果拆掉非常可惜。山西北路457弄61号是清末民初建造的梁氏民宅,砖木结构,清水青砖墙面并以红砖装饰细部,入口为中式宅门加西式装饰,整座建筑中西合璧,是市级优秀历史建筑,目前已有保护计划。

素有"海上第一名园"之称的静安区张园,地处南京西路风貌保护区的核心区域,是清末民初老上海三大私家园林之一,是近代各式花园洋房和里弄建筑的博览园。区域内有13幢优秀历史建筑,多处被纳入上海市第三次全国文物普查不可移动文物名录,还有部分规划保留历史建筑,静安区正在研究保护性改造和修缮工作。张园目前有居民1176户,许多是老人。韩正边走边听,不时停下来与居民们打招呼,询问他们的居住情况,还走进居委会助餐点,察看老人用餐服务,听取居委会干部的情况介绍。

整整一个上午，韩正马不停蹄边走边看，听取市委、市政府相关部门负责同志关于全市历史建筑风貌区保护的情况汇报和下一步工作计划。韩正说，要以城市更新的全新理念推进旧区改造工作，牢牢把握好两条原则。第一，要从"拆改留并举，以拆为主"，转换到"留改拆并举，以保留保护为主"。第二，在更加注重保留保护的过程中，要创新工作方法，努力改善旧区居民的居住条件。要抓紧研究出台针对性的政策措施，实实在在落实最严格的历史建筑和历史建筑风貌区保护要求，保护好上海的历史文脉和文化记忆。

《解放日报》，2017 年 2 月 4 日

2013 年 1 月 27 日，时任代市长杨雄做政府工作报告，明确未来五年，上海将加快推进旧区改造和旧住房综合改造，切实改善人民群众的居住条件。杨雄在任副市长、代市长、市长期间，高度重视旧区改造工作。他曾说："要不要动，怎么动，先听听老百姓怎么说。"据时任市房屋土地资源管理局（简称市房地资源局）拆迁处处长张新华回忆：正是杨市长的这句话，激发工作人员创建了"两轮征询"制度。在全市性的大会上，他曾多次强调："动迁是民生问题。财政要把角角落落的钱汇集起来，用于动迁。"张新华回忆说："杨雄市长多次与国家开发银行沟通，促成统贷平台的建立。他极力支持安置房建设，并叫停安置房转商品房。"杨雄一再叮嘱："老城区更新改造，绝不能走老路。要在规划设计和产业转型上体现创新，在旧区改造工作理念和模式上体现创新。"

城市更新是城市永恒的主题
同济大学原常务副校长、中国城市规划学会副理事长、法国建筑科学院院士 伍江

2017 年，韩正书记高屋建瓴地提出要从"拆改留并举、以拆为主"转换到"留改拆并举、以保留保护为主"。从"拆改留"转为"留改拆"，目的就是不要再搞大拆大建，能留的尽量留，能改造利用的就尽量不要拆除

重建。这不仅是为了保护历史传承，也是为了可持续发展。

拆除重建与城市更新是两种不同的模式。拆除重建更多指过去那种大规模的、整城区的改造更新，甚至可以指大量农业区转化为城市区。但发展到一定阶段以后，城市不可能永远处于拆除重建的模式，而是需要更小尺度的、细胞层面的更新。今天的城市更新也更多指这种有机更新，是持续不断的、小规模渐进式的，是符合生命体发展规律的有机更新。所以永远不会完成，永远在路上，甚至不太容易觉察到。旧区改造要做的，还不能不急，不急就不叫旧区改造；更新不能急，急就不叫更新，这是两个不同的逻辑。

城市更新是城市的常态化状态，城市总是需要不断更新的。但是过去几十年城市更新比较多的是以拆除重建的方式进行的。现在要及时转入常态化的城市更新状态。现在大家更多聚焦在一些小尺度的更新上，叫"微更新"，这是对过去工作方式的一种反思。但城市更新不仅仅是"微更新"，城市更新既有微观层面，也有宏观层面。

城市更新不能大拆大建，要改变原有的拆除重建的模式，要学会在"城市上建城市"，通过不断更新、改造、再利用，使得城市发展更加有机，这是业界现在谈城市更新时聚焦比较多的一个方向。城市更新过程需要市场，也需要资本，只不过市场也好，资本也好，都不应该是简单复制过去那样的拆除重建模式，而是应该采取城市更新的理念与方式，进行新的模式探索。

城市更新不是10年或20年的事情，可能是100年或200年甚至更长时间的事情。只要城市在，就会不断更新。城市会永远更新下去。

所以我觉得，现在别太着急，不要急于一蹴而就，不要去想着"一口吃个大胖子"。这是涉及很多个体利益的事情，也存在很多不同利益之间的博弈。还没有达成共识的，就等一等，不能强迫一定要这样做。

根据访谈整理，标题由编者根据内容提取

2. 跑出加速度、走出新路子

十九大以后，市委、市政府，依旧将旧区改造作为事关百姓福祉和城市长远发展的重要民生工程和民心工程，放在全市工作的突出位置。在不同场合，时任市委书记李强曾多次表达过对居民住房困难问题的高度关注，他再三强调，"居民住房问题要有紧迫感、责任感""如果拎着马桶进入全面小康，居民会有什么感觉"？李强告诉相关部门和各区负责人，旧区改造是"老大难"，但不能只讲眼前困难，更要多算大账。李强曾动情地说："如果住在这些房子里的，是我们的父母、兄妹呢？"

2017年11月22日，李强在杨浦区调研时指出，要全心全意做好民生服务工作。对于养老、旧区改造等群众关注度高、反映突出的民生问题，必须加大民生投入，倾注更多精力，出台更有针对性的政策。要大兴调查研究之风，创新群众工作方法，领导干部进社区、进农村、进企业，主动了解基层需求，帮助解决实际困难。

经过几轮深入研究后，上海市委、市政府明确提出，要着眼于改善基本居住条件，"留改拆"并举，综合推进各类旧住房修缮改造。李强用"五个更"，即更强决心、更实作风、更大力气、更新举措、更快速度，为上海旧区改造按下"加速键"。

在广泛调研基础上，市委、市政府对旧区改造的理念和思路进行了重大调整：一是工作理念，从"拆改留、以拆除为主"转变为"留改拆并举、以保留保护为主"，从以快为主转变为稳妥实施，更加突出历史风貌保护和城市文脉传承，更加突出城市功能完善和品质提升；二是工作要求，坚持"保基本、讲公平、可持续"原则，完善房屋征收补偿机制；三是工作方式，坚持居民自愿，倡导共建共治共享，更加突出居民自治和群众参与。

2018年3月29日，李强在虹口区调研，在白玉兰广场听取虹口功能区建设、旧区改造以及架空线入地等工作汇报，详细询问区域转型升级、历史风貌保护以及居住环境改善情况。当听到虹口二级以下旧里总体体量较大、改造任务仍较为繁重时,李强指出,要进一步创新思路举措,加大改造力度,加快推进速度,下大力气改善居民居住生活条件,不断增进民生福祉,让市民群众有更多获得感。

5月16日,李强主持召开部分区区委书记座谈会。他强调:民生工作要紧盯不放,统筹抓好底线民生、基本民生和质量民生。要增强二级以下旧里改造的紧迫感、责任感,创新思路,加强统筹,以更大力度、更快速度推进解决。

6月13日,李强前往黄浦区老城厢地区,实地调研旧区改造工作推进情况。他指出,旧区改造事关民生改善、事关城市安全,必须高度重视。要按照习近平总书记对上海工作的指示要求,始终坚持以人民为中心的发展思想,充分认识旧区改造的紧迫性和重要性,千方百计改善旧区内群众的居住条件,加快推进旧区改造各项工作,不断增强市民群众的获得感、幸福感、安全感。

7月26日,市委常委会举行会议,强调要坚持"留改拆"并举,深化城市有机更新;要明确目标任务,细化政策举措,加大力度、加快推进旧区改造,切实解决居民实际居住困难;要创新方式方法,整合政策资源,结合旧区改造实际,大力创新工作思路、办法和机制。

8月13日,时任市长应勇为"坚持'留改拆'并举、深化城市有机更新、切实加强历史风貌保护、加快改善市民居住条件"专题培训班作开班动员。应勇强调,"应留的必须留,该改的全力改,当拆的加快拆"。必须保留保护好里弄住宅,保留保护好城市肌理、街坊肌理和历史建筑。同时,要加强整体统筹,坚持分类施策,"一地块一方案",成熟一块,改造一块。要坚持因地制宜,探索保护改造新方式,切实改善市民居住条件。要建立资金平衡新机制,坚持全区平衡、动态平衡、长期平衡,算整体账、长远账。要用好用足资金、规划土地等方面新政策。发挥好国企参与旧区改造的骨干作用。对不成片的零星二级旧里以下房屋,鼓励各区及基层探索新机制、新办法,加快推进改造。要压实责任,形成合力,确保"留改拆"工作落到实处。

2018年9月13日,李强就坚持"留改拆"并举、深化城市有机更新、进一步改善市民群众居住条件有关工作，前往普陀、静安、虹口实地调研。他强调，"留改拆"并举，综合推进各类旧住房修缮改造，是事关长远、十分重要的惠民举措。要按照习近平总书记对上海工作的指示要求，进一步增强紧迫性和责任感，创新思路、办法和机制，市区联动、多策并举、加大力度，加快改善基本居住条件，更好满足人民群众对美好生活的向往。

11月22日，李强主持召开区委书记座谈会，他指出，要狠抓落实，抓住事关长远发展又是当前急需解决的重大问题，针对养老服务、旧区改造、城市精细化管理、乡村振兴、垃圾分类等重点难点，积极主动作为，全力攻坚突破。

2019年，上海旧区改造工作呈现出往年未有的加快推进态势。这得益于市委、市政府用三个"创新"破解旧区改造瓶颈：一是创新旧区改造模式，采取"政企合作、市区联手、以区为主"的新模式；二是创新资金筹措，安排200亿元城市更新专项资金，撬动项目推进，积极争取中央支持发行地方政府债券，地产集团积极搭建融资平台；三是创新政策措施，包括细化规划土地支持政策，积极探索旧区改造项目预供地等。

李强强调，旧区改造绝不犹豫懈怠，风貌保护绝不放松忽视。市领导鼓足一股劲，注重以上率下，做实靠前指挥的领导决策机制。旧区改造越深入推进，越是"难挑的担子""难啃的骨头"，越考验格局和担当，体现能力和水平，没有一股子气和劲，是推不动、完不成的。上海坚持把涉及旧区改造的事当成全市性的大事、急事来办，想尽一切办法，克服一切困难，以上率下，示范引领，高位推动。市委常委会多次研究，分阶段召开全市推进大会、专题推进会谋划部署，把旧区改造与"不忘初心、牢记使命"主题教育及党史学习教育紧密结合起来，探索形成指导全市旧区改造的目标、原则和实施路径，锚定目标，倒排时间，谋定而动，谋定快动。

2019年，李强先后五次至旧区改造基地和项目进行调研和座谈，十余次对旧区改造工作作出批示，通过"解剖麻雀"、以点带面，逐一研究破解症结，形成思路办法。3 月，李强在静安区调研时指出，要清醒认识到全市旧区改造任务依然艰巨，关键还是要"设身处地、将心比心"，如果我们的心用到了、脑用活了、力用足了，一定能够更好、更快改善市民群众基本居住条件。他带头下沉一线，靠前指挥，亲力推动，将黄浦区宝兴里作为"不忘初心、牢记使命"主题教育调研点和党史学习教育基层党支部联系点，听取大家对旧区改造和城市更新的意见建议，以点带面推动全市旧区改造工作。沿着老旧电线等"蜘蛛网"密布的狭窄小径，走进旧里深处，看到年代久远的破旧房屋、简单搭建的厨卫设施、逼仄昏暗的室内环境，李强强调要"顺势而为，乘势而上，下更大决心，花更大力气，更快更好推进全市旧区改造工作，争取早日完成全市旧区改造任务"。并组织撰写题为"倾心倾力，务实创新，努力走出旧区改造新路子——宝兴居民区改造调研的体会与思考"的调研报告。宝兴里旧区改造地块仅用 172 天，实现了 1136 证居民 100% 自主签约、100% 自主搬迁，历史性地实现了旧区改造推进"零执行"。

4 月 15 日，李强至市旧改办调研。他强调，旧区改造事关城市发展、事关民生改善，要进一步统一思想、下定决心、找准路子、搞活机制，全力打好旧区改造攻坚战。要设身处地、将心比心、换位思考，不断创新工作思路和方法，在土地、资金等方面加强统筹，完善相关配套政策，切实改善市民群众基本居住条件。要进一步加强统筹协调，提高工作效率，全力以赴把这件增进百姓福祉的大事做好做实。

持续推动旧区改造等突出民生问题解决，李强再赴宝兴里，狠抓主题教育成果落实

市委书记李强今天下午深入黄浦区外滩街道，调研指导第二批"不忘初心、牢记使命"主题教育工作，并实地检查指导外滩街道宝兴里旧区改造工作。李强强调，要扎实推动第二批主题教育高质量开展，坚持用习近平新时代中国特色社会主义思想武装头脑、指导实践、推动工作，更加积极主动发现问题、解决问题，以群众获得感体现主题教育成效。要切实抓

好第一批主题教育调研成果转化落实，持续推动旧区改造等突出民生问题解决，在破解难题中砥砺初心、勇担使命，努力让工作生活在这座城市的人们更幸福。

李强主持召开座谈会，听取外滩街道"不忘初心、牢记使命"主题教育开展情况以及金陵东路北侧（宝兴里）旧区改造项目工作情况汇报，同与会同志深入讨论、分析情况、明确重点、推动落实。

李强指出，第二批主题教育启动以来，全市各参加单位认真贯彻中央和市委部署要求，坚持抓思想认识到位、检视问题到位、整改落实到位、组织领导到位，各项工作推进有力有序。第二批主题教育重点在基层，同群众的联系更直接，群众期待解决的问题更具体，要以高度的政治责任感和使命感，进一步抓好各项工作。政治站位要再提升，始终从讲政治的高度，深化对主题教育重要意义的认识，深化对初心和使命的认识，更加积极主动投身到主题教育中来。理论学习要再深入，坚持读原著、学原文、悟原理，提升理论学习的针对性、实效性，做到"真想学""真有效"，力戒形式主义。问题导向要再强化，把问题找实、把根源找深，奔着问题去、盯着问题改，即知即改、应改尽改。注重上下联动，整体推进问题解决。基层工作连着民心民意，要让群众来评判主题教育的成效。要把老百姓的事办得更实更好，在解决群众所需、所急、所盼上拿出真招、实招，一件接着一件干，不断提升群众的获得感、幸福感、安全感。

在第一批主题教育中，李强以旧区改造和城市更新为选题，深入外滩街道宝兴居民区开展调研，通过"解剖麻雀"、以点带面，形成旧区改造调研成果。他一直挂念着宝兴里居住困难的群众，在下午调研时专门听取宝兴里旧区改造工作进展汇报，给予具体指导。李强指出，旧区改造既是民生工程，也是民心工程。在各方面共同努力下，全市旧区改造工作推进势头良好。要顺势而为、乘势而上，下更大决心、花更大力气，更快更好推进全市旧区改造工作，争取早日完成全市旧区改造任务。要坚定信心决心，从政治高度、从对群众感情角度把握旧区改造工作，全力以赴、千方百计加快推进。要坚持问题导向，紧紧扭住制约旧区改造的瓶颈问题，一个一个抓紧解决。要创新思路办法，加大探索力度，完善政策支持，形成一批务实管用的举措、可复制可推广的范例，努力走出中心城区旧区改造和城市更新新路子。要形成工作合力，市级统筹要更有力，区级落实要更高效，街道配合要更细致。依托社区、居委和各级党组织，加强政策解释和宣讲，耐心深入、公正公开，切实做好群众工作。

座谈会前，李强来到金陵东路地块房屋征收办公室，看望慰问工作人员，察看旧区改造项目进展。目前，金陵东路地块旧区改造项目高比例通过第一轮意愿征询，第二轮签约征询工作正在有序开展。在征收政策自助查询机前，4 位来自宝兴里的居民正在翻看相关政策信息。李强关切询问大家的想法感受，听到居民们说期盼通过旧区改造早日改善居住环境时，李强说，做好旧区改造工作，需要党委政府全力推进，也需要居民群众积极配合，大家共同努力把好事办好。征收项目启动以来，街道和社区干部带着志愿者走家串户，积极宣传引导，做好政策解答。李强感谢大家的辛勤付出，希望大家结合主题教育，倾听群众呼声，回应群众关切，做深做细群众工作，更好赢得群众支持。

市领导陈寅、诸葛宇杰参加调研。

《新民晚报》，2019 年 9 月 20 日

应勇多次赴黄浦、虹口、杨浦、静安等区调研，实地走访了黄浦区新昌路 1 街坊和建国东路地区，虹口区山寿里，杨浦滨江、江浦 160 街坊，静安洪南山宅、240 街坊等旧区改造地块，就创新机制，分类施策，加强"市区联动、政企合作，以区为主"，多渠道筹措资金，统筹兼顾好旧区改造和风貌保护的关系，不断深化城市有机更新，多措并举改善群众居住条件等问题，反复强调，压实责任，重抓落实。

时任分管副市长汤志平十余次至旧区改造基地现场调研、召开座谈会和专题会，听取工作汇报，研究决策旧区改造重大问题，逐一地块讨论实施方案，指导形成"一地一策"。亲自协调老城厢亚龙地块、安康苑地块、虹口 17 街坊等旧区改造项目。

2020 年，上海旧区改造和城市更新步伐再提速。2020 年发布的《上海"十四五"规划》明确：本届党委、政府任期内全面完成约 110 万平方米中心城区成片二级旧里以下房屋改造任务，到 2025 年全面完成约 20 万平方米中心城区零星二级旧里以下房屋改造任务。

6月12日，李强、应勇出席全市旧区改造工作推进会议。李强在会上强调，要深入贯彻落实习近平总书记考察上海重要讲话精神，坚持以人民为中心的发展思想，积极推进旧区改造，强化政策供给，压实责任，形成合力，切实打好旧区改造攻坚战，不断增强人民群众获得感、幸福感、安全感。

7月13日，上海市城市更新中心在上海地产（集团）有限公司正式揭牌成立。时任市委书记李强，时任市委副书记、代市长龚正共同为上海市城市更新中心揭牌。李强指出，旧区改造事关人民群众福祉、事关城市长远发展。要深入贯彻落实习近平总书记考察上海重要讲话精神，认真践行"人民城市人民建，人民城市为人民"的重要理念，按照十一届市委九次全会部署要求，创新体制机制，形成强大合力，以细致的工作、精准的政策、管用的招数，全力以赴打好旧区改造攻坚战。各区和各相关部门要增强责任感、使命感和紧迫感，进一步排摸梳理、了解需求，加速推进各项配套政策落地。地产集团要更好发挥国有企业骨干和中坚作用，选配精兵强将，充实优质资源，创新方式方法，做强城市更新中心平台，为上海走出一条超大城市旧区改造和有机更新的新路子作出更大贡献。

7月21日，在上海市第十五届人大常委会第二十三次会议（扩大）上，市委副书记、市长龚正做政府工作报告。他表示："市委、市政府提出要以更大决心、更大力度推进旧区改造这项工作。"一是明确提速改造的新要求，就是能快则快，力争在较短的时间内基本完成中心城区成片二级旧里以下房屋改造。二是创新旧区改造模式，成立了市城市更新中心，作为全市统一的旧区改造功能性平台，创新国企参与旧区改造的模式，探索全市跨区域平衡的新路径。三是强化政策供给，出台了"预供地"、贷款贴息等一批政策，支持区里更好解决资金平衡等问题。龚正强调，"上海旧区改造任务很重、难度很大，但再难也要想办法解决"。

12月，时任市委副书记于绍良对毛地处置作出批示。市委政法委牵头、市旧改办和相关区职能部门配合召开专题会议，研究依法妥善解决司法查封毛地旧区改造地块的处置路径和工作方案。

2020 年，市人大、政协、政法委领导多次调研旧区改造工作。时任市人大常委会主任蒋卓庆牵头，建立旧区改造收尾新机制。市人大常委会副主任肖贵玉专题听取旧区改造机制创新等推进情况。时任市政协副主席赵雯、李逸平等多次调研旧区改造工作，建言献策。

2020 年，时任常务副市长陈寅、分管副市长汤志平多次调研旧区改造。6 月 24 日，汤志平实地调研地产集团参与的虹口区 17 街坊旧区改造项目，听取项目规划实施方案编制情况汇报。7 月 27 日，汤志平召开市政府专题会议，研究黄浦区乔家路地块旧区改造工作。8 月 24 日，陈寅、汤志平专题听取《关于加快推进我市旧区改造工作的若干意见》的 15 个配套政策文件制定进展情况。

2021 年，市委市政府将旧区改造工作明确作为 16 项民心工程之首，并提出"2022 年底前全面完成中心城区成片二级旧里以下房屋改造，有序推进中心城区零星二级旧里以下房屋改造"的工作目标。

2021 年 1 月 4 日，新年第一个工作日，上海市委、市政府召开民心工程现场推进会，提出"以改革创新精神破解民生难题，更加体现精细化、有温度"，要"打破常规、创新办法，持续推进旧区改造。结合新城建设，多策并举打好'城中村'改造攻坚战"。

3 月 16 日，李强召开全市旧区改造工作专题会议。龚正、于绍良、陈寅、诸葛宇杰、汤志平同志出席会议。

3 月 16 日，李强召开外滩历史文化风貌区城市更新工作专题会议。龚正、陈寅、诸葛宇杰、汤志平同志出席会议。

4 月 25 日，在开展党史学习教育"我为群众办实事"的实践活动中，李强前往旧区改造和城市更新地块，察民情，访民意，深入听取党员、群众的意见建议。他多次主持召开协调会、座谈会，反复强调："上海在加快旧区改造和城市有机更新的同时，要切实做好历史建筑、历史风貌保护利用的大文章。"

4 月，市委召开全市党建引领旧区改造推进会，会议强调要进一步完善议事协商平台，压实工作责任，完善推进机制，形成工作合力。

8 月 26 日，李强调研民心工程相关工作。他指出：人民城市人民建，人民城市为人民，群众需要什么、期待什么、操心什么，我们就要着重抓什么，让老百姓有实实在在的感受度。民心工程越深入，越要依靠群众共商共议，要坚持党建引领，更好地集民智、聚民心、促民生，携手共建美好家园。

11 月 29 日，李强调研传统优秀老建筑保护工作，到虹口区四川北路街道的今潮 8 弄，现场察看项目规划建设和城市更新进展。他指出：老建筑、老街区是城市记忆的物质留存，是人民群众的乡愁见证，是城市内涵、品质、特色的重要标志，具有不可再生的宝贵价值。

2022 年 1 月 12 日，时任副市长彭沉雷专题听取研究本市旧区改造和历史风貌保护工作，明确要加快推进中心城区剩余成片二级旧里以下房屋改造的工作，力争上半年完成。

6 月 14 日，新冠肺炎疫情缓解，复工伊始，李强就加快推进城市更新工作进行调研，对抓好成片旧区改造收尾和纵深推进城市更新工作提出明确要求：经过这次新冠肺炎疫情，要进一步增强抓好城市更新工作的紧迫感，多算大账、政治账、民心账、长远账，以更大决心再提速、再扩容、再加力。要把城市更新作为回应群众关切的实际行动，作为促进经济恢复重振的重大举措，作为提升城市功能品质的重要载体，锚定目标，实实在在补短板、抓推进。旧区改造要全面深化，成片二级旧里以下房屋改要一鼓作气、决战决胜、早日完成。城中村改造要全面提速，强化政策支持，盘活优势资源，让有品牌、有实力、有经验的市场主体更好地参与进来，高标准开发、高效率推进。旧住房更新改造要"能快则快"，坚持分类施策，安全隐患突出的要尽早启动。

6 月 25 日，在中国共产党上海市第十二次代表大会上，李强特别强调："中心城区成片二级旧里以下房屋五年累计已实施改造 308 万平方米，这一困扰上海多年的民生难题今年将历史性解决。"

2022 年 7 月 24 日，随着黄浦建国东路 67、68 街坊居民以 97.25% 高比例顺利通过二轮意愿征询，中心城区成片二级旧里以下房屋改造完美收官。

五年来，上海全市上下坚守人民情怀，坚定信心决心，周密组织，高位实施，攻坚克难，迅速打响旧区改造攻坚战，旧区改造形成"加速推进、势如破竹"的良好态势。中心城区旧区改造年签约面积从 2018 年的 42 万平方米提升到 2019 年的 55 万平方米，2020 年更达到 75 万平方米，2021 年也达到 70 万平方米，2022 年计划全年完成 41 万平方米，实际提前 5 个月全面完成中心城区成片二级旧里以下房屋改造。阳光照进旧里，旧区改造跑出"加速度"，旧区居民享受到了改革开放成果，获得感、幸福感、安全感大幅提高。

协同的步伐
Coordinated Development

旧区改造工作是一项涉及社会民生、经济发展、环境改善的系统性工程，需要各部门、各条块紧密协同，市与区联动，社会各方积极参与，共同破解"天下第一难"。

上海市委、市政府统筹多部门、各环节，协同优化工作流程，压紧压实工作责任，"拧成一股绳"、合力攻坚。上海建立由市领导负责、市住房和城乡建设管理委员会（简称市住建委）等相关部门在内的旧区改造领导小组，充分发挥牵头抓总作用，建立"疑难杂症"会商机制，及时研究解决工作推进中的卡点、堵点问题。领导小组办公室（简称市旧改办）细化目标、夯实责任、加强督促。市相关部门建立会商协同机制，及时加强对各区的政策指导和服务保障。人大、政协深入调研，促进难题化解、瓶颈突破，发挥民主监督、建言献策功能。国有企业履行社会责任，在旧区改造攻坚推进中发挥骨干和中坚作用，推行"政企合作"旧区改造新模式。社会各方力量积极响应，踊跃参与，在市场机制下参与旧区改造。

上海各区按照"市区联动、以区为主"的指导思想，"上下一盘棋"，强化属地责任。作为旧区改造的第一责任人，各相关区勇担主体责任，举全区之力，汇全区之智，竭尽全力推进旧区改造工作。区委、区政府主要领导经常深入基地，检查推动，一线指挥。各区旧改办协调相关部门、街道成立指挥部，征收事务所一线服务，按照改造计划、改造方式、实施路径，结合旧区改造地块实际情况，强化实践探索，细化落实各项保障措施，持续攻克历史遗留毛地处置、基地拔点收尾、资金筹措、民生配套、信访维稳等难题。

正是市、区各有关部门和单位发扬"白加黑、五加二"精神，加班加点，忘我工作，政府、企业、社会等各方力量"拧成一股绳""上下一盘棋"，合力攻坚，才使得上海旧区改造工作得以顺利推进，取信于民。

1. "拧成一股绳"

2009 年，上海市人民政府成立上海市旧区改造工作领导小组，组长由时任市长韩正担任，副组长由时任分管副市长沈骏担任，秘书长由时任市政府副秘书长尹弘担任。上海市旧区改造工作领导小组办公室设在市建设交通委，办公室主任由尹弘兼任，常务副主任由时任市建设交通委副主任倪蓉担任，副主任由时任市住房保障房屋管理局时任副局长黄永平担任。市建设交通委、市住房保障房屋管理局、市规划国土资源局、市发展改革委等 24 家成员单位的主要领导为成员。随后几年，市政府又陆续成立了上海市大型居住社区土地储备工作领导小组、上海市"城中村"改造工作领导小组、上海市城市更新工作领导小组。

2019 年 10 月，上海市人民政府决定将前述四个领导小组合并，成立上海市城市更新和旧区改造工作领导小组。组长先后由市长应勇、龚正担任，副组长先后由分管副市长汤志平、彭沉雷担任。市发展改革委、市经信委、市商务委、市教委、市科委、市公安局、市民政局、市司法局、市财政局、市人保局、市规划资源局、市住建委、市交通委、市农业农村委、市文旅局、市审计局、市地方金融监管局、市国资委、市绿化市容局、市政府新闻办、市信访办、上海银保监局等部门主要领导为成员。领导小组下设办公室、城市更新工作小组、旧区改造工作小组。领导小组办公室设在市住房和城乡建设管理委员会，办公室主任由时任市政府副秘书长黄融兼任，副主任由时任市规划和自然资源管理局局长徐毅松、时任市住房和城乡建设管理委员会主任黄永平兼任；城市更新工作小组设在市规划资源局，组长由徐毅松兼任；旧区改造工作小组设在市住房和城乡建设管理委员会，组长由黄永平兼任。

领导小组充分发挥牵头抓总作用，定期召开领导小组全体会议、旧区改造领导小组专题会议，建立"疑难杂症"会商机制，及时研究解决工作推进中的卡点、堵点问题。

领导小组下设办公室（市旧改办）。2018 年，市旧改办实体化运作，成立工作专班。市、区相关部门抽调职能处室干部，脱岗加入专班，集中办公，统筹协调各相关部门共同推进全市旧区改造工作。

在领导小组协调统筹下，各部门形成合力。市住建委、市规划国土资源局、市发展改革委、市财政局、市金融办、市法制办、市银监局及市委组织部、市委政法委等部门全力支持和配合旧区改造，围绕目标任务，群策群力推进。国家开发银行等金融机构从贷款额度、降低融资成本等方面，支持旧区改造融资工作；市土地储备中心以及有关国企认真贯彻市政府部署，积极参与市、区联手土地储备与旧区改造。

2020年，在时任市委副书记、市委政法委书记于绍良的关心下，市委政法委牵头搭建旧区改造工作行政司法沟通协调平台；在时任市人大常委会主任蒋卓庆的关心下，探索旧区改造地块收尾新机制；市委组织部牵头搭建"党建引领旧改工作议事协调平台"和"旧区改造地块内市属国企征收签约沟通协调平台"，建立协商推进机制。

近年来，上海国有企业在旧区改造工作中，承担了更多社会责任。2018年10月，上海地产（集团）有限公司（简称上海地产集团）成立上海市城市更新建设发展有限公司。2020年7月13日，上海市城市更新中心在上海地产集团揭牌成立。

在上海市委、市政府的领导下，各级旧区改造部门充分发挥统筹协调作用，相互支持配合，加强沟通协调，"拧成一股绳"，合力推进旧区改造工作，跑出了"加速度"。

坚决完成成片二级以下旧里旧区改造收尾工作

旧区改造是民心工程，推进旧区改造事关城市长远发展和百姓福祉，是推动高质量发展、创造高品质生活的重要举措，历届市委、市政府高度重视这项工作。

旧区改造数量取得突破。"十三五"时期，中心城区共改造二级旧里以下房屋约281万平方米，超额完成原定240万平方米的约束性指标，为目标的117%；一批以保留保护为主的旧区改造项目顺利推进，如静安区张园、安康苑项目，黄浦区老城厢区域、金陵路区域，虹口区北外滩区域等。通过旧区改造，不仅有效改善了困难群众的居住条件，同时也提升了城市面貌、地区环境和整体形象，有力拉动了投资、消费和经济发展。

旧区改造质量显著提升。从任务完成时间看，近年来基本在当年的上半年就已完成年度目标任务的 70% 以上，至 10 月份就基本完成全年目标任务，旧区改造工作呈现出加速推进的态势；从居民签约比例看，全年新开旧区改造基地签约率均在很短时间内达到 99% 以上，旧区改造工作呈现出居民积极参与并高比例生效的态势；从全市工作总体情况看，各相关区旧区改造工作有序推进，大体量旧区改造项目、旧区改造完成量都超历史纪录，旧区改造工作呈现出各区齐头并进、整体推进的态势。

旧区改造政策体系日臻完善。2020 年，本市印发了《关于加快推进我市旧区改造工作的若干意见》，明确扶持政策，完善推进机制，压实区政府主体责任，强化市相关管理部门的统筹协调作用。同时，市相关职能部门制订了 15 个配套文件，包括：完善土地支持制度、财政贴息政策、直管公房残值减免政策、税费支持政策等，形成了一套完整的加快推进旧区改造工作的"1+15"政策体系。

旧区改造推进机制不断健全。一是理顺全市旧区改造管理体制。市旧改办实现实体化运作，负责研究有针对性的政策措施，统筹协调办理相关手续，解决疑难杂症和痼症顽疾，有力推动了全市旧区改造工作。二是理顺全市旧区改造推进机制。成立"上海市城市更新中心"，具体负责旧区改造、旧住房改造、城中村改造及其他城市更新项目的实施。

旧区改造难点逐步突破。一是旧区改造资金筹措渠道实现新突破。积极争取国家部委的支持，用好用足政府专项债，为市区联手储备项目资金给予保障。同时，市城市更新中心（地产集团）在投入自有资金的基础上，通过市场化方式落实银行贷款。二是全面推动毛地地块改造。对历年来中心城区剩余的 30 块毛地（涉及二级旧里以下房屋约 52.8 万平方米，居民约 3.6 万余户），加大处置力度。到 2020 年底，已经启动改造了静安区中兴城三期地块，黄浦新昌路 1 号、7 号地块，建国路中海 70 街坊，杨浦区 129、130 街坊等 11 块毛地地块，涉及二级旧里以下房屋约 26.9 万平方米、2.1 万户。剩余毛地地块全部完成处置方案。

当前，本市旧区改造已进入决战决胜阶段，市、区各有关部门将全力以赴加大推进力度，坚决完成成片二级以下旧里旧区改造收尾工作，全力打响零星二级以下旧里攻坚战。2021—2022 年，计划完成中心城区成片二级旧里以下房屋改造约 110 余万平方米、受益居民约 5.6 万户。"十四五"期间，计划完成中心城区零星二级旧里以下房屋改造约 48.4 万平方米、受益居民约 1.7 万户。力争提前完成。

接下来，各有关部门将夯实责任，细化旧区改造目标计划任务；创新政策，完善相关工作措施；攻坚克难，不断拓宽旧区改造资金筹措渠道；公开公平，加强房屋征收管理；加快建设，提升区域功能和能级；加强保护，深化城市更新和延续历史文脉。

《人民网》上海频道，2021 年 5 月 26 日

2."上下一盘棋"

上海旧区改造工作实行"市区联动、以区为主"的工作模式，强化属地责任。为了啃下旧区改造"硬骨头"地块，高效推进旧区改造，建立市、区平台对接机制，一揽子解决难点问题。通过党建联建，强化"四级联动"。为了打通重大关节，市、区主要领导多次深入基地调研，重点督办。

为了解决各区遇到的前期审批、资金、土地、征收、安置等难题，上海市旧区改造工作领导小组办公室组织构建了"平台对接平台机制"，即由区级旧改办把旧区改造中的难题提交给市级旧改办，市旧改办组织本级相关部门，通过联席会议的形式，进行讨论并给予协调解决。"平台对接平台机制"的建立，促进了区级部门与市级部门的直接对接，提高了工作效率。为发挥市旧改办作用，上海将旧区改造平台作为解决城市问题的综合平台。市旧改办积极对接各职能部门，在旧区改造政策制定、部门协调、问题解决中发挥了重要作用。上海也将法院、审计等纳入旧区改造联席会议，对改造过程进行跟踪和监督，较好应对可能出现的法律和审计问题。有的区法院成立专门的旧区改造法律咨询机构，开展法律服务。

各区委、区政府履行第一责任，街道履行直接责任，居委会履行具体责任。在区委、区政府领导下，各部门通力协作、条块结合，凝聚各方力量，调动各类资源，做到全区"上下一盘棋"，做好旧区改造这项综合性惠民工程。

为具体推进旧区改造工作，各区也成立旧区改造工作领导小组。一般由区委、区政府主要领导挂帅，区建委、区房管局等相关部门为成员单位，定期召开全体成员大会和专题会议，研究决策，指挥全局。领导小组下设办公室或指挥部，抽调骨干人员实体化运作，统筹协调本区旧区改造工作。在制度和实际运作上整合各部门、单位、企业的资源和力量，在全区形成"旧区改造没有旁观者"的良好局面。属地街道成立分指挥部，通过街道社区参与，征收事务所一线服务，做好旧区改造基地群众的思想发动工作和矛盾协调工作，充分发挥街道特有的组织优势、社会资源优势和群众工作优势。同时，通过党建联建，建立市、区、街道、居民区党组织"四级联动"的"动力主轴"。

近年来，各区领导以上率下，大力开展领导决策和组织协调工作。

黄浦区作为上海旧区改造任务最重的城区之一，历届区委、区政府始终将旧区改造作为最大的民生工程加以推动，勇于创新，敢于担当。2011 年 11 月 28 日，黄浦区成立旧区改造（房屋征收）工作领导小组，组长由区政府主要领导担任，常务副组长由时任区委常委、副区长许锦国担任，并兼任领导小组办公室主任，时任区建设交通党工委副书记、主任陆进兵为办公室第一副主任。领导小组下设三个指挥部。2020 年 6 月 17 日，黄浦区旧区改造（房屋征收）工作领导小组进行调整充实，组长由区委书记杲云和时任区委副书记、区长巢克俭担任。领导小组下设资金保障、实施推进及群众工作、规划研究及土地出让、社会稳定、资源整合、招商工作六个专项小组，相关区领导担任组长。经过三十年的接续奋斗，全情投入，全力以赴，41 万户居民的生活环境得到改善。特别是近五年，黄浦区加大财政保障力度，投入资金约 5000 亿。通过创新旧区改造机制，破解旧区改造难题，不断自我加压，突破多年来年均 5000 户的改造目标，2018 年调高至 7000 户，2019 年调高至 12000 户，

2020 年继续调高至"确保 16000 户、力争 20000 户",最终签约量更达到 21100 户,这是黄浦区旧区改造前所未有的纪录。2021 年,继续设定目标在 20000 户以上,最终突破 26000 户。黄浦区原计划 2025 年底基本完成成片二级旧里以下房屋改造,通过努力,大幅度提前至 2022 年 7 月 24 日全面收官,跑出了旧区改造"加速度"。

"改"出新生活"造"就幸福感
黄浦区委书记　杲云

30 年筚路蓝缕、踔厉奋发,黄浦 41 万户居民圆梦新居、住有宜居。从 1992 年 3 月上海启动首个毛地批租项目"海上地一块"斜三基地开始,至今年 7 月建国东路最后 2 个街坊征收生效,黄浦历史性完成成片二级旧里以下房屋改造。作为上海旧区改造任务最重的城区,我们始终将旧区改造作为最大的民生、最大的发展,尤其在决战决胜的攻坚阶段,在市委、市政府的坚强领导和大力支持下,全区上下投入最大力量、克服最大困难,实现了几代黄浦人的夙愿。

旧区改造被称为"天下第一难",最大的难点在于做通群众工作。我们坚持党建引领旧区改造全周期,在市委、市政府领导的关心推动下,总结提炼出新时代宝兴里旧区改造群众工作"十法",仅用 172 天实现了宝兴里全部 1136 证居民 100% 自主签约、100% 自主搬迁,创造了近年来全市大体量旧区改造项目居民签约、搬迁完成时间的新纪录。"宝兴十法"在全区旧区改造地块得到复制推广。我们坚持旧区改造工作推进到哪里、党建工作就开展到哪里,通过党建联建推动建设施工单位与街道、居民区等多个层面党组织的沟通协作,基层党员干部既讲征收政策的"普通话",又讲居民群众喜闻乐见的"上海话",打出"组合拳"、使出"连环招",把旧区改造过程变成密切联系群众、赢得群众拥护的过程。在"宝兴样本"的示范带动下,黄浦区旧区改造质量和效益连年提升,2019 年突破 1.2 万户,2020 年突破 2.1 万户,2021 年突破 2.6 万户,当年启动的 22 个项目全部高比例生效,其中 16 个项目二轮征询首日签约率超过 99%,6 个项目超过 99.5%,505 街坊、外滩 79 街坊、675 街坊更是创下二轮征询"双 100%"的新纪录。

举网以纲，千目皆张。旧区改造推进过程中，我们始终坚持抓重点、破难点、攻痛点，持续推动体制机制创新、方式方法创新，集中精力、资源和力量啃下了一块又一块"硬骨头"。比如，资金难一直是旧区改造的核心"痛点"。2019年，我们在市委、市政府的支持下，在乔家路地块首创"市区联手、政企合作"新模式，此后又拓展到余庆里、新闸路地块（二期）等多个项目。去年，我们又将这一模式从市属国企复制到区属国企，永业集团、外滩投资、金外滩集团、南房集团加入"战团"，实现了旧区改造顺利推进和国企成长发展的双赢。再如，我们通过"一地一策"等多种方式，稳妥解决毛地处置这一"老大难"，一方面千方百计推动企业继续开发，另一方面创新实践"容积率转移"，在高福里等旧区改造地块成功实现地块内转移、区内地块间转移等做法后，在市相关部门的大力支持下，又在复兴东路69号地块积极探索跨行政区域的容积率转移，为项目启动创造积极条件。又如，单位征收也是旧区改造中的难题，去年我们创新机制，依托市级统筹平台，在相关部门、单位、企业的积极配合和全力支持下，基本实现单位与居民签约同步，推动了历年留存下来的322证单位全部搬迁。

旧区改造归根结底是为了改善群众生活。我们始终将民生改善和风貌保护、文化传承、功能重塑有机结合，在持续推动成片旧区改造实现历史性收官的同时，对于那些暂时不具备征收条件的老旧住房，积极开展中心城区"留改"探索，形成抽户改造、拆落地重建等创新模式，聚奎新村、承兴里等一批项目亮点突出。同时不断深化社区"微更新"实践，全面推进老旧住房综合修缮、卫生设施改造、电梯加装等民心工程和实事项目，将老旧小区打造成生活空间宜居适度、生活要素布局合理的美丽家园。

未来，我们将按照市委、市政府统一部署，再接再厉打响"两旧一村"改造攻坚战，把零星旧区改造、旧住房成套改造作为重要发力点，坚持全系统谋划、全要素统筹、全周期管理，统筹实施管线入地、二次供水、适老性改造、智能化改造等，更好盘整社区资源，优化使用功能，为黄浦打造"10分钟生活圈"加载更多共建共享服务设施和公共空间。

《黄浦旧区改造工作简报》，2022年第8期

　　虹口区旧区改造任务艰巨，历届虹口区委、区政府始终把旧区改造作为虹口区民生发展的"牛鼻子工程"，不断加大投入。2012年12月，虹口区成立旧区改造和房屋征收工作领导小组，历任区委书记孙建平、吴清、吴信宝、郭芳先后任领导小组组长，历任区委副书记、区长吴清、曹立强、赵永峰、胡广杰先后任第一副组长，区委副书记、分管副区长、区法院院长、区检察院检察长担任副组长。区委组织部、区委宣传部、区委政法委、区旧改指挥部、相关街道等单位负责人担任领导小组成员。领导小组下设旧区改造和房屋征收协调推进办公室（旧区改造和房屋征收工作指挥部），具体落实旧区改造和房屋征收领导小组的决策和各项决定，负责全区旧区改造工作的统筹、协调、推进、督查，分管副区长任总指挥。为加强群众工作，指挥部下设三个街道分指挥部，具体为嘉兴社区（街道）分指挥部、提篮桥社区（街道）分指挥部、四川北社区（街道）分指挥部。街道指挥由各街道党工委书记担任，第一副指挥由街道办事处主任担任，常务副指挥和副指挥由街道办事处推荐，负责通过群众工作，推进落实征收工作。虹口区委、区政府历任领导也在多个场合表达了旧区改造工作决心，"砸锅卖铁也要做"。党的十八大以来，虹口区累计作出93个征收决定，惠及138个街坊、近8万户居民。2020年6月30日，虹口区全面完成成片二级旧里以下房屋改造。

旧区改造不仅是民生问题，更是对群众的感情问题

上海市政协副主席、虹口区原区委书记　吴信宝

　　多年来，虹口区委、区政府都把旧区改造作为最大的民生和最大的发展，付出了艰辛的努力，开展了大量的工作。到虹口工作以后，我深切感到，旧区改造不仅是民生问题，更是对群众的感情问题。在一次到旧区改造基地调研时，有件事深深触动了我：一位居委会干部告诉我，他们这个街坊一个月里有4位90多岁的老人去世。后来，我请街道的同志统计了下，整个街道29个二级旧里以下地块中，短短三个月时间里，有86位老人过世。有多少居民从出生就住在这些老旧房子里，又有多少居民从嫁到这里

开始就盼望着旧区改造，他们从小伙子熬成了老头子，从大姑娘变成了老太太，还是没有住上新房，还可能一辈子都住不上新房。每每想到这里，我就感到非常痛心。旧区改造拖不起，群众更是等不起，就是砸锅卖铁也得干，而且必须是争分夺秒地干，早日给群众一个交代。

习近平总书记在 2018 年 11 月考察上海时强调："上海旧区改造任务还很重，难度在加大，但事关群众切身利益的事情，再难也要想办法解决。"面对总书记的殷殷嘱托，面对群众的热切期盼，我们始终把旧区改造作为重中之重的工作在推进。

第一，全区一条心，没有旁观者。面对旧区改造这件虹口最难的事情，全区干部没有旁观者。2018 年 11 月 6 日，习近平总书记亲临虹口视察，对我们寄予了殷切希望。为了落实好总书记的殷殷嘱托，我们专门召开一次区委全会，审议通过了《关于深入学习贯彻落实习近平总书记考察上海重要讲话精神奋力开创新时代虹口高质量发展高品质生活新局面的实施意见》，并将旧区改造和城市有机更新作为贯彻落实的 5 个专项行动计划之一，列入了"1+5"文件体系。在此基础上，我们进一步完善了旧区改造月度调度会制度。作为区委书记，我每月听取旧区改造情况汇报、解决工作难题；区长每周召开旧区改造工作例会，抓项目、抓推进、抓落实；分管区长经常在一线办公、前线指导，形成一级抓一级、层层抓落实的良好机制。

同时，做到了"三个同步"，即旧区改造征收与规划同步谋划、规划与土地出让同步推进、土地出让与项目建设同步计划。规划部门在旧区改造项目确立前就提前考虑，加快规划实施方案编制，及早谋划地块后续功能。规划、招商部门主动跨前，与旧区改造部门协同联动、并联操作，第一时间做好地块推介工作，确保收尾交地后能够尽快找到"好人家"、卖个"好价钱"、出个"好作品"。

此外，我们以区旧区改造指挥部为牵头协调部门，探索出街道分指挥部与征收事务所"融合式"共推模式，形成了居民"圆桌会议"全覆盖、"一户一方案"等一系列行之有效的工作方法，坚持"旧区改造为民、旧区改造靠民"，凝聚起握指成拳的强大合力。

第二，思想一解放，办法不会少。旧区改造越往后越难，因为剩下的都是一些"边角料""硬骨头"。在虹口剩余的地块中，不少是分布散、规模小、规划与实施难度高、改造投入大的地块，其中最小的地块只有 16 户居民、面积只有半个篮球场这么大。为此，我们在全市首创"组团打包"模式，把若干个街坊组成一个整体项目推进，大地块打包小地块，不仅解决了零星地块改造难题，还合并了工作流程，将原先数年的工作量缩短到三个月内完成。

同时，虹口历史底蕴丰厚，不少旧区改造地块在风貌保护区内，或者属于风貌保护街坊，增加保留保护要求，为旧区改造带来了新的难题。比如，17街坊2016年12月实施了第一轮意愿征询，通过比例高达98%，但由于这个街坊随后被甄别为需要"成片保护"的地块，暂时中止了征收工作。通过与市相关部门的积极争取，我们推动17街坊成为首批实施"市区联手、政企合作、以区为主"新政的项目，并创造了在全市第一个作出征收决定、第一个启动签约、第一个征收生效、第一个成功交地的四个"第一"的佳绩。所以要想打通堵点，关键还在于解放思想、勇于创新。

第三，支部到基地，服务在门口。旧区改造被称作"天下第一难"，难就难在做群众工作。"旧改没来盼旧改，旧改来了又怕旧改。"这是很多群众的真实心态。既有改变"蜗居"的强烈期盼，又有对征收政策的犹豫观望、对未来生活的紧张焦虑，还可能交织着家庭矛盾、利益纠葛。如何让旧区改造居民搬得舒心是衡量旧区改造工作的关键。为此，我们以党建为引领，在各地块成立临时党支部，形成了"支部＋项目""党建＋团队"的形式，鼓励党员"亮身份、作表率"，鼓励党支部"一把钥匙开一把锁"，做深做细群众工作。

比如，北外滩59街坊2012年因为没有达到85%的签约比例而宣告终止征收。2018年，我们重新启动了这个地块的征收，并且第一时间在地块内建立了临时党支部。其中就有位老党员，自发建立了一个微信群，群里都是邻居，有居民不懂政策，不理解，在群里发牢骚，他就耐心讲解，还贴点相关政策，用事实告诉大家，征收政策透明公正，走得越晚越吃亏，大家别像六年前那样下成"死棋"了！同时，我们还组织了党员志愿者队伍，很多党员不仅自己带头签约，还主动担任志愿者，上门给邻里做思想工作，消除他们的疑虑，动员大家抓紧签约。2018年12月24日，59街坊在选房首日签约率就达到了96%，实现成功征收。当时，我在现场，看到居民们欢声雷动、载歌载舞的情景，也是无比激动。近年来，我们启动的旧区改造项目纷纷以高比例生效，几乎所有地块，党员签约率都达到了100%，地块签约率达到了 98% 以上,真正做到旧区改造到哪里,党的组织就覆盖到哪里,党的工作就延伸到哪里。

有位工作人员曾经告诉我这样一句话:"世界上有一种责任叫责无旁贷,有一条路叫天无绝人之路。"这可能是每个从事过旧区改造工作同志的心声。虽然现在已经离开虹口工作,但我始终心系着虹口的发展。2022 年 6 月 30 日,欣闻虹口完成了成片二级旧里地块的改造任务,我是由衷地为虹口群众高兴,为曾经的同事们感到骄傲。接下来,零星地块旧区改造任务还很艰巨,希望广大虹口干部继续发扬"千言万语、千方百计、千辛万苦"的"三千精神",持续推进旧区改造和城市有机更新,更好地满足人民群众对美好生活的向往,续写高质量发展、高品质生活、高效能治理的新篇章。

本文为书面访谈材料,标题由编者根据内容提取

杨浦区委、区政府多年来坚持量力而行、尽力而为,把转型发展与改善民生有机结合起来,用大情怀、大智慧、大担当,不遗余力地推进旧区改造工作。2012 年 2 月 7 日,杨浦区成立旧区改造与房屋征收工作领导小组,时任副区长王桢任组长,区住房保障和房屋管理局时任局长季胜鹤任常务副组长。2021 年,杨浦区成立旧区改造大决战领导小组,时任区委书记谢坚钢和区委副书记、区长薛侃任组长。下设队伍保障、资金保障、征收推进、业务、毛地推进、收尾和矛盾化解、宣传、党建引领八个工作组。2021 年 1 月 20 日,杨浦区举行誓师大会,打响"旧区改造大决战"。谢坚钢、薛侃等四套班子领导和各相关部门领导悉数出席,一起按下杨浦区旧区改造的"快进键"。2019—2021 年,杨浦区连续三年完成征收户数超 1 万户。2021 年更是新开 16 个旧区改造项目,受益居民户数再创新高,超 1.5 万户。2021 年 12 月 28 日,杨浦区全面完成成片二级旧里以下房屋改造,为杨浦滨江发展腾出了空间,也为打造宜业、宜居、宜乐、宜游的城区环境奠定了基础。

深入践行人民城市理念，争当人民城市建设标杆

杨浦区原区委书记　谢坚钢

杨浦在转型发展过程中，解决好困难群体住房难问题是改善民生的重中之重。杨浦区历届区委、区政府始终将旧区改造作为杨浦最大的民生工作，举全区之力持续攻坚克难。自1990年代以来，杨浦旧改历经了"365"危棚简屋改造（1992—2000年）、以改造老房老区为重点的新一轮旧区改造（2001—2005年）、"十一五"旧区改造（2006—2010年）、征收新政实施四个阶段，历时30年，累计拆除二级以下旧里房屋380.28万平方米，为16.35万余户居民改善了居住条件。尤其是"十三五"以来，区委、区政府持续自我加压，不断加大旧区改造推进力度，2019年起每年旧改征收超过1万户，2021年年底杨浦全面完成了成片二级以下旧里改造，让更多的杨浦百姓实现了安居梦。今年将全面完成剩余零星二级以下旧里地块的改造，历史性解决旧改这一困扰杨浦百姓多年的民生难题，为杨浦旧改画上圆满的句号。

旧区改造是市委、市政府排在首位的民心工程，也是杨浦深入践行人民城市理念、争当人民城市建设标杆首要的民心工程，是再难也要想办法解决的民生大事。作为人民城市理念的提出地，杨浦始终牢记习近平总书记的殷殷嘱托，积极贯彻落实市委、市政府的决策部署，把坚决完成杨浦二级以下旧里改造作为人民城市理念最鲜活、最现实、最生动的实践，在这一群众最急、最忧、最盼的紧迫问题上花大力气、下大工夫，从"破瓶颈""重质效"到"抓攻坚""创新高"，再到去年的"大决战"，不断加大力度，持续刷新速度。一代代杨浦旧改工作者本着"我为亲人搞征收"的理念，坚持发扬"四敢精神"和"杨浦一股劲"，为早日改善百姓居住条件和改变杨浦城区面貌，排除万难、艰苦努力、持续奋斗，改写了"天下第一难"的旧改历史，创造了"杨浦速度"，打造了"阳光征收"的杨浦样本。

在杨浦旧改"加速度"的背后，是对群众急难愁盼的回应，更离不开群众的支持。自征收新政实施后，我们的旧改工作一路走来，从最初一个月达到85%的生效比例到签约首日普遍达到98%以上的签约率，居民签约率节节攀升。杨浦旧改始终彰显"人民"的属性，始终坚持党建引领做实做细群众工作，始终坚持依法阳光征收基本原则，始终秉承"我为亲人搞

征收"工作理念，从群众合法利益最大化出发，充分调动起群众的积极性、主动性，把旧改做到了群众心坎上，让旧改有速度也有温度。

旧区改造是最大的民生。多年来，杨浦积极创新模式、拓展融资渠道、破解毛地瓶颈，探索"政企合作、市区联手、以区为主"的旧改新模式，走出了一条特色创新之路、可持续发展之路。在旧改推进过程中，结合区域功能规划，通过统筹生产、生活、生态三大空间布局，通过资源聚焦、力量聚焦、项目聚焦、政策聚焦，推动秀带展新貌，使旧改不仅为旧里百姓安居圆梦，也成为城区能级提升的"金钥匙"，为营造宜业、宜居、宜乐、宜游的城区环境打牢基础，更好地实现改善居住品质和城区功能提升的统一，更好地满足杨浦人民对美好生活的向往。

回顾30年来的旧改历程，杨浦凭借"功成不必在我"的情怀、"功成必定有我"的担当、"咬定青山不放松"的韧劲，探索形成了阳光旧改工作机制、全过程管理体系、党建引领、群众工作方法贯穿始终的具有杨浦特色的旧改工作法。全区上下各相关部门、单位不当"旁观者"、不作"局外人"，充分汇聚一切可以汇聚的资源力量，调动一切可以调动的积极因素，形成房管旧改牵头、条块联手、各司其职、各尽其责的强大合力，在全市旧区改造工作中交出了高质量的杨浦答卷。30年旧改，改善的不仅是居民居住条件，杨浦城区面貌更是日新月异。迈入新征程，杨浦将把旧改成功的制胜法宝继续传承和发扬好，以更大力度推进城市更新，把最好的资源留给人民，以更优的供给满足人民需求，加快实现杨浦"住有所居"向"住有宜居""住有安居"的跃升。

本文为书面访谈材料，标题由编者根据内容提取

"撤二建一"以来，静安区坚持把旧区改造作为最大的民生工作，举全区之力，汇各方之智，全力推进旧区改造工作。2016年，静安成立旧区改造总指挥部，时任区委副书记、区长陆晓栋任总指挥。2019年，区委副书记、区长于勇继任总指挥。指挥部在区建管委设办公室。静安区坚持定期研究旧区改造工作，紧抓不放、持续推动。通过进一步做实做强旧改总办，统筹协调面上工作，研究解决共性问题，高效办理相关手续。通过在旧区改造基地建立临时党支部，加强党建联建，形成推进合力。同时，加大对旧区改造工作的财力投入，"十三五"以来，区级财政投入旧区改造超过1000亿元。2020年4月28日，静安区率先完成中心城区成片二级旧里以下房屋征收任务。"十三五"期间，静安累计完成旧区改造受益居民26248户；改造二级旧里以下建筑面积32.64万平方米，完成基地收尾34个。

无愧于历史，无愧于老百姓

静安区委书记　于勇

今天的静安由闸北和老静安合并而来，历史上这两个区都是旧区比较密集、改造任务较为繁重的中心城区，一眼望去，"一边是高楼大厦，一边是危棚简屋"，与上海国际大都市的定位格格不入。

历届区委、区政府深入贯彻落实市委、市政府的决策部署，把旧区改造作为最大民生，聚集资源、全力攻坚，一年接着一年干，一任接着一任干，取得了丰硕成果。仅2016—2021年便累计完成旧区改造面积34.67万平方米，受益居民超过2.68万户。我在区长任上，曾参加过很多次基地居民搬迁仪式，看到旧区老百姓发自内心的喜悦，我深深地感到，我们政府这么多年来咬紧牙关，投入大量资金，把旧区改造作为最大民生确实对老百姓的路子。我们无愧于历史，无愧于老百姓。

静安区旧区改造得以顺利推进，得益于广大被征收居民的理解支持、诸多企业的积极参与，以及社会各界对旧区改造工作艰巨性、紧迫性和重要性的广泛共识。在各方的共同努力下，我们创造了很多"全市第一"：全市第一块市区联手土地储备项目（铁路上海站北广场地区）、全市第一个旧区改造新政试点最全的地块（桥东二期）、全市第一个生效比例达到85%的地块（苏河湾6街坊）。

近些年，我们旧区改造也走在了全市的前列：2017年第四季度，市委、市政府将北站新城作为"留改拆并举、以留为主"的旧区改造新政试点项目；2019年2月，静安区率先在张园实行"保护性征收"，走出了一条城市更新与历史文化保护相结合的征收新路；2019年6月，洪南山宅地块作为"市区联手、政企合作、以区为主"新模式下的首批旧区改造征收项目，等等。

在几个旧区改造任务繁重的中心城区中，静安区也是率先一步，于2020年4月，提前8个月全面完成成片二级旧里以下房屋改造的目标，超前兑现了对老百姓的承诺。

在旧区改造工作中，我们不是"一拆了事"，而是坚决贯彻"留改拆并举、以保留保护为主"的工作方针，遵循发展规律和阶段条件，以用促留、活化使用，探索解决保留保护要求与居民生活条件改善之间的矛盾，在实践中加强了张园等区域的历史文化保护。

目前，我区旧区改造进入了新的起点，改造的重点转向零星地块。我们将按照市委、市政府统一部署，在持续改善住房民生、努力提升居住品质上不停步、不懈怠，全力推进全区47块零星地块的改造，努力让更多群众"住有宜居"，让国际静安更有温度。

本文为书面访谈材料，标题由编者根据内容提取

3. 协同专项督察

在推进旧区改造工作中，市人大、市政协发挥民主监督、建言献策功能，深入调研，促进难题化解、瓶颈突破。每年的全国、上海两会上，旧区改造都是委员们的焦点话题，很多代表、委员聚焦这一民生难题，在政策制定、资金筹措、"一地一策"、群众服务等方面建言献策。

市人大常委会领导对专项监督工作高度重视，时任市人大常委会主任蒋卓庆多次就旧区改造开展调研、提出要求，并亲自关心旧区改造地块收尾工作，于2020年建立旧区改造地块收尾新机制，在静安区洪南山宅旧区改造基地成功试点，随后全面应用推广，大幅提升了旧区改造收尾工作速度。

市人大常委会主任蒋卓庆调研上海地产集团旧区改造工作

2020年8月10日下午，市人大常委会主任蒋卓庆到上海地产集团调研，听取集团班子关于城市更新、旧区改造等工作情况汇报。

蒋卓庆同志强调，上海地产集团要深入贯彻落实"人民城市人民建，人民城市为人民"理念。一是要提高工作站位，发挥集团区域整体开发的优势，助力城市能级提升。要从整体和全局着眼，做好与城市总体规划衔接，进一步优化城市设计，完善控详规划，提升区域品质，打造更多"上海会客厅"。二是要细编规划方案，进一步解放思想，积极创新机制，通过捆绑开发等方式，实现风貌重现、功能重塑，形成上海新地标。三是要加强工作协调，要严格按照法律规范要求，建立协调工作机制，抓紧做好旧区改造基地征收收尾工作，确保按时完成征收目标。四是要创新工作机制，市区相关部门要积极探索"市区联手、政企合作、以区为主"的新机制，确保公开、透明、规范操作，努力形成可复制可推广的上海旧区改造新模式，为城市建设作出更大贡献。

市人大常委会秘书长、党组成员赵卫星，城建环保委主任委员崔明华等参加调研。

上海市国有资产监督管理委员会网站，2020年8月13日

2019年9月24日，时任市人大常委会副主任莫负春主持召开关于保留保护条例的修订商议专题会议，明确坚持保护保留，制度要有梯度性，既体现保护导向，又体现实践导向，综合实施保护与发展。2021年8月25日，市十五届人大常委会第三十四次会议表决通过了《上海市城市更新条例》，自9月1日起正式施行。12月31日，蒋卓庆召开《上海市城市更新条例》实施情况座谈会。2022年1月13日，市人大常委会副主任肖贵玉专题听取《上海市城市更新条例》实证研究课题成果。

市人大自2018年起将旧区改造列为重点监督内容。2019年5月8日，市人大常委会成立旧区改造和旧住房综合改造专项监督组，市人大常委会副主任高小玫、肖贵玉担任组长，通过与大调研相结合，市、区

人大联动的监督方式，重点监督旧区改造工作推进情况，形成《关于本市旧区改造和旧住房综合改造工作情况的调研报告》。市人大关于旧区改造的专项监督调研主要有以下特点。一是注重全市整体推进。不仅委托旧区改造及旧住房综合改造任务较重的黄浦、虹口、杨浦、静安等四个区人大城建环保工委同步开展调研，还推动其他区人大城建环保工委对本区相关工作开展监督，通过上下联动，形成强大监督合力。二是深入开展实地调研。组织部分市人大代表赴杨浦、黄浦、静安、虹口、松江、徐汇、普陀等区，实地了解各区成片旧区改造、零星旧区改造情况以及旧住房综合改造情况，并采取"解剖麻雀"的工作方法，详细了解工作中的经验、困难和问题。三是推动破解瓶颈短板。通过分别听取市级相关部门和重点旧区改造区政府工作汇报，排摸全市旧区改造和旧住房综合改造的底数、工作计划和实际进展情况，结合实地调研情况，认真梳理分析旧区改造和旧住房综合改造工作中的主要矛盾和政策需求，认真总结实践中的成功经验做法，汇聚各方智慧，合力寻求突破路径。四是监督与立法有机结合。坚持将专项监督工作与《上海市城市更新条例》立法工作相结合，推动市政府相关部门将旧区改造和旧住房综合改造纳入本市城市更新的总体考虑，形成促进城市结构优化和品质提升的长效工作机制。

市政协组织实施"旧区改造工程"专题视察监督。对黄浦、虹口、杨浦等旧区改造任务较重的地区，组织市、区两级政协委员开展灵活多样的分散视察监督，以此提升监督效率。2018 年以来，市政协连续多年将旧区改造作为年度调研主题，开展了大规模、高频次、高质量的深入调研，深入整理难点问题，形成极具操作性的对策建议，当好监督员、宣传员、疏导员，为扎实有力推进旧区改造、促进保障和改善民生营造良好环境。2019 年 1 月 8 日、11 月 2 日及 2020 年 7 月 24 日，市政协主要领导先后召开市政协专题会议，听取旧区改造相关课题推进情况。2020 年 1 月 23 日、4 月 3 日、10 月 23 日，时任市政协副主席赵雯先后三次开展"旧区改造推进情况及主要问题"民主监督专题调研、推进会。11 月 11 日，时任市政协副主席李逸平带队开展年末"本市旧区改造推进落实情况"委员专题视察活动。2021 年 8 月 18 日，市政协副主席黄震率部分政协委员开展"旧区改造工程实施情况"专题视察监督，并进行座谈交流。

上海市政协调研旧区改造工作

2020 年 7 月 24 日，上海市政协就落实市委部署加快推进旧区改造工作开展调研。

市政协一行实地察看新昌路 1 号地块旧区改造项目现场及 1 号、7 号地块征收项目进展，详细了解市旧改办和市城市更新中心工作推进情况，并围绕创新旧区改造体制机制、强化城市更新中心平台作用、完善相关配套政策等深入座谈交流。据介绍，近年来本市努力突破机制、规划、资金、政策等瓶颈，积极推行"市区联手、政企合作"旧区改造模式，千方百计改善人民群众居住条件。今年以来，旧区改造保持加速推进态势，截至目前已完成成片二级旧里以下房屋改造 40 万平方米、约 1.97 万户。

　　调研指出，旧区改造事关人民群众福祉和城市长远发展，是重要的民生工程和民心工程。要深入贯彻习近平总书记考察上海重要讲话精神，认真落实"人民城市人民建，人民城市为人民"重要理念，按照市委部署要求，把抓旧区改造作为扩大有效投资、对冲经济下行的重要举措，进一步增强使命感、责任感、紧迫感，精准发力、善作善成，以更大决心、更大力度加快推进旧区改造工作，更好满足人民群众对美好生活的需要，更好支撑"六稳""六保"工作。要坚持迎难而上，进一步提高决断力、创造力、执行力，攻坚克难、勇挑重担，以更有力的措施破解资金平衡、政策供给和模式创新等难点问题，发挥好城市更新中心功能性平台作用，降成本、提速度、增效能。市政协要坚持发扬民主和增进团结相互贯通、建言资政和凝聚共识双向发力，进一步当好监督员、宣传员、疏导员，聚焦有关政策措施落实问题加强民主监督，做好宣传政策、解疑释惑、理顺情绪、化解矛盾的工作，持续为扎实有力推进旧区改造、促进保障和改善民生营造良好环境。

《政协头条》，2020 年 7 月 24 日

Chapter 3

改革创新

Reform and Innovation

　　旧区改造是一项复杂而艰巨的系统工程，政策性强，牵涉面广，涉及规划、土地、征收、房源等政策，以及融资等难点问题的解决与操作机制的创新。要取得突破性进展，需要根据形势变化，勇于创新，不断完善旧区改造政策，不断创新旧区改造机制，不断扩大筹措资金力度，并注重政策的连续性、稳定性和可操作性，妥善解决新情况、新问题。党的十八大以来，上海旧区改造在政策制定、体制机制、操作模式、实施路径、群众工作方面，积极应对挑战，破解瓶颈难题，不断打破常规、创新思路，走出了一条具有上海特色的超大城市旧区改造的新路子，全面完成中心城区成片二级旧里以下房屋改造工作。

The transformation and renovation of old districts is a complex and arduous systematic project, which is closely related to policies and involves a wide range of aspects, including planning, land, expropriation, housing resources and other policies, as well as the solution of difficult problems such as financing and the innovation of operation mechanism. In order to achieve a breakthrough in the reconstruction of the old districts, it is necessary to continuously improve policies, innovate mechanisms, explore modes and properly solve new problems according to the adjustment of national policies and the changes of actual situation. Since the 18th CPC National Congress, Shanghai has intensified its innovation efforts. Firstly, it improved the relevant policies of old district reconstruction, formed a new "1+15" policy system, and created a new pattern of old district reconstruction that took into account the improvement of people's livelihood and the protection of features. Secondly, it coordinated the resettlement housing resources collected in the old districts, including optimizing the planning of large residental communities, clarifying the subject of implementation, connecting supply and demand in advance, and improving supporting facilities. Thirdly, it innovated the new mechanism of old district reconstruction, established the leading Group Office of Old District Reconstruction, set up the urban renewal center, innovated the new government-enterprise cooperation, urban-district cooperation and district-oriented mode, and created the new mechanism of "three platforms" coordination.

政策如何制定
Policy Formulation

旧区改造是政策性很强的工作，必须整体考虑，打出组合拳。党的十八大以来，上海围绕旧区改造工作，不断完善规划、土地、征收、房源等政策，为旧区改造营造了好的条件与氛围。

1. 规划政策

上海历来重视优秀历史建筑与历史文化风貌保护工作。1986 年，上海成为国家历史文化名城，建立了覆盖市域的"点、线、面"相结合的保护对象体系，制定了历史风貌保护规划，出台了一系列法规和政策，保护城市最珍贵的文化遗产，让这座充满活力的城市既有国际风范，又有东方神韵，既可触摸历史，又能拥抱未来。截至 2022 年，上海共有 1058 处优秀历史建筑、397 条风貌保护道路（街巷）、250 处风貌保护街坊、44 片历史文化风貌区。

根据上海市第六次规划土地会议关于"规划建设用地规模负增长""以土地利用方式转变倒逼城市发展转型"等的要求，上海进入以存量开发为主的内涵增长、创新发展阶段，城市更新将成为资源紧约束条件下上海可持续发展的主要方式。为此，2015 年，有关部门积极开展城市更新调研活动，在借鉴国内外经验和梳理总结本市若干试点工作的基础上，经广泛征求意见并修改完善，形成了《上海市城市更新实施办法》，于 4 月 7 日通过市政府常务会议审议，并于 4 月 10 日在市委常委会上做了专题汇报。2015 年 5 月，市政府正式印发《上海市城市更新实施办法》的通知，共 20 条，对城市更新的目标、定义、适用对象、工作原则、工作要求、管理职责、管理制度、规划土地政策引导等方面作出规定。

2017 年，随着上海从"拆改留"转向"留改拆"，市政府出台《上海市人民政府关于深化城市有机更新 促进历史风貌保护工作的若干意见》《上海市人民政府关于坚持留改拆并举 深化城市有机更新 进一步改善市民群众居住条件的若干意见》等政策文件。2018 年，有关部门出台

《关于深化城市有机更新促进历史风貌保护工作的若干意见》的规划土地管理实施细则。2021 年，上海市人大颁布《上海市城市更新条例》，上海"城市更新"首次上升到地方人大立法层面。

近年来，根据上海城市更新的发展现状，上海强化风貌评估与建筑甄别，在规划管理中创新政策举措，在"保护优先"的同时，统筹好风貌保护要求与资金平衡关系，开展了众多工作。

一是开展风貌评估与建筑甄别。完成风貌区及风貌保护街坊的风貌评估和价值甄别工作，明确了成片保护要求和局部保护要求，形成历史建筑甄别成果图册，作为编制规划实施方案的基础；同时在项目征收阶段，结合具体项目细化甄别，为调整、优化控制性详细规划提供依据。

二是创新风貌等支持政策。因风貌保护需要，难以按已批规划容量实施的，允许进行开发权转移；在保护历史风貌及公共利益的前提下，允许因风貌保护要求适当调整旧区改造所涉及的经营性建设用地的规划用地性质；根据风貌保护规划确定的保护保留历史建筑，因功能优化再次利用的，可按程序调整使用功能；除风貌保护规划确定的法定保护保留对象外，区政府、原权利人及建设主体的主动原址保护，且经认定确有保护保留价值的新增历史建筑，用于经营性功能的，原则上计容面积可予以折减。并针对未供应土地、"历史遗留毛地出让"项目实施差别化管理，明确规划土地政策和流程并有序衔接。

三是赋予更新中心控制性详细规划调整参与权。市城市更新中心与市规划资源局共同研究确定规划设计条件，组织编制规划实施方案，形成控制性详细规划方案后，由市规划资源局按法定程序上报审批。优化技术标准，保护保留历史建筑的更新改造和新建建筑的间距、退让、面宽、密度、绿地率等指标可按原历史建筑的空间格局控制。

四是分类引导风貌保护工作。2020 年，上海市出台《上海市旧区改造范围内历史建筑分类保留保护技术导则（试行）》，为旧区改造推进中正确把握"风貌保护、民生改善、开发利用"三者关系提供科学标准和决策依据。同时将其纳入次年地方标准制定计划。2020 年 12 月 24 日，市住房和城乡建设管理委员会、市规划资源局、市房屋管理局印发《关于进一步加强旧改范围内历史建筑分类保留保护相关工作的通知》，针对旧区改造范围内规划已明确采取肌理保留方式的各类历史建筑，特别是实施拆除复建和拆除新建的项目，进一步明确了相关管理流程和工作措施，并在黄浦乔家路、新昌路和虹口 17 街坊等旧区改造地块开展试点，取得了较好效果，已在全市进行推广和应用。

　　2017 年初，时任中共上海市委书记韩正到黄浦区、静安区实地调研历史建筑和风貌区保护工作，形成了全新的城市更新理念，上海的旧区改造和城市更新工作进入了一个新的阶段。在此阶段，除了加大力度推进旧区改造，还对需要保留的既有建筑风貌和居住使用功能，按照"留房留人"等方式实施修缮改造，保护历史风貌特色，改善市民居住条件和生活环境；对需要风貌保护且对居民重新安置的旧区改造地块，通过"征而不拆"等方式，保留原有建筑，按照规划要求实施保留保护改造和利用。与此同时，还大力推进历史建筑和旧住房的修缮，按计划对老旧住房进行全面修缮。特别是对上海市优秀历史建筑的修缮提出了更高的要求，确保房屋使用安全，恢复历史建筑风貌，保留历史建筑的文化和技术信息，提升使用功能，让居民感受到房屋修缮给他们带来的好处。如修缮后的武康大楼，给人以一种既保留历史带来的沧桑，又展示出充满活力的感觉，成为体现上海地域文化的新地标。

上海市城市更新和旧区改造专家委员会委员、

徐汇区住房保障和房屋管理局原局长　朱志荣

2．土地政策

　　2011 年，《上海市国有土地上房屋征收与补偿细则》规定政府是征收主体，负责征收与补偿。土地收储后，再进入土地市场。同时，规定企业不能再进行土地储备。为此，上海陆续出台一系列土地政策。如上海市人民政府办公厅印发《上海市土地储备机构参与旧区改造的实施办法的通知》《关于土地储备机构参与改造的旧区改造地块办理储备土地预告登记有关规定的通知》，上海市人民政府办公厅转发《市发展改革委等三部门关于进一步规范本市国有土地使用权出让收支管理补充意见》的通知，市发展改革委印发《关于进一步规范本市土地储备项目审批工作的若干意见》。这些政策的出台，从相关方面规范了土地储备工作。

政府主导的"土地储备"模式规范了征地、征收行为，有效避免了"毛地出让"模式下开发商在动迁安置过程中补偿不到位、不均衡甚至出现违法行为等现象。除此之外，还积极推动旧区改造土地出让，利用土地增值收益加大旧区改造地块收储的投入力度，形成土地收储和出让并行的良性循环；鼓励市区联合土地储备，减轻区里土地储备机构资金压力。为了解决土地储备的融资难问题，2012年，上海市创造性地建立了"土地预告登记"制度，加快了旧区改造进程。

近年来，上海市还积极探索差别化土地供应政策，支撑风貌保护和旧区改造工作。

一是研究构建差别化的土地供应支持政策。针对旧区改造、原权利人自主更新、成套改造及"历史遗留毛地出让"等情况，出台了《关于深化城市有机更新促进历史风貌保护工作的规划土地管理实施细则》，提出了带保护保留建筑方案出让、存量补地价、扩大用地等差异化土地供应政策。并创造性地提出法定风貌保护范围地块与其相邻地块或同一行政区其他地块组合为风貌保护项目的，风貌保护用地占项目总面积50%以上的，可采取定向挂牌、协议等方式供地。

二是支持功能性国有企业参与旧区改造。在"市区联手、政企合作"的旧区改造新模式和全市平衡的政策框架体系下，出台《上海市城市更新中心旧区改造项目实施管理暂行办法》，明确可以定向挂牌、协议出让等方式实施出让，明确通过认定成本平衡组合项目增强资金统筹平衡能力，明确按照"资源专用、独立运作、封闭管理"实施专账管理。

三是创新土地政策。针对旧区改造工作中资金统筹平衡的难点、堵点，有序、有效地发挥好土地资源价值效能，市规划资源局会同市住建委（市旧改办），报经市政府同意，联合印发《关于支持旧区改造土地管理有关工作意见》，支持功能性国有企业在征收意愿征询（"一轮征询"）同意比例达到 95% 以上时，可通过市、区旧改办向所在区规划资源部门申请出具《旧区改造项目地块供应意向书》，有利于功能性国有企业在项目贷款、融资、招商等方面开展工作。在完成全部房屋征收、形成"净地"后，按照规划确定的规划建设条件，由出让人采取定向挂牌或协议方式出让给意向用地者。

四是会同市国资委指导市更新中心做好二级开发。为确保旧区改造历史风貌保护项目开发品质和功能打造，市住建委、市规划资源局、市国资委联合印发《上海市城市更新中心旧区改造项目招商管理暂行办法》，通过旧区改造新模式赋予市更新中心前期通过公开遴选方式，征集市场化主体关于风貌保护规划和功能策划方案，作为后续其参与产权公开竞买的前提。

　　旧区改造要敢为人先，勇于突破。无论是哪个阶段，政府的资金和资源永远跟不上旧区改造的需求。在这种情况下，只有不断地去突破、创新，产生一批创新的制度、机制、政策，推动旧区改造继续前行。没有哪个工作像旧区改造一样，需要一直地、持续地创新，其考验的是政府的担当和公仆意识。其出发点和落脚点都是为了满足人民群众对住房改善的需求。

　　考虑到风貌建筑的保护，特别是从"拆改留"变为"留改拆"，在土地政策上也作了突破。开始有带建筑、带方案等土地招拍挂方式。有两种情况：一是旧区改造地块中，有一定的保护建筑，土地上允许把这些建筑带着出让；二是带建设方案，从规划上对旧区改造地块的后续开发提出要求，不仅旧区改造地块，其他地块也可以采用这个方式。该方式前提是必须想明白后续如何利用。从"拆改留"变为"留改拆"后，一般叫作"连房带地"招拍挂，以解决"留"和"留的主体转移"问题。相对净地出让，这是政策创新。

　　近年来，上海还通过引进功能性国企参与旧区改造，一是解决了资金来源问题，二是解决了后续开发过程中的二级开发主体问题，三是避免资金上的重叠安排。通过该制度，国企既可以负责后续开发，还可以寻找一批有实力的企业一起开发。通过预供地制度，虹口区几个旧区改造地块得以顺利完成征收，切切实实地加快了旧区改造进度，让老百姓的居住条件早日得到改善。

上海市规划和自然资源局原副局长，现任长宁区委常务、

常务副区长　岑福康

3. 征收补偿政策

自 1991 年以来，上海市旧区改造补偿安置政策从"拆迁"到征收，从"数人头"到"数砖头"，再到"数砖头＋套型保底"，经历了一个不断规范又不断贴近百姓的发展历程。1991 年 7 月 19 日，上海市政府出台《上海市城市房屋拆迁管理实施细则》。条例和细则中，规定以实物房屋分配为主，按被拆除房屋建筑面积结合居民家庭户口因素确定应安置面积。这一政策被俗称为"数人头"。2001 年 10 月 29 日，上海出台新的《上海市城市房屋拆迁管理实施细则》（111 号令），按照市场化要求实行房屋拆迁从按人口补偿安置向被拆除房屋市场补偿安置的转变。相对于之前的"数人头"拆迁政策，其被称为"数砖头"。2006 年 7 月，市政府出台《上海市城市房屋拆迁面积标准房屋调换应安置人口认定办法》（61 号令），进一步规范被拆迁应安置人口的认定标准和认定程序，将"数人头"政策以市政府令的形式进行了明确。

2009 年 2 月，市政府出台《关于进一步推进本市旧区改造工作的若干意见》，规定实行"数砖头＋套型保底"政策，即如果"数砖头"也不能解决居民的住房困难，就要进行"套型保底"，对安置后仍有困难的居民进行保障托底，实行"居者有其屋"，确保普通百姓过上有尊严的居住

生活。其最大意义就是满足居住生活的基本功能，改善被拆迁居民的居住水平和生活条件。

2011 年 1 月 21 日，国务院发布《国有土地上房屋征收与补偿条例》，由“拆迁”改为“征收”。同年 10 月 19 日，上海市政府发布《上海市国有土地上房屋征收与补偿实施细则》（市政府 71 号令）（图 3-1），进一步完善了旧区改造“两轮征询、数砖头 + 套型保底、社会各方参与、‘阳光动迁’、公开透明、公正公平”等征收补偿新政。在此背景下，市、区有关部门及时调整旧区改造管理体制和工作机制，实现平稳过渡。经过实践，“市政府 71 号令”的出台，使旧区改造呈现出新的发展态势，改造力度加大，改造速度加快，各类矛盾明显减少。其中，旧区改造事前征询居民意见的工作方法得到了中央有关部门和其他省市同行的肯定。

2015 年，为贯彻落实国务院和住建部有关提高棚户区改造货币化安置比例的要求，应对本市征收安置房供应短缺的实际情况，上海市出台

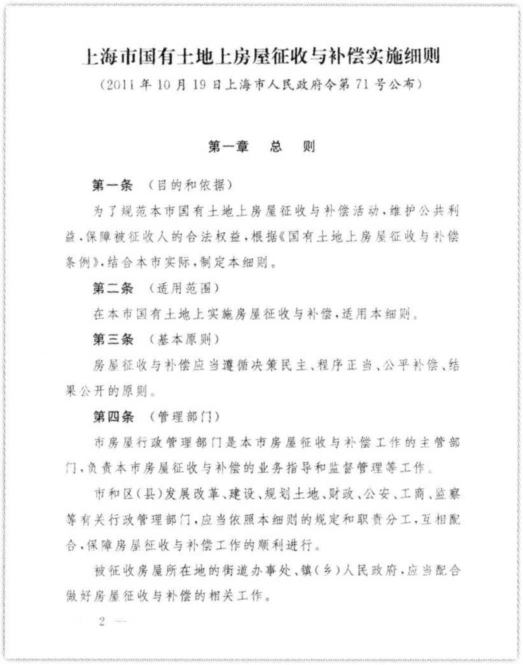

上海市国有土地上房屋征收与补偿实施细则

（2011 年 10 月 19 日上海市人民政府令第 71 号公布）

第一章　总　则

第一条　（目的和依据）

为了规范本市国有土地上房屋征收与补偿活动，维护公共利益，保障被征收人的合法权益，根据《国有土地上房屋征收与补偿条例》，结合本市实际，制定本细则。

第二条　（适用范围）

在本市国有土地上实施房屋征收与补偿，适用本细则。

第三条　（基本原则）

房屋征收与补偿应当遵循决策民主、程序正当、公平补偿、结果公开的原则。

第四条　（管理部门）

市房屋行政管理部门是本市房屋征收与补偿工作的主管部门，负责本市房屋征收与补偿的业务指导和监督管理等工作。

市和区（县）发展改革、建设、规划土地、财政、公安、工商、监察等有关行政管理部门，应当依照本细则的规定和职责分工，互相配合，保障房屋征收与补偿工作的顺利进行。

被征收房屋所在地的街道办事处、镇（乡）人民政府，应当配合做好房屋征收与补偿的相关工作。

— 2 —

图 3-1 《上海市国有土地上房屋征收与补偿实施细则》（上海市旧改办提供）

《关于加快推进本市旧区改造货币化安置的指导意见》，旧区改造货币化安置取得明显成效。据统计，2015 年，上海旧区改造货币化安置比例达到 28.8%，与 2014 年相比提高 11.8 个百分点，有的地块货币化安置比率超过 45%。货币化安置逐渐成为大部分居民的首选。

2016 年，在虹口区 117 街坊旧区改造项目开展旧区改造征收安置房供应新机制试点。

2017 年出台的《上海市人民政府关于坚持留改拆并举　深化城市有机更新　进一步改善市民群众居住条件的若干意见》进一步完善了房屋征收补偿机制。

一是发挥征收安置住房的保基本功能。全面核查房屋征收范围内被征收房屋、居民家庭人员和他处住房等情况，做到"房屋状况清、人员情况清"。征收安置住房作为保障性住房，应优先供应居住困难群体，充分体现保障基本功能。市属征收安置住房，按照房屋征收范围内的房地产权证和租用公房凭证的总数，原则上以不高于 1∶1 的比例配置。

二是科学完善征收安置住房定价机制，供应价格与市场价逐步接轨。各区在使用市属征收安置住房时，以房屋征收地块为单位，做到专房专用；房屋征收地块签约期满生效后，剩余的市属征收安置住房应报市房屋管理部门备案。

三是合理设置奖励补贴科目和标准。科学、规范、公正地实施被征收房屋评估，严格执行《上海市国有土地上房屋征收与补偿实施细则》有关奖励补贴设置的规定，控制奖励补贴金额在征收补偿款总额中的比例，体现出房屋征收的原则是对被征收房屋价值予以市场化补偿。对按期签约、搬迁的被征收人、公有房屋承租人，除签约、搬迁两类奖励外，不再增设其他奖励科目。各区根据基地特殊情况需要设立其他补贴科目的，应符合公平、公正的原则，并由市房屋管理部门统筹平衡。

四是坚持实物安置与货币化安置并举。房屋征收地块实物安置与货币化安置应保持合理的比例。确保他处无房、居住困难的被征收对象可选择实物安置。各区房屋征收部门制定的房屋征收补偿方案，应在征求被征收人、公有房屋承租人意见前报市房屋管理部门。市房屋管理部门应进一步加强监管，促进各区房屋征收补偿水平协调平衡。

2020 年制定的旧区改造"1+15"政策体系中，为解决旧区改造地块的资金平衡问题，进一步明确了旧区改造中直管公房的残值补偿减免政策。

房屋征收制度取代拆迁制度后，上海的房屋征收呈现较好的局面，拆房平地速度加快，信访矛盾逐渐下降，社会舆论积极正面。

综观上海旧区改造征收工作，有以下几方面的创新。

一是创新补偿机制，价值＋托底，既强化政策刚性，又实施超值补偿。

二是创新互动机制，启动征询前充分听取群众意见，实行"两轮征询"，赢得居民信任。第一轮意愿征询通过率需要达到90%以上；第二轮方案征询中签订附生效条件协议的比例由区县人民政府规定，但不得低于80%。

三是创新组织机制，形成推进合力。征收基地成立由被征收人参加的评议监督小组，及人大代表、政协委员、律师等第三方参加的人民调解委员会，用集体智慧、正当程序化解特殊性问题。

四是创新诚信机制，实行征收结果全公开。积极倡导阳光心态，引导被征收人相互监督，实行电子屏幕检索公示、签订电子协议，利益相关人员随时查询。

五是创新监督机制，征收过程全监控。构建和谐氛围，实行定期不定期抽查、检查和邀请第三方巡查。

上海市住房保障和房屋管理局征收处原处长　张新华

资金如何筹措
Raising Funds

旧区改造资金需求量很大，启动之初，资金筹措是个老大难问题。尤其是到了后期，随着住房市场的变化，根据市场评估确定的改造投入有较大幅度提升，资金困难也就越来越突出。

党的十八大以来，上海市委、市政府多途径筹措资金。通过土地储备实施旧区改造，市、区两级政府财政列出专项，支持旧区改造。通过激活历史遗留的"毛地出让"旧区改造地块，利用好社会资金。党的十九大以来，上海探索"政企合作"新模式，打通功能性国企参与旧区改造的路径，设立上海城市更新基金、上海城市更新引导基金，创新金融模式，引入市场力量，为上海打赢中心城区成片二级旧里以下房屋改造攻坚战作出了重要贡献。

1. 市区联手，加大政府投入力度

2004年3月30日，国土资源部、监察部联合下发《关于继续开展经营性土地使用权招标拍卖挂牌出让情况执法监察工作的通知》（简称71号文件），叫停毛地批租。此后，上海旧区改造主要通过土地储备方式实施，包括区自行土地储备和市区联手土地储备。2011年1月21日，国务院发布《国有土地上房屋征收与补偿条例》规定，县级以上人民政府是征收主体，负责征收与补偿。企业不能进行土地储备，只能由市、区政府通过土地储备中心进行。土地储备的资金来源主要来源于市、区两级财政和土地出让收入。上述新政的出台，对区县政府财政提出重大考验。

为缓解区县政府动迁的资金压力，上海市委、市政府探索以市区联手土地储备方式进行旧区改造。2004—2015年，上海市主要通过市区联手土地储备方式，地产集团（市土地储备中心）、城投集团、久事集团参与黄浦、虹口、杨浦、静安等区旧区改造项目。2018年底，上海市创新"政企合作"模式，打通功能性国企参与旧区改造的路径，上海地产集团再次成为推动旧区改造工作的主力军。根据各区财力的不同,市、区投入比例也不同,包括 8 : 2、7 : 3、6 : 4、5 : 5。市、区两级政府主要通过直接安排财政资金、国家棚改专项债、银行贷款、保险资金等形式解决资金问题。土地出让收入按照市、区两级投入资金的比例分成,扣除国家规定计提专项基(资)金和轨道交通建设基金外,分别纳入市、区两级旧区改造基金,全部用于旧区改造支出,如上海轨道交通 14 号线豫园站点项目、福佑地块项目等。

"十二五"以来,上海旧区改造的发展,面临许多瓶颈和困难,但全市上下始终坚持解放思想、实事求是,努力发扬勇于创新的开拓精神,形成合力,迎难而上,克服了一个又一个困难。2011 年,征收取代拆迁,经过调研解决土地储备机构继续参与旧区改造的方法,提出了在房屋征收政策框架下的历史遗留旧区改造"毛地出让"地块处置的五种具体方式。2013 年,国土资源部对土地储备机构进行了梳理,上海市也随之进行了相应完善。2014 年底、2015 年初,国家加强了政府隐性债务管理,土地储备机构不能融资贷款,上海创新机制,建立了上海市旧区改造(棚改)统贷平台,利用国家开发银行的棚改专项贷款来解决旧区改造的资金问题。2016 年底开始,上海市旧区改造的基本要求从"拆改留并举、以拆为主"调整为"留改拆并举、以保留保护为主",走出了一条具有上海特色的旧区改造新路子。

上海市房屋管理局城市更新和房屋安全监督处

(历史建筑保护处)副处长　周建梁

黄浦区财政局创新工作机制,确保旧区改造顺利推进

近年来,按照加力提速推进旧区改造要求,黄浦区财政局积极应对财政资金结构性压力,加大财力统筹,确保旧区改造项目投入。

一是加强统筹安排，制定资金保障方案。区财政局会同区相关部门，梳理项目资金需求的变化情况，根据项目的可行性、必要性和紧迫性，分清轻重缓急，制定资金保障预案和托底方案，统筹安排一般预算资金和政府性基金、存量资金等，确保旧区改造和重点项目资金投入。

二是把握资金节奏，确保资金保障有力有序。区财政部门及时跟踪项目的执行进度，努力把握好政府项目，市、区企业联手项目，社会毛地项目的启动、收尾节奏，努力实现资金的良性循环和可持续供给。

三是创新工作机制，多方联动共同发力。运用财政贴息、资本金注入、社会资本联动等方式，有效发挥财政资金"杠杆"效应，支持、引导各方共同努力，为旧区改造提供资金支撑，确保顺利完成各项旧区改造任务目标。

上海市财政局网站，2021年1月19日

2．激活毛地，充分利用社会资金

2012年，上海市规土局、上海市建设交通委、上海市房管局联合印发《关于本市旧区改造中"毛地出让"地块处置若干政策口径意见》，对原旧区改造"毛地出让"地块明确五种处置口径，包括延长《房屋拆迁许可证》、房屋征收部门实施征收、允许变更开发建设单位、协商解除土地使用权出让合同和单方解除土地使用权出让合同。

上海市规划资源局、上海市旧改办会同市、区相关部门多次商研，全面梳理余留毛地项目，全面加强与各开发企业的沟通督促，研究细化"一地一策"处置方案，积极寻求多元化的资金平衡方案，千方百计推动企业继续实施，或积极搭建平台为企业寻找合作伙伴共同开发，有效清理历史欠账。

通过"一地一策"，处置"毛地出让"地块。市、区有关部门通过发放书面通知或主动当面约谈等方式督促开发企业启动改造，开展地块"搭桥",以吸引有实力的大企业集团接盘改造。对部分开发企业没有能力继续改造的旧区改造"毛地出让"地块解除国有土地使用权出让合同。原旧区改造"毛地出让"地块处置工作取得积极成效。例如,针对杨浦、闸北、普陀等区"毛地出让"地块融资困难的问题,市旧改办会同有关部门加强指导和协调,解决银行贷款抵押等问题。又例如,2013 年,普陀区解除旬阳新村和铁路新村、杨浦区解除西方子桥、228 街坊、101 街坊,虹口区解除提篮桥 82 街坊、83 街坊等地块的土地出让合同。2014 年,徐汇区收回杨家桥地块土地使用权,由区政府通过土地储备实施改造。

在"一地一策"处置方案指导下,经过各方面共同努力,2014 年,上海市共有 11 块"毛地出让"地块启动第二轮征询并达到生效比例。2015 年,18 块旧区改造"毛地出让"地块启动第二轮征询。2016 年,16 个地块启动第二轮征询签约并达到生效比例,共完成改造二级旧里以下房屋 36.4 万平方米、受益居民 1.9 万户,分别占全年旧区改造完成总量的 63.5%、64.9%。截至 2018 年年底,中心城区剩余毛地 30 块,涉及二级旧里以下房屋约 52.8 万平方米、居民约 3.6 万余户。

2019 年,借助城市更新公司平台,上海拓展旧区改造项目融资新模式,解决了毛地地块及今后其他央企、市属国企、区属国企等主体参与旧区改造项目的融资贷款问题,成功激活、启动了沉淀二十多年的"硬骨头"毛地项目,如新昌路 1 号、7 号地块,五坊园四期,董家渡 14 号地块,建国东路区域,以及黄浦区 137 街坊、122 街坊等毛地项目。至 2021 年,上海基本完成毛地地块处置工作。

3．政企合作，引进国企推进旧改

自 2017 年始,市委、市政府将旧区改造的方式由"拆改留并举、以拆除为主",调整为"留改拆并举、以保留保护为主",对城市更新提出更高要求。同时，旧区改造大幅提速，资金需求量也大大增加，需要在土地储备方式的基础上，创新融资模式，以适应新的要求。

为破解各区旧区改造资金难题，上海开始探索"政企合作"，引入市属、区属国企，如地产集团、金外滩集团等，参与旧区改造，进行市场化融资，各方按比例共同出资来进行旧区改造，开启旧区改造资金新模式。市旧区改造部门综合运用国家支持旧（棚）改政策，提出了鼓励国有大企业集团参与旧区改造，更好地发挥银行、金融机构在旧区改造融资中的主渠道作用，将旧区改造亏损地块与周边地块捆绑开发，实现投资收益的综合平衡等一系列措施。

2018 年 10 月，上海地产集团成立上海市城市更新建设发展有限公司。2019 年，由市级城市更新公司分别与黄浦区金外滩集团、杨浦区城投集团、虹口区虹房集团、静安区北方集团等旧区改造地块所在区区属国企，投资成立四个区级城市更新公司，市、区投资比例为 6∶4，具体实施旧区改造重点项目。四个区级城市更新公司通过市场化运作，各自按照出资比例承担资金盈亏，做到"市借、区用、区还"，让"区里旧区改造不差钱"。上海地产集团主要通过创设银团合作、基金等途径进行多元化融资。

2019 年至 2022 年 7 月底，市城市更新公司累计参与启动 25 个旧区改造项目、70 余幅旧区改造地块改造，受益居民约 5.3 万户。过程中，全力推动征收提速，2019 年首批试点 4 个旧区改造地块在两年时间内全面完成房屋征收，跑出"政企合作"旧区改造加速度；加强征收成本管控，统一房屋补偿科目、补偿标准，增设预算审核锁定环节，建立投资监理审核机制，严格把关旧区改造成本；落实旧区改造资金保障，创新"总 + 子"银团融资模式，落实银行贷款近 4000 亿元，推进税务筹划；优化规划调整参与机制，形成"政企合作"旧区改造项目规划设计"四阶段"管理要求，引入市场企业参与规划编制，首批旧区改造地块全面完成规划调整与优化；创新招商合作股转，通过"场所联动"招商合作，围绕"好人家、好作品、好价格"，甄选优质市场主体参与项目开发，加速旧区改造资金回笼，虹口 17 街坊、杨浦 160 街坊等已成功实施。

"政企合作"通过引进国有企业来加快推进旧区改造，是上海旧区改造机制的一大创新。首先解决了"钱从哪里来"的问题，通过创新土地政策，采取协议出让等方式，有效解决了困扰旧区改造的相关瓶颈问题。同时，得到金融机构的支持，解决银行融资问题。资金有了，征收工作才能继续，后续开发建设才能启动。

上海市城市更新建设发展有限公司董事长　赵德和

4．多措并举，努力拓宽融资渠道

为加快推进旧区改造，上海多途径、多方式筹措改造资金，为旧区改造各类实施主体提供资金保障。

（1）创设"土地预告登记"制度

为解决土地储备机构旧区改造融资的抵押物问题，2012 年，上海创造性建立"土地预告登记"制度，经市委、市政府同意，旧区改造可参照市重大工程建设项目，土地储备机构通过土地预告登记和抵押预告登记方式开展融资工作，解决了旧区改造项目银行贷款抵押问题。由于土地储备是政府行为，上海市将旧区改造项目作为重大工程项目，按照提供"项目清单"方式，通过土地预告登记，将土地预先视作储备机构所有，由土地储备机构出面开展融资工作，解决旧区改造项目银行贷款抵押问题，加快旧区改造进程。而以后地块一旦出让，即可在出让费中拿出相应部分还贷，不影响土地使用权的更替。

上海市还不断探索加快推进旧区改造政策措施，简化了旧区改造房屋征收审批手续。对市有关部门认定的旧区改造地块，房屋征收由各区政府审批并发文确认，报市建设交通委备案即可，加快运作流程，加快土地出让和资金流转。

（2）创新旧区改造项目贷款

上海认真贯彻国务院文件精神，积极对接国家开发银行棚改专项贷款，国家开发银行上海市分行创立旧区改造项目贷款。2012 年 12 月 20 日，市旧区改造领导小组办公室和国家开发银行上海市分行举行签约仪式，共同签署《支持上海市旧区改造开发性金融合作协议》，意味着上海市旧区改造有了新的融资渠道。市旧改办会同市银监局以及各大银行，特别是国家开发银行（简称国开行）上海分行，牵线搭桥，沟通协调，积极支持、帮助各区开展旧区改造融资工作，协调解决了虹口区虹镇老街、杨浦区平凉西块、普陀区棉纺新村等一大批旧区改造项目的融资贷款问题。此后几年的土地储备旧区改造项目，以及所有的原旧区改造"毛地出让"地块，基本上都利用旧区改造项目贷款（棚改项目贷款）解决了资金难题。

（3）引入保险资金

探索引入保险资金以债权计划和股权计划投资旧区改造项目，拓宽融资渠道。2013 年，太平洋保险公司以债权形式投资市土地储备中心参与的市区联手旧区改造项目。同年，平安保险公司通过债权计划投资市城投公司参与的市区联手旧区改造项目闸北晋元地块和北外滩虹口区 91、92、93 地块，平安保险下的平安资产管理公司，通过各方考察，向两个项目各投资 50 亿元。2014 年，太平洋保险公司以股权形式投资虹口区单独土地储备的旧区改造项目。

（4）建立专项贷款统贷平台

2014 年，上海市政府印发《上海市旧区改造专项贷款管理办法》，并将 10 个市区联手旧区改造项目纳入旧区改造专项贷款统贷平台，通过国开行棚改专项贷款解决融资问题。如 2015 年启动的普陀区中兴村、兰凤新村地块启动改造，经市旧区改造管理部门确认，项目纳入 2013—2017 年全国 1000 万户棚户区改造规划。经市政府同意，项目由市土地储备中心与区土地发展中心以 6：4 投资比例，实施市、区合作联合收储，并纳入上海旧区改造专项贷款支持范围。项目资本金由市、区两级按承担比例分别解决，向国开行申请旧区改造专项贷款。项目占地约 11.24 公顷，征收二级旧里以下房屋 8.63 万平方米，受益居民 3911 户。征收非居住房屋 0.54 万平方米，搬迁单位 21 家。

（5）建立银企合作机制

2019 年 3 月，上海地产集团与 10 家银行签署旧区改造银企战略合作协议。6 月，在 10 家银行贷款授信顺利获批基础上，市、区两级更新公司与银团签订贷款合同及担保合同，取得优惠条件。

通过银团合作为上海旧区改造的顺利推进提供保障。2019 年，黄浦老城厢乔家路地块、杨浦 160 街坊、虹口 17 街坊、静安洪南山宅 240 街坊 4 幅地块上海中心城区剩余规模最大或"老大难"的旧区改造地块得以破冰前行。改造面积达到 23.8 万平方米，涉及居民 1.23 万户。2020年，黄浦金陵路 203 街坊、乔家路北块、北京路 135 街坊、新闸路二期、虹口余杭路、东余杭路二期等旧区改造项目得以顺利实施。2021 年，虹口昆明路以南地块、黄浦福建路项目、杨浦 154 街坊也得以成功实施旧区改造，改造面积达 15.1 万平方米，涉及居民 6700 户。

（6）设立城市更新基金

为广泛吸引社会力量参与上海旧区改造，促进旧区改造资金平衡，共同推进城市可持续更新和发展，上海市委、市政府进一步拓展融资渠道，以"创新金融＋"模式推动市场资金，缓解城市更新资金难题。

2021 年，上海市城市更新基金和上海市城市更新引导基金设立，上海城市更新进入"创新金融 +"模式。

2021 年 6 月 2 日，上海市城市更新基金成立。其基金总规模约 800 亿元，为目前全国落地规模最大的城市更新基金，定向用于投资旧区改造和城市更新项目，促进上海城市功能优化、民生保障、品质提升和风貌保护。上海地产集团与招商蛇口、中交集团、万科集团、国寿投资、保利发展、中国太保、中保投资签署战略合作协议。

2021 年 12 月 17 日，上海联合五大房企成立百亿城市更新引导基金，并明确未来基金投资领域将聚焦于旧区改造、风貌保护、租赁住房等城市更新项目。

综合来看，城市更新主要问题在于资金短缺和盈利较慢。此次两项城市更新基金只是众多政策试点中的一部分。引导基金参与企业多，以地方国企为主。其引入"创新金融 + 城市更新"模式的目的，一方面是政府探索加大金融政策支持力度，另一方面是利用地方国企推动市场资金进入。

> 通过金融市场形成联盟、建立城市更新基金，是作为整个资金筹措的补充。特别是要通过引进一些好的单位、优秀的社会力量，为旧区改造完成之后上海的高质量开发建设、经济社会的高水平发展奠定基础。
>
> 上海市城市更新建设发展有限公司董事长　赵德和

（7）发行棚改政府专项债

根据国家政策，自 2016 年开始，土地储备机构不能再向银行融资贷款，上海市旧区改造资金来源主要是发行棚改政府专项债。

5. 探索创新，建立综合平衡机制

无论是加快推动旧区改造，还是确保旧区改造项目顺利融资，其核心都是要建立健全旧区改造资金综合平衡机制，就是通过"动态平衡、全区平衡、统筹平衡"，运用多项叠加政策，进一步集聚政策、资源、力量，规划先行，创新思路，合力攻坚，精准施策。一是动态平衡。重新审视旧区改造地块的长远价值、市场价值，通过高起点规划、高标准建设、高品质运行，以及后期的功能开发、成功运行和长期持有，提升旧区改造地块的整体价值，既算近期账，又算长期账，正确处理好近期利益和长远利益、经济效益和社会效益之间的关系。二是全区平衡。尽量实现本地块平衡，千方百计用好每一寸土地。对本地块无法实现平衡的，相关区想方设法创造条件，整合全区各类资源，尽最大可能在全区范围达到资金平衡。三是统筹平衡。重点聚焦地产集团等国有企业承担的旧区改造、城中村改造等项目，提高土地资源集约利用，在全市范围内实现资金平衡，旧区改造地块与资源地块捆绑，探索旧区改造可持续推进机制。

与此同时，一方面，控制成本，作为全市综合平衡主要内容，包括控制征收成本、控制财务成本、控制收储成本。另一方面，通过政策叠加，作为全市综合平衡的重要抓手，包括继续实施市区联手土地储备、统筹落实征收安置房源、扩大政府专项债申请规模、完善贴息政策、对各区零星旧区改造项目进行专项补贴、加大对地产集团旧区改造资本金的注入、加大旧住房修缮改造资金的扶持力度等。

近年来，通过建构与完善"1+15"政策体系，通过"政企合作"等体制创新，有效地实现了旧区改造的全面提速。在黄浦区，地产集团与我们紧密合作，超过2.5万户居民的居住条件得到改善。市委、市政府要求的风貌保护工作，也通过捆绑资源，得到了有效体现，还解决了总体投入的平衡问题。全市统筹了一批资源地块，通过坚持全市平衡、长期平衡、动态平衡的指导思想，实现风貌保护目标。同时也通过理念、方法上的创新，开展风貌评估、建筑甄别以及后续与风貌保护相关的各类工作。既把文化传承下去，又实现了功能调整，使其更符合上海未来发展，真正挖掘这些老建筑的功能和价值。近几年的旧区改造工作，在这方面作了很多有益的探索，取得了很大的突破。

黄浦区委常委、常务副区长　洪继梁

房源如何统筹
How to Co-ordinate Housing Resources

充足而适配的安置房源是旧区改造能否顺利推进的重要因素。旧区改造安置房是上海市住房保障的一个重要组成部分，由政府提供优惠政策，确定建设标准，按照"政府引导、企业运作"原则，向涉及旧区改造的居民定向供应。旧区改造安置住房的建设，有力促进了城市建设和经济社会的发展，有效满足了旧区改造需要，为改善广大动迁居民，特别是拆迁区域内中低收入困难居民的居住条件起到了重要的作用。

1997 年，根据当时空置商品房较多的情况，上海市出台"搭桥"提供安置房源的做法。通过实施"空房认定"，将旧区改造与消化空置商品房进行"搭桥"，鼓励用空置房安置动迁居民，减免相关交易税费，为"365"危棚简屋改造提供了大量的安置用房，推动了全市旧区改造的顺利开展。

2003 年起，根据上海实际，市政府在外环线周边选址建设一批大型居住社区（简称大居），大多用于满足旧区改造动迁居民的安置需要。上海市启动大型居住社区市属征收安置住房建设，是市委、市政府推进本市住房保障体系建设、改善市民居住条件、加快旧区改造和郊区城镇化进程的重要举措。2003—2021 年，上海共规划建设 46 个大居，目前已经启动建设 37 个，分布在浦东、嘉定、闵行、宝山、松江等区，累计启动建设市属保障性住房约 5600 万平方米，已累计供应征收安置住房约 37 万套。

一幢幢拔地而起的高楼、一条条纵横贯通的宽阔大道、一个个优美宜居的大型居住社区……让上海这座特大型城市实现了"逆生长"。自 2003 年起，上海大居建设保持"加速度"，配套设施持续优化，让更多居民在家门口享受美好生活。实施大居建设，是上海完善住房保障体系、优化城市空间结构的重要举措，为推进旧区改造、促进经济社会和谐发展发挥了积极作用。

1. 明确实施主体，强化组织推进

2003 年 7 月，为开展大居建设，上海市成立市住宅建设发展中心，具体履行大型居住社区建设推进办公室的日常协调职能。2009 年，上海市政府成立了"大型居住社区建设推进办公室"（简称市推进办），完善顶层设计和工作机制，统筹推进全市大居保障性住房及相关配套设施建设。2011 年，市政府要求成立市大型居住社区外围市政配套建设推进办公室（简称市外推办），进一步加快推进大居红线外围道路、供排水和公交枢纽建设，确保入住居民基本生活和出行需求。2017 年，为更好落实市委、市政府深化完善"四位一体"住房保障体系的总体部署，上海市人民政府出台《关于进一步加强本市大型居住社区保障性住房建设和管理工作若干意见》，继续深入推进本市大型居住社区建设，进一步明确"以区为主、市区联手"建设推进机制的相关要求。2018 年，市政府办公厅印发《关于进一步加强市、区两级保障性住房大型居住社区建设管理推进机构建设的若干意见》，进一步强化了市推进办成员构成和协调推进机制。

从建设机制看，上海市先后实施过三种市属保障性住房建设机制，具体为 2003 年的"以市为主"模式、2009 年的"以大集团为主"模式、2010 年至今的"以区为主"模式。其中，"以市为主"模式建设的大居主要分布在 5 个区（宝山、浦东、闵行、嘉定、青浦），由原市房地资源局与市相关部门牵头实施，专门成立上海市住宅建设发展中心，从事具体事务性工作。2009 年初，市政府为充分发挥大集团的经济实力和开发建设能力，采用市地产集团、市城投总公司等"以大集团为主"的建设管理模式。由大集团负责按市政府确定的建设计划和要求组织实施建设。2009 年年底至 2010 年，根据市委、市政府要求，又开展了新一轮大居规划选址工作，涉及 9 个区（宝山、嘉定、青浦、松江、金山、奉贤、闵行、浦东、崇明），主要采用"以区为主"模式进行开发建设管理，强化各区在建设过程中的责任主体地位，而市级相关部门主要负责全市大居建设推进综合协调和监督工作，研究制定相关政策措施。

2．优化大居规划，提升建设水平

2003 年起，上海市政府共规划选址了 46 个大型居住社区基地，总规划用地面积 150 多平方公里，规划人口规模约 340 万人，规划新增住宅总量约 1 亿平方米，其中市属保障性住房（包括征收安置住房和共有产权保障住房）总量约 5600 万平方米（图 3-2）。

宝山顾村拓展大居　　　　　　　城北大居　　　　　　　　　黄渡大居

浦东惠民民乐大居　　　　　　　　　　　青浦新城一站

嘉定云翔拓展大居　　　　　　　　浦东周康航拓展基地

图 3-2　大居新貌（上海市住宅建设发展中心提供）

2021 年，《大型居住社区市政公建配套设施三年行动计划（2021—2023 年）》印发实施，形成大居配套的“1+7”三年行动计划文件。计划三年内推进新开工道路 50 公里，建成 57 公里；新开工绿化 67 公顷，建成 95 公顷；安排公交、教育、医疗、菜场等公建配套设施开工、建成、开办等任务 293 项。聚焦教育、卫生、商业、交通、文化、体育等与民生密切相关的八个方面，全面提升大居配套服务品质，满足大居居民多层次、多样化的服务需求。

其中，计划按需优化调整公交线路，注重轨道交通及大型公交枢纽相衔接，基本解决“最后 1 公里”问题。加快基地内公共和防护绿化建设，结合周围环境和地方文化特色打造具有层次感、立体感、有品位的城市景观绿化，让居民切身感受到生活环境的改善。有效提供学前教育服务，实现普及、优质、均衡的义务教育，加大人口导出区优质资源的导入。确保基地内卫生服务中心的建成和开办，实现大居居民基本医疗和基本公共服务全覆盖。推动综合为老服务中心建设和开办，完善家门口的服务站点，开展居家养老服务，支持家庭承担养老服务功能。全面构建社区、街道、区（市）三级社会服务网络。努力在大居内为百姓提供“一站式”社区行政服务。确保基地内室内标准化菜场的建成和开办，基地所在区建立大居基地商业布局规划和动态优化机制。健全大居公共文化服务体系，通过配置社区体育健身器械、增加绿化健身步道、适时适量开放周边学校体育场地等方式，满足“全民健身”的健康需求。

同时，注重提升安置房建设水平，积极发挥市场机制作用和企业技术、人力优势，提高项目建设效率和建筑质量；注重住宅产业现代化、装配式建设、绿色节能建筑及 BIM 技术在保障性住房中的运用。

3. 供求提前对接，满足居民需求

上海市按照“供需提前对接、房源按需建设”的要求，人口导入区

图 3-3 居民在选房现场（虹口区旧改指挥部提供）

和人口导出区签订 2014—2017 年市属动迁安置房供需框架协议。每年初，全面排摸各区市属动迁安置房需求情况，与各区提前进行供需对接，做好供应服务，满足旧区改造需求。加快推进大居基地基础设施和公共服务设施建设，积极引进教育、卫生、商业等优质资源，不断改善入住居民的生活条件（图 3-3）。

针对房地产市场发展和动迁居民选择货币和房源比例的变化，有关部门定期召开例会，分析形势，加强预判，强化动迁安置房源建设、供应与使用管理，满足动迁居民多样化选择需求。为解决市属房源大部分是首次使用的实际困难，市旧改办多次组织各区旧区改造部门实地踏勘基地现场，考察周边基础设施和公共服务设施、公交配套情况，对接使用需求，统一宣传口径。2012 年，杨浦区率先使用浦东民乐大基地动迁安置房，用房率超过 60%；普陀区、长宁区、闸北区等积极"搭桥"使用青浦区新城一站动迁安置房源，大幅提高新房源的使用效率。

2013 年，市政府将"完成 40 个大型居住社区外围配套项目"列为重点工作，加快推进大居外围配套建设，提高房源适配性和居民接受度，同时全面排摸市属动迁安置房需求情况，与各区提前进行供需对接。2013 年，共供应市属动迁安置房约 4.1 万套。2014 年，市属征收安置房累计"搭桥"供应 5.9 万套。

2015 年，在黄浦区和松江区开展试点，探索旧区改造重点区与大型居住社区所在区之间的"区区对接"房源建设和供应方式，减少中间环节，提高房源适配度。

2019 年，强化保障性住房信息化管理手段。以管理信息化促进房源管理精细化，完成"上海市保障性住房及配套建设管理信息系统"整体上"云"工作，并根据工作实际完善系统功能。

4．完善配套设施，提升宜居水平

大居建设不是一蹴而就的，从住宅建成、居民搬入，再到配套设施的改进，都需要时间。为了居民的长久幸福，市住宅中心在大居建成后，始终坚持追踪调查，分类推进年度大居配套计划各项任务，对教育、养老、交通、绿化、商业、公用事业等配套进行全面提升。

近年来，市有关部门协同市教委全力推进本市基础教育"十三五"基本建设规划，2019 年已建成大居学校 8 所；会同市、区民政部门有序推进 2019 年市政府实事任务中涉及大居的 2000 张床位建设；牵头协调市建设交通委根据前期专项课题研究成果，从优化线路配置、增加车次等方面，对大居内公共交通服务水平进行了专项提升；与市绿化市容局出台《上海市大型居住社区绿地项目建设程序办理指南》，推进解决绿地建设和移交中的难点问题；配合市商务委支持相关企业在大居中布局早餐工程项目，努力补充大居菜场数量；落实水、电、燃气、有线电视等工程优惠政策；完善银行、邮政、文体、商业等必备生活业态等措施，着力补齐公共服务短板，努力满足入住居民"开门七件事"等基本生活需要。

截至 2021 年年末，全市各大居已累计建成学校（幼儿园、中小学）230 所，社区服务（行政管理）设施 35 个，社区卫生服务中心（分中心）26 家，社区文化、体育活动场馆 31 个，新增养老床位 8500 张；新建社区商业逾 100 万平方米、标准化菜场 51 座；竣工市政道路约 433 公里、公交首末站和公交枢纽 38 座；新增公共绿地和防护绿地约 845 公顷（图 3-4）。

宝龙广场

宝山罗店小主人幼儿园

浦东三林综合服务中心

青浦崧华养护院

顾村新1号 宝山龙湖天街

马桥小学

图 3-4 大居配套图（上海市住宅建设发展中心提供）

5．加大政策支持，强化属地管理

　　大居启动建设以来，市各相关部门不断研究完善相关支持政策，包括市属保障性住房（主要是征收安置住房、共有产权保障住房）的统筹供应、加大财政转移支付以支持人口导入区社会管理资金投入、市级专项资金用于配套设施建设等支持政策，从政策、机制层面保障大居建设、供应、管理各方面工作的顺利进行。

　　同时，落实属地化管理要求。加强区政府在大居建设中的主体责任，充分发挥各区在土地储备、前期手续办理、配套设施接管运营等方面的属地化管理优势，并推动"镇管社区"机制的不断完善，确保入住居民加快融入社区，也带动郊区社会管理水平的提升。

机制如何创新
Mechanism Innovation

1. 合力协同攻坚

近年来，上海市成立城市更新和旧区改造工作领导小组，建立联席会议制度、专题会议制度，协调解决旧区改造"难点、卡点"问题，对上海旧区改造工作提出要求，作出重要决策。

（1）工作专班

市旧改办统筹协调旧区改造工作推进、旧区改造房屋征收范围认定、制定旧区改造政策等。市旧改办设在市住房和城乡建设管理委员会，自成立以来，在协调旧区改造重大事项等方面做了大量工作，对顺利推进上海的旧区改造发挥了积极作用。

2018年10月，市住房和城乡建设管理委员会做实市旧区改造工作领导小组办公室的机构职能，强化部门间的统筹协调，更好地指导、帮助相关区加快推进旧区改造工作，研究形成方案专报市领导。10月20日上午，时任市住房和城乡建设管理委员会主任黄永平主持召开市旧改办第一次主任办公会议（扩大）。10月24日，时任副市长时光辉到市旧改办调研工作，标志着市旧改办正式实体化运作。时光辉要求市旧改办转为实体化运作后，要紧密围绕市委、市政府要求，发挥好旧区改造中枢枢纽的指挥作战主体作用，将工作重心转变到"留改拆"工作要求上，突出重点，突破难点，敢于担当，协调各方确保全市旧区改造目标的完成，并要求市相关部门全力支持配合此项工作。

为做实市旧改办，设立了旧区改造工作专班，由徐尧担任负责人。从市、区相关部门抽调职能处室的干部脱岗加入工作专班，集中办公，并与地产集团负责城市更新运作的平台公司——上海市城市更新建设发展有限公司——加强工作协同。其中常驻办公人员包括来自市住建委、市规划资源局、市房管局、黄浦区、杨浦区、虹口区、静安区和地产集团的优秀专业干部；非常驻办公人员包括来自市发展改革委、市财政局、

图 3-5　市住建委主任、市城市更新和旧区改造工作领导小组办公室旧区改造小组组长主持召开市旧改办主任会议（上海市旧改办提供）

图 3-6　市旧改工作专班召开专题会议（上海市旧改办提供）

图 3-7　市旧改工作专班日常工作推进会议（上海市旧改办提供）

市住建委、市规划资源局、市文物局等部门选派的干部。同时，完善市旧改办机构设置和会议制度，设立综合组、规划组、专家组、资金管理组、协调推进组 5 个工作组。

通过市旧改办主任办公会议（图 3-5）、市旧改办专题会（图 3-6）、市旧改办工作专班会议（图 3-7）等制度，实行挂图作战式集中指挥运作机制，综合协调、统筹推进旧区改造工作。2018—2022 年，已召开 27 次市旧改办主任办公会议、百余次专题协调会议，统筹协调、细化目标、夯实责任、加强督促。仅 2020 年下半年，时任市住建委主任、市城市更新和旧区改造工作领导小组办公室旧区改造小组组长黄永平主持召开了 6 次市旧改办主任办公会议。2021 年 2—12 月，市住建委主任、市城市更新和旧区改造工作领导小组办公室旧区改造小组召开了 11 次市旧改办主任会议。

上海市旧改办协同各相关部门，加强制度设计，推动形成了"1+15"支持配套政策。积极探索项目审批流程，在政企合作旧区改造项目立项、工可审核、实施方案批准、预供地意见书、贷款审批、资金平衡模式等方面，基本明确实施路径。

上海市城市更新中心成立后，围绕市委、市政府《关于加快推进我市旧区改造工作的若干意见》，全面参与 15 个支持配套政策制定。围绕做强市城市更新中心，推动《上海市城市更新中心旧区改造项目前期土地成本认定办法》《上海市城市更新中心土地资源管理暂行办法》《上海市城市更新中心旧区改造项目实施管理暂行办法》《上海市城市更新中心旧区改造项目招商管理暂行办法》等文件编制，相关文件已全面发布实施。

旧区改造既是城市建设发展的"牛鼻子工程"，也是民心工程，让所有市民共享上海改革开放发展成果，是政府的责任与义务，必须义不容辞地抓紧抓好。三十年旧区改造历程，是一个广泛的社会动员的过程，形成了广泛的社会共识。市、区两级政府与人大、政协以及社会各方，集中了所有的力量、资源、智慧，勇于突破，敢于担当，全力以赴，共同推进，既跑出来"加速度"，又保护了风貌，传承了文化，确保中心城区成片二级旧里以下房屋改造任务全面完成，让居民告别"蜗居"，圆梦"新居"，让城市功能得以优化，城市面貌得以更新，城市配套得以完善，城市发展得以持续。

（市建设交通工作党委委员、市住房和城乡建设管理委员会副主任　马韧）

李强书记说过："旧区改造绝不犹豫懈怠，风貌保护绝不放松忽视。"在市委、市政府的高度重视下，大家"拧成一股绳"，全力推进旧区改造。市里制定政策，各相关区作为旧区改造的第一责任人，勇担主体责任，按照改造计划、改造方式、实施路径，结合旧区改造地块实际情况，强化实践探索，细化落实各项保障措施。各相关部门凝聚合力，构建了很多推进机制。如市人大牵头建立的旧区改造地块收尾新机制、市高院牵头搭建的旧区改造工作行政司法沟通协调平台、市委组织部牵头搭建的市属国企征收签约的沟通协调工作平台。在市、区各相关部门的全力配合支持下，上海旧区改造跑出了"加速度"，形成了"加速推进、势如破竹"的良好态势。困扰我们三十年的民生难题，在 2022 年得以历史性解决。上海三十年旧区改造，完善了城市功能，改善了城区面貌，增强了市民获得感、幸福感、安全感。

上海市旧区改造工作专班原负责人　徐尧

（2）协商平台

为了促进旧区改造重大问题的解决，市人大常委会、市委政法委、市委组织部等分别创新机制，搭建平台，积极参与，支持旧区改造。通过各平台的积极协调，强化了各方协同，保障了旧区改造顺利推进。

一是市人大常委会牵头搭建旧区改造地块收尾新机制。

为保障旧区改造这一上海市当前最大民生工程的加速推进，针对征收基地收尾瓶颈，2020年下半年，在时任市人大常委会主任蒋卓庆的重视关心下，在市人大常委会全过程协调推动下，市高院、市住建委、市房管局等部门和相关区，在现有法律框架下，跨前一步，创新思路，提出旧区改造征收执行新机制，将征收周期缩短到一年以内甚至更短，加快收尾流程，推进破解旧区改造收尾难题，并积极稳妥推进实施，取得了明显成效。

新机制于2020年年底正式启动运行，总体呈现"由点到面、由易到难"的特点。首个试点地块静安区洪南山宅旧区改造基地至少提前6个月收尾。2021年，新机制逐步扩大试点到四个旧区改造重点区及浦东新区，并已基本实现旧区改造基地全面对接的工作目标。新机制在推动旧区改造基地收尾、促进旧区改造可持续发展方面取得了积极成效（图3-8）。

结合新机制探索，各方跨前一步加速纠纷化解。市人大常委会全方位统筹、全过程协调，为新机制研究、试点、推广提供了保障。首先是市人大常委会主要领导高度重视，亲自推动新机制工作开展；市人大城建环保委多次组织相关部门和专家学者科学论证，积极促成行政机关、各级法院、法律界专家就新机制达成共识。其次是指导相关部门和区进行首个试点项目的比选、法律风险评估、实施等各项工作，

图3-8　2020年4月7日，上海市人大常委会非驻会委员工作室揭牌仪式暨旧区改造基地征收收尾新机制课题启动会召开（上海市旧改办提供）

确保试点成功。同时，稳妥推进新机制，全面对接旧区改造基地，定期听取工作进展，协调解决工作中出现的问题、困难，全面把握工作节奏。

在此基础上，市级行政部门抓紧完善征收操作流程。为保障新机制落地实施，市住建委、市房管局同步完善多项征收操作流程、明确工作要求，提高行政机关内部效率，如完善征收决定内容、提高签约效率、提高补偿决定、行政复议效率等。与此同时，各级法院强化全流程协调化解。三级法院高度重视新机制落实推进，市高院积极整合司法资源，指导各级法院开展新机制，做到坚守司法底线、保障居民合法利益的同时，积极化解矛盾，服务大局。一方面，针对纳入新机制的案件，各级法院依托一站式多元化解纠纷平台，在区政府申请执行后，法官提前上门，主动作为，并在诉调、审查等各阶段加强释明化解，通过法院全力解纷，努力实现相关征收争议的实质解决。另一方面，针对尚未列入新机制适用范围的重点案件，法院立足民生，跨前一步，提前介入调解，充分化解矛盾，既维护了被征收居民的合法权益，也确保了征收工作的顺利推进。

2021年9月1日起，《上海市城市更新条例》开始实施，2022年，结合市人大对条例推进实施的专项监督，新机制进一步扩大适用范围，更好地发挥了政策叠加效应，助力城市高质量发展。

二是市委政法委牵头搭建行政司法沟通协调平台。

2020年底，在时任市委副书记、市委政法委书记于绍良的重视关心下，在市委政法委的全力支持下，市旧改办、市高院、市二中院、市司法局、市房管局和相关区等搭建了旧区改造工作行政司法沟通协调平台，会商探索旧区改造地块收尾新机制试点，协调法院查封地块司法解封工作等。2021年6月，完成了黄浦区658街坊新绿地块、虹口区85街坊永邦地块、虹口区185街坊富杰地块、虹口区176街坊赛格地块共4块法院查封毛地地块的司法解封工作。

三是市委组织部牵头搭建党建引领旧改工作议事协调平台。

为集中力量、加快推进旧区改造基地收尾相关工作，2020年，在市委副书记、市委政法委书记于绍良的重视关心下，围绕70幅企事业单位旧区改造征收地块收尾工作，市委组织部牵头搭建"党建引领旧改工作议事协调平台"，将市委政法委、市教卫工作党委、市经信工作党委等13家相关单位全部纳入议事协调平台（图3-9），明确一把手为第一责任人，分管领导为直接责任人，建立由成员单位相关处室负责人参加的联络协调制度，负责日常信息报送、派单督办和重大问题协调等工作。针对各单位党组织互不隶属、行政上互不关联、管理上条块分割的实际，党建联席会议制度每两周召开会议与相关企事业单位协商，共同推进70幅地块、457证企事业单位的搬迁收尾工作。如2021年6月黄浦区急救中心因征收需要重新安置，在党建引领旧改工作议事协调平台推动下，同年9月9日新建的黄浦分站正式启用，急救车数量由原先的3辆增至5辆，有效提升了市中心区域院前急救服务供给能力和城市安全保障能级，切实为周边百姓办了一件实事。截至2021年年底，2020年年底前启动的全市旧区改造地块中共涉及企事业单位457证，累计完成449证，剩余8证，完成率98.25%。剩余证数都已落实处置方案。70幅收尾地块已实现行政程序全覆盖，完成率100%，其中36个基地已腾空拆平。

2020年12月，"党建引领旧改工作议事协调平台"进一步扩充，市委组织部牵头搭建"旧区改造地块内市属国企征收签约的沟通协调工作

图3-9 上海市党建引领旧改工作议事协调平台成员单位图（上海市旧改办提供）

平台",建立国企签约协商推进机制,采取"定期会商、随时协调"的方式,打通被征收企业和相关集团的沟通渠道。市建设交通党委、市国资党委、市旧改办会同各相关区多次商研具体工作,建立了及时排摸机制、重点协商推进和派单督办机制及定期报告机制。通过该平台沟通、协调,2020 年年底全面完成了旧区改造地块 162 证市属国企签约工作。

打好"组合拳","两难"变"双赢"
——记城投集团下属黄浦供水管理所地块征收

旧区改造事关人民群众切身利益,各级政府部门和市属国企坚持"以人民为中心"的发展思想,把惠及民生、凝聚民心贯穿旧区改造征收全过程,处理好当前与长远、局部与整体的关系,努力践行旧区改造让城市更美丽、让人民生活更幸福的初心使命。

城投集团下属黄浦供水管理所地块被列入旧区改造征收范围,一边是覆盖 150 多万人的供水保障不能断,一边是关乎城市品质提升的旧区改造征收不能停,都是民生工程,如何取舍?面对"两难",市区相关部门和国企(城投集团、建工集团)用心、用脑、用力,打好"组合拳",实现了供水保障和旧区改造征收"双赢"。

"心用到",调整规划、保障民生

黄浦供水管理所位于新昌路 1 号地块,该所承担着增压泵站、供水服务和应急保障三项功能,供水覆盖黄浦、静安、普陀等区的 17 个街道、279 个居委、1393 个物业小区、150 多万人口,每年累计执行维修养护任务近 10 万件。出于日常供水和城市应急保障等考虑,城投集团希望原址整体保留供水设施和全部功能,这与市、区对该区域的定位和整体规划冲突,也影响后续开发建设。群众事无小事。市政府分管领导针对居民用水保障与加快旧区改造征收间的矛盾,亲自召开专题会议研究调整规划,对新昌路 1 号地块和相毗邻的 7 号地块实施联动开发,明确保留 1 号地块部分功能并适度打开开发空间,确保供水、征收"两不误"。

"脑用活",拆分功能、分开安置

如何有效落实市政府专题会议精神,在旧区改造征收中保障好供水服务,需要统一思想、开动脑筋,拿出科学的工作方案。办法总比困难多。

在市旧改办、市国资委牵头下，市规划资源局、城投集团、建工集团和黄浦区旧改办等齐聚市属国企旧区改造征收签约协商平台，把情况讲明、把问题摊开、把困难说透，经过反复协商，一个各方都能接受的解决方案浮出水面：拆分功能、分开安置，即将原址增压泵站、供水服务和应急保障三项功能分开，保留供水服务和应急保障功能，同时本着"就近选址、方便进出"的原则安置车辆设备等应急物资。

"力用足"，握指成拳、落实责任

难题最考验担当。各方切实把自己摆进去、把思想摆进去、把工作摆进去，密切协同，合力攻坚。城投集团服从大局，放弃完整保留原址的诉求，对保证供水设施既有功能的最小占地面积、应急物资所需空间参数等指标开展测算，为分开安置提供依据。同时积极化解历史遗留问题，对个别长期居住在企业房屋内的上访职工，通过广泛调查、翻阅档案，对其历史成因进行了梳理，最终通过司法途径妥善解决，为顺利交地扫清了障碍。建工集团作为地块后续建设单位，计划拿出自己的房屋供黄浦供水管理所办公使用。同时统筹考虑、优化比选该地块设计、建设方案，合理布置供水增压泵站设施设备，切实保障供水安全。黄浦区旧改办针对征收后供水管理所应急车辆停不了、遇有应急任务车辆出不去、应急物资无处放等难题，主动协调区有关部门拿出原址附近成都路高架下的空地供其使用。

正因为各方始终把老百姓的利益放在心上，认真践行"人民城市人民建，人民城市为人民"重要理念，把人民群众的小事当成大事办，黄浦供水管理所何去何从这一看似"两难"的问题才得以妥善解决，实现了"双赢"局面。

黄浦区旧改办提供

（3）平台统筹

自2019年始，通过上海地产集团，上海探索"政企合作、市区联手、以区为主"旧区改造新模式。2020年7月，上海市城市更新中心成立，探索建立"功能性国企参与旧区改造，以市场机制推动政企合作，落实超大城市更新"的新模式。"政企合作"的最大亮点就是探索出一条适应市场化运作的新路。这是引入市场之手、推动功能性国企参与旧区改造的全新探索,打破思维定式和路径依赖,多策并举破解旧区改造资金、容积率、风貌保护等重点、难点问题。

上海地产集团组建之初,即被赋予城市更新的功能定位。2018 年 7月 31 日,上海市政府举行"黄浦区、静安区、虹口区、杨浦区与地产集团旧区改造签约仪式",时任副市长时光辉出席签约仪式。此次旧区改造合作协议的签订,是落实市委、市政府关于加快推进旧区改造、进一步改善市民群众基本居住条件等工作要求的重大举措,也是强化地产集团组建时的城市更新功能定位、充分发挥国有企业作用的内在要求。

2018 年 10 月,上海市城市更新建设发展有限公司成立。2019 年 2—4 月,虹口、黄浦、静安、杨浦四家更新公司成立。通过市、区两级城市更新公司平台,具体推进各区旧区改造工作。2019 年 6 月 26 日,黄浦区与上海地产集团签订关于乔家路旧区改造项目合作框架协议,标志着"市区联手、政企合作、以区为主"的旧区改造推进新模式迈出了实质性的一步。

2020 年 7 月,上海市城市更新中心成立,是全市统一的旧区改造功能性平台,具体推进旧区改造、旧住房改造、城中村改造及其他城市更新项目的实施,重点参与推进黄浦、虹口、杨浦、静安等区成片二级旧里以下房屋改造攻坚。成立城市更新中心,是上海破解旧区改造资金和收储难题、构建政企合作新模式的一项创举。城市更新中心揭牌当日,时任市委书记李强表示,这是一次机制体制上的改革,不仅是为了几块成片旧里城区的改造,更重要的是着眼于城市未来有机更新的谋划。

上海为城市更新中心赋权、赋能,完善政企合作项目的实施管理流程(图 3-10)和制度,从融资、规划设计、征收补偿、招商引资等方面,推进旧区改造、更新项目的全流程落地。在资源支持上,梳理上海优质平衡资源注入市城市更新中心,为项目搭桥、资金平衡提供支持保障。在赋权赋能上,赋予市城市更新中心规划调整参与权、土地一二级联动开发权、持有转让决策权。在规划编制上,市城市更新中心牵头旧

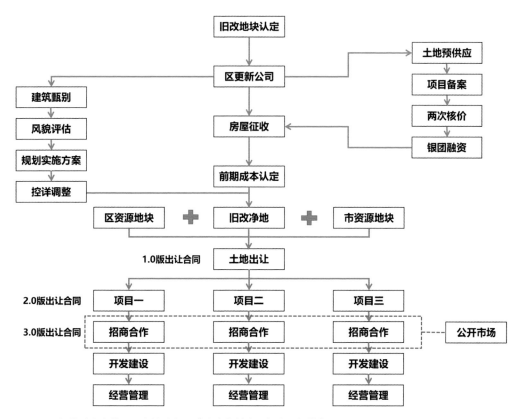

图 3-10　细化政企合作项目实施流程图（上海市城市更新中心提供）

区改造项目由市城市更新中心负责搭建平台，了解市场需求，市规划和自然资源局、市城市更新中心共同研究确定更加契合市场需要和开发设想的规划设计条件，高效推动规划实施方案的切实落地；在制度保障上，从土地供应、二级开发等方面创新政策保障，在确保城市功能品质提升的前提下，支持政府功能性企业增强资金统筹平衡能力，参与旧区改造工作。

　　上海成立政企合作平台具有示范效应。"对上海而言，政府在城市更新中的作用很大，上海不仅要求'开发商给一笔土地出让金，就划一块地给它运营'，而是对开发商商业运营能力、资金实力、产业规划、发掘旧区文化底蕴等提出综合要求。"加上中心城区旧区改造地块产权分散等原因，由上海地产集团带头操作具有号召力，也能协调各区的利益争执。此举更好地对接政府和市场，发挥市城市更新中心的平台作用，做好综合服务集成商。

规划编制。开展旧区改造项目的规划方案研究，兼顾民生改善和风貌保护。市规划和自然资源局立足于切实处理好旧区改造与风貌保护的关系、更高程度提升价值、更多维度塑造品质，通过风貌评估、功能策划、城市设计、经济测算，形成"一地一策"方案。方案注重功能策划与市场价值的结合，注重政策口径与实施路径的结合，注重建筑设计与实施建设的结合，为市政府决策和旧区改造项目实施提供了有效支撑。一是多元方法保护风貌。分级分类保护和活化历史建筑，延续地区整体风貌格局，塑造新旧协调的城市空间。二是更高程度提升价值。丰富功能配比，在居住、商业、办公等业态基础上，注重增加文化触媒，提升地区文化特色价值，产品设计中精准匹配市场需求。三是更多维度塑造品质。以适应现代使用需求为导向，在历史建筑改造中注重在结构、消防、通风、日照等方面的提升；同时在街区更新中，因地制宜完善公共服务、基础教育等设施配套，增加广场、绿地等开放空间，优化生活环境水平和景观形象。

市城市更新中心对接旧区改造项目，一二级联动模式和市场招商需求，以"功能提升、风貌保护、促进实施"为目标，按照"坚持留改拆并举、深化城市有机更新"的总体要求，参与规划编制，体现市场开发诉求，充分挖掘旧区改造土地资源价值。形成规划设计编制"四步走"工作流程，促进旧区改造规划编制和实施联动。一是开展历史建筑细化甄别、风貌评估和历史人文研究，摸清建筑遗存、风貌特征和文化资源。二是组织市场企业参与，开展规划实施方案设计，寻求重塑风貌、重现功能的最优规划方案。三是配合规划管理部门，开展风貌保护法定规划的编制，落实保护要素和要求。四是通过项目"场所联动"，遴选最优秀的风貌保护设计方案和市场开发企业，共同参与项目实施。

通过规划"搭平台"，市城市更新中心组织市场团队参与各阶段规划设计，总结形成保障市场方案落地所需的建管、绿化、文保、消防、地下空间等规范标准，有效提升产品货值。围绕建筑甄别、风貌评估等规划调整核心内容，形成并稳定规划技术标准，通过沟通，取得市、区规划管理部门支持。如先后完成 17 街坊先行先试，探索实现"场所联动"规划设计方案组织和比选方式创新；老城厢范围内体量最大的旧区改造项目乔家路旧区改造地块、新江湾资源地块控制性详细规划获批；组织完成黄浦区余庆里、新闸路、厦门路、福州路、福建路和虹口区山寿里、余杭路、浙兴里等旧区改造项目规划实施方案编制，为控制性详细规划调整奠定基础；启动东余杭路—昆明路以南旧区改造项目规划优化、外滩源二期建筑甄别、风貌评估和城市设计方案；以及新江湾、世博 A06 等的控制性详细规划审批等。

另外，还加强规划统筹研究。市城市更新中心充分发挥统筹平台作用，针对三处历史文化风貌区的成片区域更新，组织研究机构和市场团队，开展提篮桥地区功能定位与业态策划、外滩第二立面城市更新总体规划方案、乔家路地区总控设计等规划研究，提升规划参与能力。

旧区改造征收。市城市更新中心三年完成旧区改造项目 25 个，涉及中心城黄浦、虹口、杨浦、静安四区共 70 个街坊，用地面积约 118 公顷。改造成片二级旧里以下房屋面积合计约 145 万平方米，房屋征收总投入约 3670 亿元，受益居民 5.3 万户，占全市旧区改造总量的很高比例，担当了全市旧区改造的主力军。

资金保障。市城市更新中心建立"总 + 子"银团贷款模式，通过市场化融资为旧区改造提供资金保障。截至 2021 年 12 月末，累计项目前期投入约 2065 亿元（含房屋征收资金拨付约 2005 亿元），其中资本金投入约 420 亿元，银团贷款投放约 1645 亿元。

过程中，建立专账管理制度。为规范市城市更新中心专账管理，全面反映旧区改造资金和资源使用情况，根据《上海市城市更新中心旧区改造项目实施管理暂行办法》和相关规定，制定《上海市城市更新中心专账管理暂行办法》。按照"资源专用、独立运作、封闭管理"要求，对市城市更新中心组织实施的旧区改造项目投资情况进行全要素、全周期、全过程统计和反映，并形成专项统计报表及报告说明，包括相关资金和资源注入、使用和结余情况，旧区改造项目及组合资源项目全周期成本、收益和平衡等情况。

土地出让。市城市更新中心制定政企合作旧区改造项目前期成本结算工作方案，形成土地预供应、旧区改造与资源地块组合、协议方式出让、前期成本结算、组合平衡的土地获取创新路径。一是经市规划资源局与自然资源部沟通对接，政企合作旧区改造项目用地（包括旧区改造地块及组合的资源地块）可采取协议出让方式；二是经市住建委、市发展改革委、市财政局、市规划资源局、市国资委、市税务局、市审计局等部门反复研究，旧区改造地块和资源地块组合后，按规定经市场评估并集体决策确定后的出让价格，与旧区改造地块土地前期认定成本的差价支付；三是旧区改造地块前期成本由组合后的地块共同分摊。

创新"场所联动"招商合作股转新模式。市城市更新中心会同上海市土地交易市场和上海联合产权交易所，专题研究"场所联动"招商工作，制定《上海市城市更新中心旧区改造项目招商管理暂行办法》。确定以公开方式，通过资格甄别、方案评审评分、产权交易等程序，充分发挥土地市场和产权市场的专业优势，以市场化方式规范引入"资质优、资信优、方案优"的投资主体，同时合理发现项目价值，实现资金快速回笼，与其他企业合作实现地块高质量开发建设。通过"场所联动"，打通土地和股权两大要素市场，围绕"好人家、好作品、好价格"，甄选优质市场主体参与项目开发，虹口 17 街坊（图 3-11）基本打通旧区改造流

图 3-11　虹口区与地产集团签订 17 街坊旧区改造合作协议（虹口区旧改指挥部提供）

程，实现首笔旧区改造资金回笼超 42 亿元。

加快土地资源地块获取，以协议出让方式获取虹口区"17+69"街坊组合地块，实现"政企合作"旧区改造与资源地块组合出让先例，打通旧区改造地块前期成本结算和组合平衡的瓶颈，创新政企合作旧区改造及资源地块土地协议供应的路径。市城市更新中心对司法查封毛地进行处置，通过司法拍卖方式获取黄浦区新绿地块和杨浦区 160 号旧区改造地块土地使用权，并签订出让合同。

虹口区 17 街坊首次试点场所联动成功

2021 年 8 月 9 日，虹口区 17 街坊项目公司开展股权转让网络竞价活动，经现场公证，加权汇总规划实施方案评审得分和竞价得分，确定招商蛇口下属苏州招恺置业有限公司为股转合作企业，并签署合作协议，标志着政企合作旧区改造新机制取得重要突破，基本打通从项目启动、征收收尾、规划调整、土地出让、招商股转旧区改造全流程。这是首个通过上海市土地交易市场和上海联交所"场所联动"招商股转工作机制，实现资金回笼的旧区改造项目，标志着上海"政企合作"的旧区改造新机制取得重要突破。

虹口区 17 街坊是上海地产集团与虹口区政府，探索"市区联手、政企合作、以区为主"旧区改造新机制首批试点地块之一。项目东至江西北路、南至海宁路、西至河南北路、北至武进路，涉及二级旧里以下房屋约 5.6 万平方米，居民超 3000 户。地块内大多为 1910—1945 年建造的砖木结构旧式里弄，房屋破旧，违建普遍，公建不足，存在较大安全隐患，居民盼望改造的呼声十分强烈。

探索旧区改造新机制以来，在市、区政府及相关部门的大力支持下，17 街坊旧区改造工作不断提速，跑出多项全市第一：征收收尾工作耗时仅 16 个月，创本市旧区改造项目征收速度新纪录（一般征收从启动到收尾需要 3—5 年）；第一个按照风貌保护管理要求，获得控制性详细规划调整批复的地块；第一个实施旧区改造地块、资源地块组合出让的项目；第一个通过"场所联动"招商股转工作机制实现资金回笼的项目。

围绕"好人家、好作品、好价格",上海地产集团积极探索旧区改造招商股转新机制,前期引入市场力量,用好市场资源,在兼顾历史风貌保护、区域整体开发和功能提升的同时,加快旧区改造资金回笼速度。

招商准备酝酿阶段。2020年即开始进行招商股转酝酿工作,通过多方案的综合评比和多轮探讨,模拟项目招商流程和交易方式,寻找最优路径。2021年年初,正式组建招商工作专班,会同上海土地交易市场、上海联合产权交易所及相关律师团队,定期协商沟通,严格过程管理,稳步推进招商前期工作。

招商方案稳定和公告阶段。经过前期专题研究,结合市城市更新中心旧区改造项目招商工作实施研究课题成果,形成了稳定可行的招商方案,明确招商标的、竞价方式、报名资格等核心要素。3月22日,在上海市土地交易市场与上海联合产权交易所正式发布招商合作公告,启动招商合作工作。

资格甄别与方案评审阶段。为保证规划实施方案的严肃性和后期风貌保护开发的品质,对报名资格进行严格甄选。会同市、区相关部门及专业团队开展报名企业问题答疑工作。在土地市场和公证处见证下,专家评审小组对报名企业的规划实施方案进行评审评分,确定入围企业,进入公开网络竞价环节。

网络竞价和股转阶段。8月9日,正式开展股权转让网络竞价活动,经现场公证,加权汇总规划实施方案评审得分和竞价得分,确定招商蛇口下属苏州招恺置业有限公司为股转合作企业,并正式签署合作协议。本次股转标的为17街坊项目公司(上海弘安里企业发展有限公司)80%股权,预定可回笼资金超42亿元,剩余20%股权由虹口更新公司继续持有,按照一二级联动模式,探索开发建设新的机制。

上海市城市更新中心提供材料

持续开展课题研究,提供政策突破支持。上海市城市更新平台公司根据具体工作需要,共启动8个课题研究,涵盖资金拨付、规划设计、项目实施等多个方面。课题成果均结合业务操作路径予以实质性落地。如由市人大常委会委托集团非驻会委员工作室承担的城市更新法治化研究课题等。

上海旧区改造的操作机制历经变化。20世纪90年代的危棚简屋改造由市建委牵头。2009年，上海成立全市旧区改造领导小组，市长任领导小组组长，分管副市长任副组长，旧区改造领导小组办公室（市旧改办）设在市建委，市政府分管副秘书长担任市旧改办主任，级别非常高。上海很多领导都曾担任过相关职务。2018年，市旧改办实现实体化运作，有专门的工作人员，开展旧区改造计划的编制、政策的制定与完善、工作的协调与推进，确保了旧区改造项目的顺利实施。一路走来，市旧改办全力以赴推进旧区改造，发挥了重要作用，作出了重要贡献。

上海旧区改造工作离不开各个部门的鼎力支持，特别是"两委三局"，即市发展改革委、市建委、市规划局、市财政局、市房管局，形成了紧密的团队，大家形成合力，在具体操作上，各自承担相应任务，一路协同推进。

各个区全力推进旧区改造。相关区主要领导亲自挂帅，成立领导小组，设立区旧改办，而且都是实体化运作。各区设立征收事务所，具体操作旧区改造征收工作。街道、居委也都成立相应的旧区改造班组，全力配合。各区旧区改造吸引了方方面面的干部，变成了培养干部的摇篮。

三十年来，为了完成旧区改造任务，市、区都动用了各类资源和力量，没有各方面的资源配置，没有各方面的鼎力支持，没有各方面的科学布局，就很难完成旧区改造这项宏大工程。有很多领导经历过旧区改造，一轮一轮，一茬一茬，都是始终如一。三十年里，旧区改造没有停顿过。正是有了这样的组织架构、干部配备，从资金、资源等各方面全力聚焦，才取得如今这样的成绩。

上海市城市更新建设发展有限公司董事长 赵德和

2. 以区为主推进

各相关区作为旧区改造的第一责任人，勇担主体责任，按照改造计划、改造方式、实施路径，结合旧区改造地块实际情况，强化实践探索，细化落实各项保障措施，持续攻克毛地地块处置、基地收尾、资金筹措、民生配套、信访维稳等难题，以实际成效取信于民。

（1）黄浦区

在黄浦区，区委、区政府高度重视旧区改造工作，区旧改办全力协调各相关部门，强化市、区、街道、居民区党组织四级联动，逐级明确党建工作任务，区委履行第一责任，街道党工委履行直接责任，居民区党组织履行具体责任，以"四级联动"的组织体系为"动力主轴"，并首次在宝兴里形成区级层面构建旧区改造项目"党建联席会议＋临时党支部"的党建工作组织架构，设立政策咨询小组、矛盾调解小组、问题解决小组等 6 个小组，加大对各类组织力量的统筹整合，实现指挥有力、功能互补、协同推进（图 3-12）。

面对征收工作中的种种难题，黄浦区始终用创新的思维和办法应对，解决前进路上的新情况、新问题，敢为人先，先行先试，屡屡创新机制。1992 年，"斜三"基地首先以土地批租方式实施旧区改造；2002 年，在瑞金医院专家楼项目动迁中，首次提出"阳光动迁"理念；2005 年，旧区改造动迁项目首创党建联建机制；2009 年，原卢湾区 45 街坊建国东路 390 号基地首次试点"征询制、数砖头＋套型保底"新机制等；2019 年，宝兴里旧区改造基地探索了"群众工作十法"，成为在旧区改造项目中做好群众工作的样板。

2020 年，根据上海市委、市政府关于进一步加快推进成片二级旧里以下房屋改造的总体要求，黄浦区结合工作实际，研究制定了《2020—2022 三年旧区改造攻坚计划》，通过市区联合储备、区级单独储备、地

图 3-12　2020 年 9 月 25 日上午，黄浦区召开党建引领旧区改造工作推进会（黄浦区旧改办提供）

产集团政企合作平台（图 3-13）和遗留毛地处置等多个渠道，想方设法加快民生改善。黄浦区委书记杲云、区长沈山州、分管副区长洪继梁等领导深入一线，包户包案，起到临界突破作用。机关干部下沉基地、分片包干、责任到人，面对面、点对点了解居民实际情况，把工作延伸到弄堂口、灶披间、屋顶头，对排摸出的重点对象、复杂对象进行全过程情况跟踪和矛盾化解（图 3-14）。三年攻坚以来，黄浦区已累计实施 46

图 3-13　2021 年 7 月 8 日，黄浦区委书记杲云调研旧改工作（黄浦区旧改办提供）

图 3-14　2022 年 1 月 5 日，黄浦区旧区改造项目区属企事业单位征收工作推进会召开（黄浦区旧改办提供）

个项目，5.8 万户居民告别旧里、住上新居。2022 年以来，黄浦区坚持一手抓疫情防控、一手抓任务推进，完成余留 10 个成片旧区改造项目，涉及 1.1 万户居民。

2022 年 7 月 24 日，黄浦区打浦桥街道建国东路 67、68 街坊居民以 97.92% 高比例顺利通过二轮意愿征询，标志着黄浦成片二级旧里以下旧区改造征收全面完成（图 3-15）。

图 3-15 2022 年 7 月 29 日，《解放日报》关于黄浦区旧区改造的报道（黄浦区旧改办提供）

旧区改造是上海城市发展史上浓墨重彩的一笔

黄浦区委常委、常务副区长 洪继梁

三十年旧区改造，在上海城市发展史上是浓墨重彩的一笔。不仅改善了市民的居住条件，还实现了城市功能的转型与提升，城市空间得到了优化，城市品质得到了提升。作为一名参与者，我感受深刻。

一是坚持以人民为中心。坚持将"人民城市人民建，人民城市为人民"重要理念作为黄浦区旧区改造的工作指引。这三十年，尤其最近五年，在推进旧区改造的过程中，碰到的难点、瓶颈特别多。黄浦区深入践行习近平总书记人民城市重要理念，通过不断改革创新，坚持统筹发展，坚持把人民利益放在首要位置，坚持"一张蓝图干到底"，持续不断开展旧区改造攻坚，在历届党委、政府的不懈努力下，最终全面完成区域内成片二级旧里以下房屋改造。

二是坚持改革开放。三十年旧区改造的历史，也是持续地推动改革和创新的历史。既有体制机制上的改革，也涉及组织上的完善和调整，还有方式方法的创新。从以前的政府主导到运用市场机制，从异地安置到逐步完善就近安置、货币安置、产权调换，从最初的"拆改留"到目前的"留改拆"，从解决各类市政基础设施到进一步开放公共空间、营造更好的市容环境等，整个过程贯穿了改革创新。

三是坚持党建引领。旧区改造是一项直接面对老百姓的群众工作。这项工作的"牛鼻子工程"就是以党建为引领，解决好老百姓的"急难愁盼"问题。党的十九大以来，我们坚持党建引领，多措并举做好群众工作，把组织好、宣传好、发动好群众贯穿旧区改造的始终。从最初的党建联建，发展到目前的"宝兴十法"，总结出了一整套通过党建工作开展旧区改造的好机制和好方法，也涌现出很多的感人事迹，得到了绝大多数群众的理解、支持和拥护。过程中，真正体现了关心群众的指导思想，帮助群众改善居住条件，解决群众疾苦问题，维护好群众根本利益。

四是更加注重统筹发展。通过旧区改造，有序实施城市规划。把旧区改造和上海总体发展紧密相连，尤其是贯彻落实中央对上海的战略性要求，将打造国际化大都市作为目标定位。特别是近年来，旧区改造为上海"五个中心"建设提供了强有力支撑。这不仅仅是一项民生工程，也是一项事关上海乃至国家未来发展的重要工作。同时，上海在推动高质量发展过程

2021年10月15日，黄浦区委常委、副区长赵勇、洪继梁一行调研乔家路地块

中更加注重历史文化的传承，加大各类历史建筑的保护力度。尤其是2017年以来，上海从"拆改留"转向"留改拆"，从全市角度进一步调整完善总体规划，更好地围绕高质量发展和高品质生活，贯彻落实习近平总书记提出的尊重、保护历史建筑与风貌的思想。正确把握保护、开放和利用的关系，妥善解决城市更新中民生改善与历史传承的关系。在保护当中实现传承，在传承中实施更新，这是旧区改造工作发展的新的重要阶段。

当然，每一次转变都会面临一系列的难点和瓶颈。党的十九大以来，上海旧区改造提速换挡，通过攻坚克难，集中解决历史遗留下来的各类矛盾和问题，旧区改造工作进入又一个全新局面。尤其是李强书记履新上海后，也高度关注旧区改造这项工作，始终坚持以改革创新为动力，通过"1+15"政策体系和"政企合作"等体制机制创新，实现了旧区改造的全面提速。

五是涌现了一批先进的、典型的人物与事迹。很多同志参与了旧区改造工作，为居住条件的改善作出了贡献。最令人难忘的是征收事务所的一些老干部，如张国樑等，为拆迁、征收工作付出了大半辈子，从年轻干到退休。他和他的团队首创了"阳光征收"，公开、公平、公正地推动旧区改造征收工作。此外，还通过不厌其烦的群众工作，以心换心，以情感人，化解征收中的各种矛盾。

根据访谈整理，标题由编者根据内容提取

"一户一策"通堵点解难点撬支点

相比其他旧区改造征收人员，杨大炜的工作有些特殊。他是黄浦区第三房屋征收事务所企事业单位征收负责人，相比居民，有时候企事业单位面临的情况更为复杂。

黄浦区单位征收主要有三个瓶颈：清退难、公共设施安置难、老字号功能提升难。为此，黄浦区主要在三个方面聚力破解：一是精准施策疏堵点，聚焦单位个性化诉求，坚持"一户一策"，着力疏通签约搬迁的堵点；二是综合协调解难点，全区单位征收中需要搬迁学校8所、医疗设施15处、养老院2所；三是创新思路立支点，以旧区改造征收为契机，结合产业发展规划，立起撬动老字号升级发展的支点。

例如位于中华路的一幢房屋，权利人为一家国企，房屋用途登记为办公楼。但自1960年代起，企业为解决职工居住困难，自行腾挪办公房，将该房屋陆续分配给24户职工家庭作为宿舍居住，至今已六十余年，但因企业归并等历史遗留原因，至今未能解决职工的实际住房问题。

为解决实际情况，杨大炜多次与这家国企领导班子沟通协商，聚焦单位和职工的具体难点，综合施策，最终跟其达成一致意见，即企业放弃24户职工家庭居住部分的使用权补偿，由黄浦区旧改办托底，负责解决居住在该处房屋的职工家庭的安置问题。

杨大炜告诉记者，此次房屋征收，既解决了该国企长期以来的历史遗留矛盾问题，同时也解决了24户职工家庭的实际居住问题，得到了企业、职工家庭和其他各方的好评。

针对公共设施安置等复杂问题，征收事务所积极整合资源，齐心协力攻克难点。比如，申福养老院因前期投入较大强烈反对征收，老人也因担心后续生活保障问题而不支持征收。征收事务所一方面牵头产权方、养老院反复会商完善清退补偿方案，另一方面汇聚民政、卫健、街道合力，多方协调养老床位，做好老人的安置预案，顺利完成清退。

山海苑敬老院是1998年上海市首家由民营资本开办的养老机构，敬老院院长刘立华从不理解房屋征收工作，到体会旧区改造是关系民生的大事好事，再到最终主动配合好政府的旧城区改建房屋征收工作，将83位在院老人全部安全、妥善转院，完成了房屋的征收事宜。过程中，杨大炜等人和刘院长一起，在黄浦区旧改办、区民政局等各条线部门的合力帮助下，具体分析每一位老人的情况，做好老人转院的详细方案，细致的工作得到了老人家属的理解和支持。

此外，黄浦区涉及搬迁的老字号单位共46家，在制定规划时，均充分听取老字号关于后续经营的意见，形成了"整合提升、拆一换一、相对集中"的总体思路，助推老字号功能提升。

在杨大炜看来，在推动单位旧区改造征收攻坚突破的过程中，充分发挥党的组织优势激发了提速的硬核动能。

周楠，《听他们讲述旧改背后的故事》，《解放日报》，2022年7月29日

（2）虹口区

历届虹口区委、区政府始终把旧区改造当作中心任务，不断加大民生投入（图3-16）。2012年，区成立旧区改造和房屋征收领导小组，由区委书记挂帅，区相关部门为成员单位。领导小组下设区旧区改造指挥部，抽调各部门人员实体化运作。在制度和实际运作上整合了各部门、单位、企业的资源和力量，在全区形成了"旧区改造没有旁观者"的良好局面（图3-17）。在基层，建立街道与征收事务所"融合式"共推工作模式。由街道分指挥部与事务所融合式合作结对，通过定期召开情况沟通分析会，解决征收工作推进中遇到的问题；建立与征收项目部"捆绑式"结对工作形式，由街道干部分管同志实行工作对接，协调各项工作有条不紊推进；建立与各档经办人"搭档式"协同工作方式，分别从难到易、从易到难推进。

虹口不断探索旧区改造模式、完善配套政策。以人民为中心，从群众意愿征询、征收安置方案形成，到征收过程监督、居民签约安置等，房屋征收各个环节都融合了群众的意愿和智慧，保障了群众在房屋征收中的主体地位。同时，细化措施，从规划、土地、资金、房源、房屋征收等方面有力支持和助推旧区改造工作，赋能做强，推动能级跃升（图3-18）。

图 3-16 区领导调研虹镇老街（虹口区旧改指挥部提供）

图 3-17 2014 年 2 月 7 日，虹口区召开 2014 年旧区改造房屋征收工作会议（虹口区旧改指挥部提供）

图 3-18 2016 年 5 月 16 日，虹口区旧改指挥部举行征收工作廉洁教育报告会（虹口区旧改指挥部提供）

在举全区之力持续推进旧区改造和城市更新的过程中，虹口区坚持党建引领，创新了多种工作方法。比如创建上海首个移动型旧区改造基地党群服务站，将服务送到旧区改造一线；与上海地产集团合作，实施"市区联手、政企合作、以区为主"创新模式；创新"组团打包""跨街道组团打包"等模式，把多个小地块"打包"成一个项目集中启动、集中推进，加快征收速度等。

2022 年 6 月 30 日，随着 185 街坊、212 街坊、234+247 街坊分别以 97.05%、99.66%、100% 高比例生效，虹口区成片二级旧里以下房屋改造征收工作正式收官。

住房民生无小事、一枝一叶总关情
虹口区委常委、副区长　关也彤

无论是在原徐汇区、浦东新区，还是到虹口工作，我都切身感受到居民对改善居住条件需求的急迫感。来到虹口工作后，这种急迫感愈发强烈。作为老城区，旧区改造是虹口最大的民生，也是最大的发展；是广大群众改善居住条件的殷切期盼，也是事关人民生命安全的头等大事，更是加快虹口区域发展、打造人民群众幸福美丽家园的必经之路。为加快旧区改造步伐，近几年虹口区委、区政府始终把旧区改造工作作为一项最重要、最迫切的首要任务来抓。

一是抓基础，突出一个"顺"字。虹口旧区改造的瓶颈在于资金筹措和盘活。如何加快资金回笼，实现旧区改造启动、收尾、出让等环节无缝衔接是关键。我们坚持旧区改造工作"做在当年、谋划两年、看到三年"；建立了"三库三计划"，即"在征地块数据库、成片未启动地块数据库、零星未启动地块数据库"及"旧区改造新启动计划、收尾交地计划、土地出让计划"；做到"三个同步"，即旧区改造征收与规划同步谋划，规划与土地出让同步推进，土地出让与项目建设同步计划。比如 90 街坊，通过各部门合作、各环节联动，实现了当年启动、当年收尾、当年出让，有效缩短了项目周期，降低了财务成本，加快了资金回笼速度，为启动更多旧区改造项目提供了必要保障。

二是抓作风，突出一个"实"字。旧区改造工作既是践行党的宗旨的具体实践，也是"以人民为中心"发展理念的生动体现，既关乎城区面貌和区域能级的焕新提升，也关系到每家每户的切身利益。虹口区委、区政府高度重视加快推进旧区改造工作，区委书记每月听取旧区改造工作情况、解决工作难题，区长每周召开旧区改造例会抓项目、抓推进、抓落实，形成全区没有旁观者、一级抓一级、层层抓落实的良好机制。我们还坚持党建引领，做实"十全工作法"，创新"3+X矛盾化解机制"等方法，不断为群众解矛盾、破难题。通过一系列切实有效的工作举措，虹口区旧区改造工作越来越受到群众认可。近年来，各项目居民签约率不断攀升，所有地块均能在第一时间达到生效比例，签约率大多都在98%以上，部分地块还实现一轮征询、二轮签约、居民搬家三个100%。在旧区改造工作上，虹口区真正与人民群众共同践行了"人民城市人民建、人民城市为人民"重要理念。

三是抓创新，突出一个"快"字。虹口区是全市人口密度、老龄化程度最高的区之一，也是旧区改造任务最重的区域之一。如果按照常规的方式方法，要全面完成旧区改造任务需要数年的时间。但人民群众等不了，区域发展慢不得，旧区改造任务拖不起。为此，我们一方面依托市里政策支持，如17街坊成为全市第一个落实"市区联手、政企合作、以区为主"政策的项目，从作出征收决定到完成收尾交地仅耗时16个月，跑出了虹口旧区改造"加速度"，不仅为全市同类型项目提供了样板，也为后续项目推进奠定了坚实的基础。另一方面，我们积极探索方法、加大创新力度，在全市首创"组团打包"模式，把若干个街坊、数千户居民的地块组成一个整体项目推进，合并了工作流程，将原先数年的工作量缩短到3个月内完成。2020年以来，我们完成旧区改造2万余户，涉及近10万人。很多受益群众都表示没想到这么快就能享受到旧区改造"阳光政策"，美好生活就在眼前，人民群众的幸福感是对我们工作最大的肯定。

2022年上半年，虹口区克服新冠肺炎疫情带来的不利影响，一手抓疫情防控，一手抓旧区改造推进，全面完成成片二级旧里以下房屋改造任务。下一步，零星地块旧区改造的难度更大、任务更重。站在新的起点上，市第十二次党代会对"两旧一村"的改造提出了明确的要求，广大人民群众对我们的工作也有热切的期盼，切不可有"松口气""歇歇脚"的想法。我们将继续认真落实《上海市城市更新条例》，顺应新形势，利用新思维，提出新办法，解决新问题，以逢山开路、遇水搭桥的干劲、闯劲和拼劲，想方设法解决民生难题，全力回应广大人民群众最关心、最直接、最现实的改善住房条件的需求，尽最大努力提高虹口人民的获得感、幸福感和满意度。

书面访谈材料，标题由编者根据内容提取

虹口首创"场所联动""组团打包"

虹口区旧区改造指挥部常务副总指挥　杨叶盛

一是率先探索"市区联手、政企合作、以区为主"新模式。旧区改造工作是虹口区经济社会发展中的"硬骨头",困难始终存在,矛盾不断涌现。2019年,我们根据上级政策和客观条件的变化,在全市范围内探索施行"市区联手、政企合作、以区为主"的工作模式,与地产集团合作启动17街坊旧区改造,仅用16个月创下全市"四个第一",即第一个作出征收决定、第一个启动居民签约、第一个征收生效、第一个成功交地,为推进旧区改造工作提供了可复制、可推广的成功经验。2020年,北外滩新一轮开发建设启动以来,李强书记亲自关心,明确地产集团全面参与实施北外滩地区旧区改造,政企双方围绕旧区改造任务目标和进度计划,逐一分析研判、逐个拿出方案,在优势互补、群策群力中形成共推旧区改造的强大合力。

二是创新"组团打包"并不断升级,为旧区改造工作按下快进键。在"市区联手、政企合作、以区为主"的旧区改造新路的基础上,通过将多个小街坊"组团打包",集中启动、集中推进,大幅压缩工作时间。2020年6月4日,由7个街坊组团打包的山寿里项目,首日正式签约率达到97.88%。2020年10月26日,涉及6个街坊、6000余户居民的东余杭路(一期)项目以98.69%的高比例生效,成为虹口历史上体量最大的旧区改造项目,也是"十三五"以来全市体量最大的项目。2021年1月28日,地处北外滩核心区域的东余杭路(二期)、余杭路旧区改造项目签约率分别为99.36%和99.33%,惠及5000余户居民,跑出了虹口旧区改造"打包组合"2.0版"加速度",取得了"十四五"旧区改造"开门红"。为了让旧区改造"提档加速",虹口区创新"跨街道组团打包",将"组团打包"升级至3.0版,把分属两个街道的5个街坊打包推进,将原先20多个月的工作量集中在3个月内完成。2021年12月20日,分属四川北路街道和嘉兴路街道的20、55、180、162、163街坊,首日正式签约率达到98.66%。

三是落实责任体系,形成旧区改造强大合力。虹口区旧区改造团队由区旧区改造指挥部抓总,区建管委、区规划资源局、区房管局主要领导分工包干，协同推进收尾地块。各街道分指挥部分别安排处级领导干部下基地包干，加强拆房基地管理，形成旧区改造没有旁观者的工作氛围。

书面访谈材料节选，标题由编者根据内容提取

（3）杨浦区

杨浦区成立区旧区改造工作领导小组，领导小组办公室即区旧改办统筹有关部门积极推进旧区改造。建立区旧区改造指挥部、街道（镇）分指挥部、征收事务所"三位一体"工作组织架构。区旧区改造指挥部强化"指导、协调、监督、服务"工作职能。街道分指挥部着重发挥其地域优势和群众工作优势，通过牵头"分片划块"在促进签约、矛盾化解、帮困解难等方面发挥积极作用。征收事务所重点做好被征收居民政策方案宣传、解释和签约服务工作。另外，还创新搭建"六位一体"工作平台，让区旧区改造指挥部、街道旧区改造分指挥部、居委干部、征收实施单位、驻基地律师、社区法律工作者等协同服务，采用"三进九出、五加二、白加黑"工作机制，为征收工作提供最新优保障（图3-19、图3-20）。

图3-19 2021年1月20日，杨浦区举行旧区改造誓师大会，杨浦区机关干部和征收工作人员在宣誓（杨浦区旧改办提供）

图3-20 2020年，杨浦区举行旧区改造和城市更新立功竞赛推进会（杨浦区旧改办提供）

图 3-21　2021 年 11 月 28 日，杨浦区举行完成成片二级旧里以下房屋征收工作新闻发布会（杨浦区旧改办提供）

图 3-22　2021 年 11 月 22 日，《新民晚报》多篇幅报道杨浦旧区改造（杨浦区旧改办提供）

在旧区改造推进过程中，一方面，不断丰富"阳光"旧区改造工作机制。"十一五"初期，首先是在动迁基地上施行"六公开"。在 2008 年黄浦江渔人码头三期和 40 街坊小范围试行结果公开的基础上，2009 年率先在全市重点旧区改造地块（平凉西块）全面推行动迁安置结果全公开，将签约居民的动迁安置协议和选房结果全部在基地内公示，实现了真正意义上的"阳光动迁"。坚持规范流程，精细操作，研究制定了菜单式动迁方案和房源使用、资金管理、维稳前置等一整套操作规程。探索设立"法律咨询服务窗口"和"旧区改造基地巡回法庭"，帮助协调居民家庭各类"疑难杂症"。

另一方面，探索完善旧区改造征收全过程管理体系，从队伍管理、资金管理、房源管理、司法强制执行工作等方面构建体系，于 2015 年出台《关于深化旧区改造工作全过程管理的实施意见（暂行）》等"1+4"系列文件为支撑的全过程管理文件体系。强化旧区改造项目全过程管理的进度指标，突出旧区改造项目全过程管理的重点难点，加强收尾工作组织领导和日常管理，强化收尾责任落实和考核机制，注重强制执行后续管理。

2021 年 12 月 28 日，随着长海 369 号地块的旧区改造生效，杨浦"旧区改造大决战"取得全面胜利。至此，杨浦区全面完成成片二级旧里以下房屋改造征收工作（图 3-21、图 3-22）。

以阳光征收的旧改实践，走出民生改善的新天地

杨浦区委常委、副区长　徐建华

　　回顾杨浦的发展历史，杨浦的转型发展史也是解决困难群体住房难的旧区改造史。杨浦作为典型老工业区，城区面貌旧、底子薄、二级旧里大片存在等情况深深阻碍着杨浦的转型发展。因此，加快推进旧区改造既是对杨浦居民殷切期盼改善住房条件的回应，也是提升城区功能形象迫在眉睫的需要。

　　杨浦旧改 30 年来，在实践中形成了一些宝贵的经验。比如，"365"危棚简屋改造过程中，我们感到要解决基地收尾速度慢、难度大的问题，首先要消除居民"患不均"的疑虑，让居民相信"阳光动迁"。于是，我们在实践中探索了一些卓有成效的阳光动迁新机制、新做法。从"十一五"期间探索阳光动迁"六公开"，发展为后来的"十公开"，再到 2009 年率先在全市重点旧改地块（平凉西块）全面推行动迁安置结果全公开，实现了真正意义上的"阳光动迁"。2010 年，杨浦探索在新启动基地使用阳光动迁信息管理系统，居民可以通过触摸屏直接查询、了解和掌握基地居民所有安置信息，做到依法、公开、透明、规范，切实保障了阳光征收（动迁）政策一竿子到底，真正做到"公开、公平、公正"。通过不断完善政策方案，从源头上保证征收（动迁）工作更加公平合理，杨浦旧区改造工作呈现出操作透明、公信监督、邻里共建、上下齐心的格局。

　　2009 年，河间路南块基地作为全市旧区改造试点基地之一，在全市率先试点拆迁地块"数砖头 + 保障托底"补偿安置新政策，以"拆一还一，户型保障，多元安置，市场评估"为原则，对真正有居住困难的居民和特殊对象依政策进行"保障托底"。一方面体现了政府关怀，维护了居民合法利益，另一方面将那些钻政策空子的投机者隔绝在保障范围之外，切实维护旧改政策的公正性，为营造旧区改造阳光、透明的大环境起到了积极作用。该地块作为全市首个试点"数砖头 + 保障托底"政策的基地，三个月时间内达到签约率 90%，并在当年年底完成全部居民的签约，充分体现了居民对当时政策的认可。这一成功经验对推进杨浦旧区改造依法公正、公开诚信、和谐有序开展起到了关键性的作用，也为全市拆迁工作起到了很好的示范引领作用。

　　经过多年的探索实践，区委、区政府充分认识到旧改工作的可持续发

展和瓶颈问题的突破需要形成职责明确、多方参与、高效有序的全过程管理模式。杨浦的全过程管理在队伍管理、资金管理、房源管理、司法强制执行工作等方面形成体系，以注重收尾，注重协调，注重发挥区旧改指挥部、街道分指挥部、征收事务所"三位一体"作用为基本原则，为杨浦旧改工作提供有力的制度保障和决策支持。通过对旧改项目的规划、立项、两轮征询、收尾、土地出让等环节进行全过程的科学管理，努力缩短旧改周期、减少资金沉淀，实现成本、进度、稳定的有机统一，确保旧区改造的健康可持续发展。旧区改造全过程管理，有助于旧改工作人员在实际操作中秉承阳光征收的理念，用规范和制度确保政策前后一致，坚持贯彻群众路线，同时合理控制成本，确保杨浦旧改工作的可持续发展，让更多旧里居民共享改革发展的成果。

我们在旧改工作中始终坚守群众立场。在制定征收补偿方案阶段，充分保障居民的知情权、参与权、监督权；在方案征询阶段，组织听证会、论证会，广泛征求包括居民代表、职能部门、行业专家等在内各方对征收补偿征询方案的意见和建议，不断优化完善补偿方案；在签约推进阶段，在不断巩固、完善区旧改指挥部、街道分指挥部、征收事务所"三位一体"工作架构基础上，深化"分片划块"机制，逐步形成"整体联动、分片包干、层层结对、全面推进"的工作机制。通过点对点、面对面、深入一线的工作方式，逐个化解矛盾、攻克难题。坚持传承人口清、面积清、社会关系清、利益诉求清的"四清"工作法，把群众工作做在正式启动签约前，在摸清底数的情况下，为征收户量身定制安置方案。在实践中改变以往传统动迁做法，采取"先难后易"策略，"抓两头、带中间"，在居民得益最多、政策资源最丰富的奖期中，优先帮助家庭困难、矛盾复杂的动迁户解决实际困难，取得了良好成效。

本文为书面访谈材料

"量身定制"是江浦 160 基地快速成功的重要秘诀

江浦 160 街坊旧区改造征收项目是杨浦区第一个以"市区联手、政企合作、以区为主"的全新征收模式开展的旧区改造基地，有非常特殊的意义，因此我们事务所上下都高度重视。在项目推进过程中，将事务所所有骨干力量精准投放，下沉一线，加速项目推进过程。

"量身定制"是我们江浦160基地快速成功的重要秘诀。针对不同居民的不同实际情况，事务所以"专题＋专会"的模式分析研究每户安置方案，以"专班＋专案"的模式推动矛盾化解。摆脱以往司法常规操作，注重人性化打造，前置化解矛盾纠纷，最大限度地降低信访增量。不仅没有影响基地整体收尾进度，同时还切实提高了居民满意度，以"人性化"旧区改造推动"我为群众办实事"真落地、见实效。

让我印象最深刻的是整个基地的最后一户居民，也是情况最为特殊的一户居民。3层的小楼实际居住着8组大家庭，居住困难申请人数高达37人，其中街道登记在册的重大疾病人员就有8人，现实的生活困难和庞大的家庭结构使得安置协商工作陷入僵局。而复杂的家庭矛盾及高达13位的共有人数更是让我们的征收推进工作举步维艰。面对种种推进阻碍，我们工作人员不遗余力地主动上门，耐心细致地进行群众工作。从一盘散沙、各自为阵，到多方让步、坐下协商，再到回归亲情、顾全大局，最后顺利征收、成功签约，我们经办人以真情换得居民的满意和认可。从走得上门、说得上话，到陪同居民实地踏勘保障房源，帮助居民安置搬迁，以种种贴心举措回应了居民的现实诉求，最终实现江浦160基地的顺利收尾，也是我们事务所"我为亲人搞征收"服务理念的真实体现。

杨浦区第三征收事务所提供

（4）静安区

"撤二建一"以来，静安区坚持把旧区改造作为最大的民生工作，举全区之力，汇各方之智，于2020年4月率先完成成片二级旧里以下房屋改造任务。围绕旧区改造这一"上海的精准脱贫攻坚战"，坚决啃下"硬骨头"，兑现责任状。一是在合力机制上重完善。区级层面坚持定期研究旧区改造工作制度，紧抓不放、持续推动。条块层面通过进一步做实做强旧区改造总办，统筹协调面上工作，研究解决共性问题，高效办理相关手续。项目层面建立各旧区改造基地临时党支部，加强党建联建，形成推进合力。强化区、街道两级旧区改造指挥部的分工协作职能，形成领导小组指挥决策、旧区改造总办统筹协调、街道社区参与、征收事务所一线操作的管理模式，完善"职、责、权"相对应的责任体系。强化属地责任，更加注重发挥以街道为主体的一线推进作用，加强人员配备，确保街道在旧区改造工作中介入的深度和广度。多角度、全方位地发挥街道特有的组织优势、社会资源优势和群众工作优势，实现重心下移，在宣传教育、矛盾化解、托底帮困等方面做好居民工作，多方整合，"一对一"精准施策。二是在财力保障上重倾斜。坚持政府财力优先保障旧区改造等民生工作，"十三五"以来区级财政投入旧区改造已超过1000亿元。同时，积极推进市区联手土地储备和吸引社会资金，切实保障资金供给。三是在人力资源上重配强。把旧区改造战场作为培养、锻炼、发现干部的重要基地。"撤二建一"以来，静安区先后抽调和选派到旧区改造一线的干部超过200人次，进一步充实旧区改造工作力量，同时也让他们在实践中加快成长（图3-23、图3-24）。

图3-23　静安区（原闸北区）召开2012年旧区改造工作大会（静安区旧改总办提供）

图3-24　2015年3月24日，静安区（原闸北区）政府与浙江龙盛集团股份有限公司签署华兴城旧区改造开发战略合作协议（静安区旧改总办提供）

广大干部始终尽最大努力满足最广大群众的利益要求

静安区副区长　李震

　　我目前分管静安区旧区改造工作，以前也在一线参与过旧区改造征收。作为近些年静安区大规模旧区改造的亲历者、见证者，我感受最深的是，广大干部始终尽最大努力满足最广大群众的利益要求，认真学习新政策，研究新情况，解放思想、大胆创新，聚焦重点、破解难题，市区联手、协同推进，努力探索符合旧区改造规律的工作方式和方法，推动征收氛围越来越好，征收结果公开、公平、公正，得到了老百姓的拥护。最有说服力的是，"十三五"以来我区各征收基地在签约期内的签约率普遍在99%以上，其中超过10个成片地块达100%。

在推进过程中，我们坚持把依法依规、公平公正作为推进旧区改造工作的第一要素，通过严格执行"全区一致、前后一致"的铁律，不断强化居民和政府、居民和旧区改造实施单位的互信，切实加快旧区改造征收进程。一是抓好制度设计这一关键，在旧区改造启动一开始就坚持"五个统一"（统一计划管理、统一资金管理、统一房源管理、统一队伍考核、统一政策方案），科学设计征收过程中的每个环节，从源头上提高规范化、科学化、精细化水平。二是抓牢全程公开这一核心，将所有操作环节通过告示、媒体、网络等途径向群众公开公示，接受社会监督，以"过程全透明、结果全公开"杜绝"直筒裤"变"喇叭裤"的可能性。三是抓实科技助力这一支撑，依托互联网、大数据等现代科技手段，建立统一的区房屋征收信息管理系统，实现所有数据动态留痕、可以追溯，同时通过二维码扫号等手段保证抽签、签约等的公平公正。

旧区改造让老百姓得到实惠。让我花更多精力的是收尾，这是一大难点，其推进力度和质量如何，不仅关系到征收居民和单位的切身利益，还关系到前后政策的连贯性，关系到党和政府的声誉和形象。我们坚决啃下"硬骨头"，充分发挥条块协力，强化属地责任，强化以专项促推进、以专业促推进的意识，依法加快结转基地收尾工作。重点推进四项机制建设，包括落实收尾联席会议制度，双休日定期召开收尾工作会议，逐户分析难点，采取针对性措施解决问题；落实司法执行新机制，缩短收尾时限；落实单位征收推进新机制，统筹推进市属、区属以及转制企业的征收工作；落实考核奖惩新机制，加强收尾考核，奖优罚劣，激励担当，调动征收事务所收尾工作积极性。2016—2021年，洪南山宅、宝山路街道"四合一"项目等26幅成片二级旧里以下地块实现收尾。2021年年底，静安区历年结转的成片地块已经全部完成收尾，取得了决定性的胜利。

目前，我们在推进零星地块的改造，也把收尾和启动放到了同样重要位置，积极探索提高零星地块改造工作效率、效益的新机制、新做法，全力推进"拉开即收尾"。始于 2020 年下半年的零星地块改造，除了有 1 幅终止征收决定外，其他已经启动二轮征询签约的 14 幅基地均实现了"拉开即收尾"的目标。

书面访谈材料，标题由编者根据内容提取

"科技 + 制度 + 作风 + 服务"引领旧区改造
静安区建管委原党工委书记　周伟良

我从事动迁工作很早，2006 年闸北区旧区改造总办成立我就参与了。后来在闸北区建管委党工委书记、静安区建管委党工委书记、静安区旧区改造总办主任任上，我在一线亲自组织实施了安康苑、华兴新城、张园、宝山路街道 257、258 街坊等多个大型旧区改造项目，其中的酸甜苦辣一言难尽。

如果说我为老闸北、新静安旧区改造作了一些贡献的话，归纳起来，我觉得自己应该是从旧区改造实际出发，积极主动创新举措，千方百计破解难题，为加快推进旧区改造提供了支撑。

一是创新探索"保护性征收"方式。有着"海上第一名园"之称的张园，较完整地留存了近代上海弄堂风貌，但由于区域内绝大部分建筑为旧里，居民要求改善居住条件的呼声很高。我区在张园率先实行"征而不拆、人走房留"方式，为全市旧区改造积累了经验。

二是创新突破"毛地重启"瓶颈。我区中兴城三期作为历史遗留的"毛地出让"征收地块，在市相关部门的大力支持下，历经数十轮协商谈判，终于达成合作框架和委托征收协议，在搁置 16 年后重新激活启动征收。目前，该地块也完成了收尾。

三是创新实施"市区联手、政企合作、以区为主"模式。我区与地产集团合作，在洪南山宅地块率先运用这一旧区改造征收新模式，并成为上海首个正式启动项目，集中签约当天 12 小时内居民签约率即突破 97%。

在多年旧区改造实践的基础上，我总结归纳，提出了"科技 + 制度 + 作风 + 服务"的旧区改造工作理念。"科技"指的是充分利用现代科技成果，运用互联网、大数据等信息网络技术，改进旧区改造管理手段，促进公平、公正。"制度"指的是建立健全"四清"核查、方案测算、信息化运作、群众工作等一系列旧区改造规章制度，用制度来保障旧区改造征收过程全阳光、全透明、全参与、全监督。"作风"指的是打造一支懂政策、善攻坚、肯奉献的征收队伍，在旧区改造实践中明使命、转作风、强担当。"服务"指的是在征收的诸多环节中，心中有群众，尊重群众主体地位，服务好被征收居民。

　　经过方方面面的努力，2020年4月28日，随着宝山路街道31、149、150、152街坊地块高比例生效，静安区成片二级旧里以下房屋改造任务全面完成。作为一名重要参与者，我倍感荣幸，也为被征收居民能够改善居住条件、住上新房由衷地感到高兴。

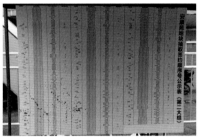

安康苑地块抽取签约顺序号公示表

安康苑旧改基地签约首日现场

安康苑旧改基地一轮征询投票

安康苑旧改基地政策咨询现场

居民排队抽号

居民签约

　　　　书面访谈材料，标题由编者根据内容提取，图片由静安区旧改总办提供

3．加强队伍建设

随着 2012 年"市政府 71 号令"的颁布、上海旧区改造政策的重大调整，动迁企业的模式发生了根本性改变，从以营利为目的经营向以服务为主的劳务输出模式转变，员工从松散挂靠到合同制用工转变。房屋征收行业不断探索青年人才培养机制，提高整体征收队伍素养，提升为居民服务水平。

（1）队伍建设，提升行业准入机制

转变传统观念，以知识赋能。整体素养的提升更有利于推进征收行业的发展，队伍建设在征收工作中占据着重要地位。从 2007 年开始，上海安佳房地产动拆迁有限公司（简称安佳公司）成批招聘大学生从事动迁工作，当时存在不少反对的声音，认为小青年做不好。三十几个大学生，在专业人士的带领下，学习"阳光动迁"机制的方式方法、规范操作、语言艺术和沟通技巧，综合提升交流能力、应对能力和综合协调能力。同时为提升青年人员的工作积极性、激发工作潜力，安佳公司坚持有为有位，采用竞争上岗，把想干事、肯干事、能干事的员工安排到最能发挥其才能的岗位上，优化干部人才梯队。经过十余年的磨砺实践，这支以年轻化管理层为骨干的专业征收队伍已成为旧改队伍的中坚力量，与行业的发展融为一体。

2020 年，黄浦第一征收事务所（简称一征所）蓄力再发，继续与华政等名校对接开展线上"云宣讲"，鼓励优秀青年学子投身到旧改征收一线，既充实了旧改工作的力量，提升队伍的整体素质，又为高校毕业生解决了就业难题。通过新老"传帮带"形式，他们从毫无经验的"新手"，成长为独当一面的征收"主力军"，这些年轻人在这里完成了自我能力的提升和蜕变，也交出了一份亮眼的成绩单（图 3-25、图 3-26）。

规范行业准入，以知识升维。2012 年，为加强行业人才队伍建设，

图 3-25　2020 年 5 月 22 日下午，黄浦一征所开展 2020 年高校大学生招聘"云宣讲"活动（黄浦第一征收事务所提供）

进一步规范行业执业标准，在市住建委和市房管局房屋征收管理处指导下，全市开始构建国有土地上房屋征收执业监管机制和人才准入机制。2017 年，为进一步加强本市各房屋征收事务所及其房屋征收工作人员管理，规范国有土地上房屋征收补偿行为，保障被征收人合法正当权益，根据《上海市国有土地上房屋征收与补偿实施细则》（市政府 71 号令）等有关规定，出台《关于进一步加强本市房屋征收事务所及其房屋征收工作人员管理的通知》（沪房征收〔2017〕9 号），明确市、区房屋征收部门要加强房屋征收事务所及其征收工作人员岗位业务培训，建立常态化、规范化、制度化的业务培训机制，要求从业人员必须

图3-26　2020年6月28日，黄浦区一征所进行新进职工培训（黄浦第一征收事务所提供）

持有市房屋征收主管部门核发《上海市房屋征收岗位水平证书》，年龄在18周岁以上、60周岁以下且具有大专以上文化程度的自然人可参加房屋征收工作人员岗位教育培训。同年，全市国有土地上房屋征收上岗证培训工作从行政管理调整为行业管理，市房协征收工委负责组织开展培训和考核工作。

截至2021年，在市房屋管理局房屋征收管理处指导下，市房协征收工委协已累计组织房屋征收人员培训9000余人次，为行业选拔了近6000名持证上岗的专业性工作人员，大幅提升了从业人员素质和业务水平，保证征收服务规范和服务质量，推动房屋征收行业向专业化、规范化发展。

（2）人才培养，助力行业创新发展

行业的发展离不开行业人的成长。不管是理论创新、技术创新还是流程创新，其背后都是一批又一批征收人的努力和付出。在此背景下，行业大力弘扬劳模工匠精神，厚植精益求精、勇于创新的工匠文化，依托一个个创新工作室，持续建立健全人才培养体系和工作机制。

黄浦一征所成立上海市张国樑房屋征收劳模创新工作室，推行“寻找后浪、携手奔涌”新老成员“1+3帮带结对”互促机制，采用“传帮带”形式，传承优秀经验，由1位老成员带领3位新职工，因材施教，加强职业培训和规范化管理；建立“优秀工作成果实践智库”，通过专题培训、导师授课、实训操作等形式，将劳模、技术骨干所积累的经验通过分享变成青年集体智慧，实现服务型人才培养传承有序、有力、有效进行。

杨浦第二征收事务所（简称二征所）成立杨栋阳光征收创新工作室，带领青年员工积极围绕项目推进、管理重点、业务难点等问题，开展制度创新、方法创新、培训交流等工作，发挥劳模“传帮带”作用，培树业务骨干和征收后备力量，为社会发展、城市更新不断注入新的活力，全力打造一支高素质、高技能、高品质、高效益的专业人才队伍（图3-27）。

图3-27 2018年12月14日，城市更新政策创新与方法创新策略课题会议（上海市城市更新中心提供）

（3）评先创优，打造行业品牌标杆

2016年，为提升上海房屋征收行业形象，弘扬劳模工匠精神，挖掘推广行业先进经验和做法，搭建一个展示全市房屋征收行业从业者风貌平台，营造"选工匠，学工匠，做工匠"的行业新风尚，市房协征收工委主任张国樑带领劳模工作室青年团队创建了"上海征收"微信公众号，旨在密切行业与人民群众的联系，加强房屋征收政策宣传解读，发布行业权威信息，普及行业知识，回应社会关切。同年，携手《新民晚报》等主流媒体打造了上海市"征收工匠"评选品牌项目并延续至今，先后挖掘了一大批优秀征收工作者和具有代表性的征收项目，累计从各区选送"征收工匠"60名、"工匠团队"12个以及其他先进工作者和团队百余名，"人气之星"网络投票参与人数更是达到80余万，引起了业内外的广泛关注，在引领行业典范、树立工匠精神方面起到了积极作用。同时，依托"征收工匠"平台，在市房管局和市立功竞赛办、市重大办指导下，市房协征收工委择优推荐了多名"市重点工程实事立功竞赛优秀建设者""市重点工程实事立功竞赛建设功臣"，并连续两年举办了"市重点工程实事立功竞赛房屋征收特色项目"评选，为征收行业工作者提供了一份属于他们的独特荣誉，引导广大工作者把工匠精神融入征收工作中，以创新推动工作成效，以竞赛促进行业交流，为上海城市建设发展添砖加瓦（图3-28）。

图3-28　2017年9月，2017年度上海"征收工匠"评选活动启动会（上海市房地产行业协会提供）

旧区改造"加速度"，离不开征收队伍面貌的提升
杨浦城市建设投资（集团）有限公司副总经理　高伟东

曾几何时，征收也就是以前的"拆迁"从业人员，在专业质素、业务能力、规范操作等方面的素养良莠不齐，导致一些负面印象总和拆迁公司如影相随。现在，随着征收队伍"正规化"水平的提升，队伍的面貌也早已焕然一新。一是实现了人员结构上的逐步年轻化。征收工作的节奏在不

断加快，随着时代的进步，一线工作逐渐成为"办 90 后"们的舞台。通过近几年的统一招聘，我们公司引入了一批年轻人和应届毕业生，解决了员工队伍可能产生的"断层"问题，进一步改善员工队伍的整体素质。经过这几年的新老更替，目前我们队伍的平均年龄已经从原来的 53 岁下降到 42 岁，入职学历也在逐年提高，大学生搞征收已经不是什么稀奇的景象。同时，企业也针对员工设计专门的培养路线。在队伍年轻化、高学历化的同时，年轻人的业务能力由于经验不足会有所欠缺。我们着眼于队伍能力的提升，在实践锻炼中培养年轻人独当一面、善于协调的能力；帮助他们树立积极正向的三观，尤其是"前途、金钱、权力"的观念。二是用制度约束提升了团队形象。比如在基地倡导无烟接待环境，办公区域禁止吸烟。又比如制定工作着装规范。首先，随着青年员工的增多，我们队伍平均年龄是降下来了，但居民总会觉得年轻人"嘴上没毛、办事不牢"，给人一种不靠谱、不专业的感觉，通过着装规范、统一政策解释口径、热情服务、公开监督电话等措施给居民一种沉稳、干练、专业、规范的队伍形象；其次，我们征收工作是受政府委托的，因此员工形象关系到政府形象，为了与过去拆迁公司的负面印象区别开来，让居民感觉到我们是一支"正规军"，着装制度上、管理制度上的革新也是适应征收新环境的一种必然要求。

书面访谈材料节选，标题由编者根据内容提取

4．营造良好氛围

历年来，上海市、区旧区改造部门非常重视旧区改造宣传工作。每逢重要节点和重大旧区改造项目收尾之时，《人民日报》、新华社、中央电视台、中央人民广播电台、《文汇报》等中央新闻媒体都会对上海旧区改造进行采访和报道。如《人民日报》于 2012 年 5 月 21 日发表文章《都市村庄的蝶变》，全面介绍改革开放以来上海大规模旧区改造取得的成绩和做法；新华社多次报道上海旧区改造"征询制"等新政实施情况，并得到全国上百家媒体的转发。

《解放日报》《文汇报》《新民晚报》、上海电视台、上海人民广播电台等媒体十分关注旧区改造民生工作，每到重要节点都及时进行宣传和报道，营造出良好的社会舆论氛围。专栏记者下沉到旧区改造一线去挖掘宣传素材，在旧区改造基地蹲点、跟踪记录旧区改造工作推进的全过程，力求及时、准确、高效地掌握旧区改造工作的第一手资料。通过报道先进人物、汇总典型事迹、总结工作方法，营造"比学赶超"的良好工作氛围。

2021 年 4 月 16 日，时任副市长汤志平召开会议研究旧区改造宣传相关工作。市住建委、市规划资源局、市委网信办、市房屋管理局、地产集团，黄浦、杨浦、虹口区政府相关人员参加会议。

2022 年 7 月，上海中心城区成片二级旧里以下房屋改造全面收官，中央媒体、上海媒体都作了大量图文并茂、高质量的报道。如 2022 年 7 月 20 日，中央电视台《新闻联播》在"奋进新征程，建功新时代·非凡十年"栏目，以"上海：潮涌浦江谱新篇"主题，对党的十八大以来上海旧区改造工作给予报道。7 月 24 日，新华社发表《历经 30 年！上海中心城区成片二级旧里改造全面收官》。7 月 25 日，央视新闻《朝闻天下》关注上海旧区改造。7 月 26 日，《人民日报》头版发布图片新闻，关注上海中心城区成片二级旧里以下房屋改造全面收官（图 3-29）。《新华每日电讯》以"上海成片旧区改造历史性收官"为题，深度报道上海成片旧区改造走过的 30 年历程（图 3-30）。《解放日报》《文汇报》《新民晚报》、澎湃新闻、学习强国、上海发布等主流媒体皆对上海中心城区成片二级旧里以下房屋改造全面收官给予专版、专题的深度报道。

上海旧区改造甚至还被搬上艺术舞台。

图 3-29　《人民日报》头版关于上海旧区改造的报道
（黄浦区旧改办提供）

2022 年 9 月，中共上海市黄浦区委宣传部联合策划，上海文广演艺集团和上海滑稽剧团联合出品制作，并获得上海文化发展专项发展基金会市重大文艺创作资助项目，以宝兴里旧区改造搬迁故事为原点进行创作的兰心大戏院年度大戏、都市喜剧《宝兴里》首演（图 3-31）。此前，虹口区创作舞台剧《最后的棚户人家》，在旧区巡回演出，受到居民的欢迎。

图 3-30 《新华每日电讯》关于上海旧区改造的报道（黄浦区旧改办提供）

图 3-31 都市喜剧《宝兴里》海报（《澎湃新闻》）

Chapter 4

群众路线
The Mass Line

旧区改造，征的是房，动的是人，迁的是家。每个居民的家庭情况和预期千差万别，身处旧区改造一线的工作人员，坚持"民有所呼，我有所应"，一切工作的出发点和落脚点都是为了最广大人民群众的根本利益。坚持党建引领，各级领导率先垂范，深入一线，解决卡点、堵点难题，既当"指挥员"，又当"操作员"。各级党员干部发挥党员先锋模范作用，发扬工匠精神，宣讲政策、化解矛盾，既当"前锋"，又当"后卫"。坚持"阳光征收"，公平、公正、公开，"一碗水端平""一竿子到底"，第三方评议监督、审计和监察部门全程参与，通过"制度＋科技"，实现全过程人民民主，全程公开透明，解开老百姓的"心结"，提升政府公信力。坚持"从群众中来，到群众中去"，用好群众路线这个"传家宝"，"心用到""脑用活""力用足"，尽一切努力解决人民群众关心、关切的问题，对问题不回避、有担当，不因事烦而畏难、不因事小而不为，真正把实事办到群众心坎上，助力上海旧区改造跑出"加速度"。

The people-centered approach is the key to the reconstruction and rehabilitation of old districts. The transformation of old districts is a special mass work. Paying attention to the people's interests and demands and respecting their dominant position are the basic prerequisites for gathering their will and doing their work well. In promoting the reconstruction of old districts, Shanghai always emphasized the mass line. Firstly, adhering to the guidance of the Party. Leaders at all levels take the lead, go deep into the front line and solve the problems. Party officials at all levels play the vanguard and exemplary role of Party members, promote the craftsman spirit, publicize policies, and resolve conflicts. Secondly, by sticking to the apparent collection mechanism and "system + technology" strategy, we can achieve fairness and thoroughness, complete public transparency and enhance government credibility. Thirdly, we should be in conformity with the "two rounds of consultant" approach and get residents to participate and supervise the relocation process through extensive consultation, so as to achieve people's democracy throughout the process. Fourthly, adhere to the mass line and use our hearts, wisdom and efforts to make every effort to solve the problems that people are concerned about. In addition, we should insist to third-party review and the participation of the supervision department throughout the process to achieve the supervision of the whole process.

党建引领
Leading by Party Building

习近平总书记考察上海时，对抓好旧区改造提出了明确要求，强调"再难也要想办法解决"。上海牢记总书记嘱托，市委坚持以人民为中心，深化推进党建引领旧区改造，全市各级党组织和广大党员干部怀着"把旧里群众当亲人"的深厚感情，深入群众中检视初心使命，充分发挥党的组织优势，把党建工作融入旧区改造工作，以党建为引领，以创新的思路、办法破瓶颈、解民忧，把党的工作做到旧区改造工作各环节，做到人民群众心坎上，把旧区改造过程变成密切联系群众、赢得民心拥护的过程，有力推动了旧区改造跑出"加速度"。

1. 加强政治引领，激发旧改提速的"硬核力"

上海市把旧区改造作为践行党的宗旨使命的实际行动、践行习近平人民城市重要理念的重要抓手、践行习近平"抓民生也是抓发展"重要指示的重要体现，担负起党的诞生地和初心始发地的使命和责任，坚决打赢旧区改造攻坚战。

一是发挥带动作用。在旧区改造全周期中，时任市委书记李强既是谋划者，又是推动者，先后四次来到宝兴里，聚焦居民群众呼声最高、反映最强烈的旧区改造问题，与居民群众面对面交流，深入调研和剖析旧区改造这民生难题的症结所在，深入思考和研究破解难题的办法，一以贯之地推动旧区改造这一民心工程，示范带动起全市各级党组织和广大党员干部担当作为的精气神和行动力，齐心协力助旧里群众早日实现"安居梦"。

二是凝聚思想共识。全市以深入开展"不忘初心、牢记使命"主题教育、"四史"学习教育和党史学习教育为契机，多层次、多形式、多角度组织开展学习活动，引导广大党员干部正确看待局部和整体、经济和社会等利益辩证关系，不断增强责任感、使命感和紧迫感，自觉将思想和行动统一到市委决策部署上来，设身处地为群众算好民心账、政治账（图4-1、图4-2）。

图 4-1　虹口区旧区改造指挥部与运管中心举行"不忘初心、牢记使命——开放式主题党日活动"（虹口区旧改指挥部提供）

图 4-2　虹口区旧区改造指挥部、北外滩街道党工委中心组联组学习（扩大）会议（虹口区旧改指挥部提供）

三是强化组织保障。市委先后召开旧区改造工作专题会和全市党建引领旧区改造推进会，充分发挥市委党建办沟通协调作用，把组织优势、组织力量、组织资源转化为推进旧区改造的强大动能，破解旧区改造中的"难、堵、卡"问题。同时，明确把党建引领旧区改造工作纳入全面从严治党主体责任和书记抓基层党建述职评议考核的重要内容，保障和推动旧区改造这项重要的民心工程进一步办实办好。各区坚持"一线即为练兵场"，推动广大党员干部冲锋在一线、成长在一线，着力打造一支充满激情、富于创造、勇于担当的干部队伍，打磨和锻炼旧区改造征收工作队伍的新生力量，为加快推进旧区改造提供坚实人才支撑。

2. 加强党建联建，拧紧组织体系的"动力轴"

上海市坚持以党建引领旧区改造，不断深化"政企合作、市区联手、以区为主"的旧区改造模式，以党组织的联建共建带动资源统筹整合，促进协同联动。

一是坚持"上下联动"。以市、区、街镇、居村党组织"四级联动"的组织体系为依托，逐级明确党建工作任务，市里制定政策，区委履行第一责任，街道党工委履行直接责任，居民区党组织履行具体责任，以

"四级联动"的组织体系为"动力主轴",推动相关区探索建立区旧区改造指挥部临时党委、街道分指挥部临时党总支、居民区旧区改造基地临时党支部三级架构,加大对各类组织力量的统筹整合,做到方案制定、房源配置、资金筹措、队伍管理"四个统一",实现指挥有力、功能互补、协同推进。其中,区旧区改造指挥部临时党委强化"指导、协调、监督、服务"职能,街镇分指挥部临时党总支负责统筹推进和抓好落实,居村基地临时党支部发挥主力军作用,做好居民的"代言人"、政策的"传递者"、矛盾的"调解员",切实维护好居民群众切身利益(图4-3、图4-4)。

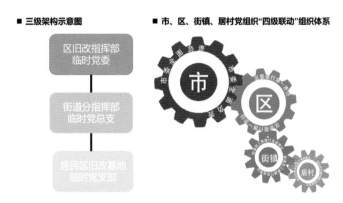

图4-3 市、区、街镇、居村党组织"四级联动"组织体系图、三级架构示意图(上海市旧改办提供)

图4-4 2021年1月12日,东余杭路(二期)和余杭路项目临时党支部成立仪式暨开放性党组织生活会在保定路350号东余杭路(二期)基地召开(虹口区旧改指挥部提供)

二是深化"部门联手"。在前期市委组织部会同市建设交通工作党委、市国资委党委建立沟通协调平台基础上，将市委政法委、市教卫工作党委、市经信工作党委、市金融工作党委等14家相关单位全部纳入党建引领旧区改造议事协商平台，召开月度例会、双周协商会等，合力破解难题。针对工作推进中遇到的瓶颈难题，组建条块部门工作专班，加强信息集成，推动协同解决，创造性破解企业现实困境、民生诉求难题，带动各条线、块面，心往一处想、劲往一处使，营造"比学赶超"的生动局面和浓厚氛围。深化"一网通办"政务服务，在探索解决就学、就医、就业等共性问题的同时，对于合理的个性诉求，在守住旧区改造政策底线的前提下，研究细化解决方案，及时有效予以解决。

三是注重"政企联合"。依托上海市城市更新中心平台，推进旧区改造、旧住房改造、城中村改造及其他城市更新项目的实施，发挥市地产集团等市属国有企业骨干和中坚作用，加大承接旧区改造任务力度，深化市场化运作。同时，市有关职能部门为市城市更新中心赋能，明确其参与相关项目的资金平衡、控制性详细规划编制、旧区改造征收范围认定、旧区改造年度计划制定、政策制定，以及土地一级开发二级开发招商、组织旧区改造项目成本认定和征收成本"二次核价"、旧住房综合改造实施主体等职能，不断破解资金筹措、土地出让政策支持等方面难题，助推旧区改造工作提质加速（图4-5）。

图4-5　2019年5月22日上午，市旧改办、虹口区旧改指挥部、市更新公司举行党建联建签约仪式（虹口区旧改指挥部提供）

黄浦区豫园街道构建旧区改造征收大党建工作格局

"要做好千头万绪的旧区改造征收工作，主管部门和执行部门都必须提高站位、着眼大局。"街道党工委书记说。街道高举党建引领的红旗，让党建成为连接各方力量、各部门的一根绣花针，紧密衔接，精准落脚，务求实效。从各地块启动一轮征询开始，居委会、征收事务所、拆房公司就择时举办党建联建签约。在此基础上构建起"以街道党工委为龙头、共建党支部和征收事务所为中枢、居民区党总支为根基"的旧区改造征收大党建工作格局，实时会同区相关职能部门、征收事务所等，及时召开各阶段例会和专题会议，上传下达、互通信息，实现"工作方案同步部署，疑难杂症同步研究，重要事项同步决策，困难问题同步协商"。

主题教育开展以来，各居民区党总支将战斗堡垒驻扎在征收工作最前沿，把这里当作锻造队伍的"练兵场"。11个居民区党总支构建起有数据支撑的"民情记录册"，24个党支部、900多名党员冲锋在前，主动开展政策宣传，参与人民调解，上门开展工作。机关干部下沉基地，分块包干，并实行多方力量"并联值班"工作制度，确保第一时间了解每户居民的签约心态和真实诉求，在此基础上精准协调解决问题。

在豫园街道的干部队伍中有一句耳熟能详的"座右铭"：旧区改造征收工作就需要千方百计、千言万语、千辛万苦的"三千"精神，尽可能和群众面对面，让更直接、更交心的对话发生在指挥部的张贴栏下、居民家的

2018年11月12日，福佑地块——凌锐建设发展公司与豫园街道宝带、原古城居民区党总支党建联建签约仪式（黄浦区旧改办提供）

2019年5月7日，563街坊——豫园街道学院居民区党组织与南房集团黄浦征收三所党支部党建联建签约仪式（黄浦区旧改办提供）

露台上、居委会的小板凳前。

大家各展所长，默契配合，逐一攻破工作中的难点。经办人是"政策的执行者"，通过解读，让居民全面了解旧区改造政策和方案；居委是"居民的老娘舅"，充分发挥"进得了门、说得上话"的优势，先易后难，逐渐解开居民心结，获得理解认可和配合；机关干部是"重要的催化剂"，在关键时刻加油助力，用真心诚意排解居民后顾之忧，构建珍贵的信任感。

黄浦区旧改办提供

党建引领促旧区改造　凝心聚力惠民生

黄浦二征所从"人民城市人民建，人民城市为人民"重要理念出发，以旧区改造工作为出发点与落脚点，凝心聚力、攻坚克难，办好事关人民群众切身利益的民生实事。

2020年突如其来的新冠肺炎疫情曾让黄浦二征所旧区改造工作戛然而止。在区委、区政府坚强领导下，黄浦二征所严控疫情，同时紧抓征收进度，相继高质量完成金陵东路地块、新昌路1号7号地块、余庆里地块和新闸路（一期）地块等旧区改建房屋征收工作。截至2020年11月15日，累计共完成3746居民户、441单位户的签约工作，完成2981居民户、223单位户的搬迁工作。

黄浦二征所与南京东路街道成立了新昌路1号地块旧区改造项目临时党支部，把党建和征收工作相结合，紧紧围绕"依法征收、阳光征收、和谐征收"原则，充分发挥党组织战斗堡垒作用和党员先锋模范作用。临时党支部下设党员先锋队，让党员干部冲锋在项目一线，为居民群众、企事业单位及时解决问题。

在新昌路1号地块一轮意愿征询的投票现场，一位居民说："自己一家三代在这里住了几十年，老母亲没盼到旧区改造，老姐姐没盼到旧区改造，今天自己来投票，也是来帮亲人们圆梦，上海能控制好疫情，也一定能做好旧区改造征收。"这样的信任、这样的信心，就是新冠肺炎疫情之下跑出旧区改造"加速度"的底气。新昌路1号、7号地块在酝酿期签约首日达到98.56％的高比例。

党员接待居民解答问题　　　　　　　　　　　　　　　　党员上门为有困难居民打包搬家

　　黄浦二征所始终把旧区改造作为最大的民生、最大的发展，坚持党建引领，深入总结提炼"宝兴十法"，同时推广到即将启动的其他旧区改造征收基地中，实现"快速启动、快速收尾、快速建设"，让广大居民群众能够有更多获得感、幸福感，为全区旧区改建作出更大的贡献。

上海基层党建网

3．加强务实创新，擎牢创新破题的"开山斧"

　　针对旧区改造中出现的一系列难点、堵点问题，上海勇于解放思想、打破常规，创新工作思路和办法，坚持多策并举，完善资源整合型党建工作模式机制，整合党建责任平台与旧区改造责任平台，统筹政府、企业、社会等力量，以改革创新精神破解旧区改造这个"天下第一难"。

　　一是制度创新。着力强化供给，明确工作目标，印发《关于加快推进我市旧区改造工作的若干意见》，提出到 2022 年年底，在本届市委、市政府任期内，全面完成中心城区成片二级旧里以下房屋改造的目标市住建委、市旧改办会同市相关职能部门制定完成 15 个配套文件，形成一套完整的加快推进旧区改造工作的"1+15"政策体系，有力保障和助推全市旧区改造工作。

　　二是机制创新。巩固深化"不忘初心、牢记使命"主题教育中形成的上下联动机制，与市主管部门加强沟通，就解决资金、风貌保护、旧区改造地块收尾等重点、难点问题，打破固化思维束缚，突破原有规则限制。探索建立国企推动保障机制，创新与地区、驻区单位的党建联建模式，全力推动旧区改造工作（图4-6）。探索建立跨级别、跨地区、跨体制的律师服务保障机制，积极运用律师行业党建工作成效，推动律师全覆盖、全过程、全方位参与旧区改造，发挥专业优势，为旧区改造提供更加精准的法律服务（图4-7）。把加快旧区改造地块收尾工作作为检验各级党组织组织力的试金石和磨刀石，市委党建办会同市建设交通工作党委动态梳理责任清单，建立"信息周报、进展月报"制度、派单督办机制和重大问题协调机制（图4-8）。

三是方式方法创新。在党建引领旧区改造中，突出倾心倾力、务实创新，探索出新时代群众工作的"各家各法"。基层党员干部坚持边干边解决问题，边干边改进完善，边干边动态优化，形成穿透性的工作方法。坚持系统观念，持续压茬推进旧区改造，形成"搬迁一出让一城市更新"的旧区改造工作全链条。市委组织部总结形成新时代宝兴里旧区改造群众工作"十法"，虹口区在推进旧区改造中总结出"三千精神""十必谈"制度，杨浦区总结出"四三二一"的旧区改造工作方法，静安区总结出了"五全工作法"等，都在旧区改造中发挥着积极作用（图4-9）。

图4-6　上海市旧改办、虹口区旧改指挥部、地产集团更新公司党建联建共建签约仪式（虹口区旧改指挥部提供）

图4-7　律师积极到居民区参与旧区改造工作（虹口区旧改指挥部提供）

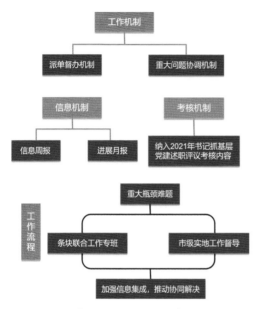

图 4-9 静安北站新城基地成立"小小北"党员旧改服务工作室（静安区旧改总办提供）

图 4-8 建立"信息周报、进展月报"制度，派单督办机制和重大问题协调机制（上海市旧改办提供）

"四项举措"跑出旧区改造征收"加速度"
——记百联集团旧区改造征收工作

全市国有企业党建工作座谈会后，各市属国企认真学习领会会议精神，统一"旧区改造征收不仅是'经济账''民生账'，更是'政治账''发展账'"的思想共识，把旧区改造征收作为新形势下服务人民城市建设、践行企业社会责任的重要路径，以更高站位、更实措施、更严作风积极推进。

百联集团（简称集团）作为国内外知名的大型国有商贸流通产业集团，积极担当、主动作为，以提高工作效能为导向，强化落实四项举措，跑出了旧区改造征收"加速度"。访谈中，有关区征收部门负责同志反映，"与百联集团的合作非常默契，集团传承了上海老牌百货公司讲规矩、负责任、有担当的优良传统，推动了征收工作走在前列"。截至 2020 年 10 月底，集团在黄浦、虹口、静安、杨浦四区的 33 证地块，已有 31 证进入签约阶段，签约率 93.9%，在 19 家市属国企中证数最多、推进最快。

举措一：坚持服务大局。"每年都有征收任务，但今年的力度特别大，需要引起高度重视"，集团党委面对新形势、新要求，坚持站在服务城市更新、旧区改造与经济发展大局的高度，统一思想、提高认识，全力落实好各项工作举措。集团在旧区改造工作中遇到困难问题，首先牢固树立主体责任意识，先自己想办法、找突破，尽量不给政府添麻烦。集团下属虹口区周家嘴路某房屋，征收前被南京东路茂昌眼镜店用作物资仓库。征收启动后，面对替代仓库难寻、场地租金大幅提高的难处，集团坚持服务工作大局，主动承担经济损失。同时，积极组织党员骨干，以最快速度腾地搬迁，确保征收工作加速推进。

举措二：坚持政企合作。集团党委认为，旧区改造征收既是上海城市更新的机遇，也是企业自身转型发展的契机，因此借势把旧区改造征收与企业发展规划统筹考虑，与相关区政府签订战略协议，建立合作伙伴关系，推动集团与地方融合发展。具体工作中，面对重点、难点问题，强化沟通合作，与地方政府一起谋策略、想方法。静安区宝丰苑地块因历史遗留问题，自2015年来一直未达成协议。谈判中，某租户一拖再拖，提出2000万元的补偿要求。针对租户要价过高的情况，集团与区政府协同研究解决方案；邀请经验丰富的法官，对征收成本进行科学评估核算，拿到谈判法律依据，获取谈判主动权；组建由征收所、律师等组成的专业团队，与租户开展多轮谈判，依法依规地列出核算清单，真诚耐心地开展疏导，从而有效降低其心理预期，最终达成协议。集团与区政府还主动为租户提供搬场服务，提前十天完成了搬迁。

举措三：坚持摸清底数。国企旧区改造征收中地块档案缺失、权属关系不清等问题时有发生。集团党委明确"旧区改造工作要经得起时间检验"，聚焦历史遗留问题，从找差距、补短板、破难题入手，依法合规、细致排查，将工作做实做细。黄浦区中山北路某地块在1990年代曾部分拆迁，由于历史原因权属状况难以追溯，征收工作一度搁置。为此，集团专门组织力量，深入实地走访，并查阅该地块20多年的档案资料，全面摸清了地块实际情况，为下一步征收打下了扎实基础。

举措四：坚持加力提速。旧区改造征收时间紧、任务重、难度大，集团党委积极响应市委、市政府"旧区改造再加力、再提速"的号召，抢抓机遇，迎难而上，进一步细化方案、明确分工，统筹谋划、提升效率，全力打好旧区改造征收攻坚战。如不拘经济"小账"，算好转型发展"大账"，通过内部调剂，对由下属公司直接经营的部分地块进行通盘考虑，有效盘活存量资产，推动产业转型升级。又如，坚持提前准备，对纳入旧区改造范围还未启动征收的地块，提前与租户协商，全面了解需求，加快制定解决方案，有效提升了签约速度。

百联集团提供材料

4．弘扬先锋模范，扬起示范引领的"先锋旗"

上海在全市深入开展"上海先锋行动"，各级党组织充分发挥战斗堡垒作用，引导党员在破解旧区改造难题中践行初心使命，切实发挥先锋模范作用。市、区领导干部率先垂范，基层党员干部冲锋在前，征收范围内的党组织和党员主动带头，又好又快推进旧区改造。

一是倾心倾力、率先垂范。旧区改造既是民生工程，也是民心工程，更是政治任务。上海市委、市政府领导坚持人民至上，在解决民生难题上高度重视、亲自指导、率先垂范，带动全市广大党员干部以"钉钉子"精神全力打好旧区改造攻坚战，齐心协力帮助旧里群众早日实现"安居梦"。市委、市政府领导前后多次赴旧区改造基地，亲自入户与居民面对面，促成"困难户"搬迁，协调解决重大问题。时任市委书记李强把宝兴里居民区作为"不忘初心、牢记使命"主题教育调研点和"四史"学习教育党支部工作联系点，在党史学习教育中，再次把宝兴里旧区改造作为"我为群众办实事"联系项目，四赴宝兴里"解剖麻雀"，从市层面顶破政策天花板，以点带面推动全市旧区改造工作。旧区改造任务集中区的区领导深入一线，包户包案，起到了"临门一脚"的临界突破作用。

二是发挥优势、握指成拳。各级党组织充分发挥政治优势和组织优势，推动各领域党组织互联互动形成合力，破解旧区改造难题。黄浦区一征所创设"阳光之桥"党建品牌，打造便民服务新机制，让党建成为征收居民信赖之桥。虹口区嘉兴路街道党工委在旧区改造基地上创新基层党建新模式,建立"八个一"工作机制,把党组织的优势发挥在一线,使之成为融于街道中心工作、服务群众福祉需求的坚强战斗堡垒。杨浦区大桥街道党工委健全以街道党工委书记为总指挥的大桥街道旧区改造分指挥部,建立上好一堂旧区改造党课、划分一块党建责任区、打造一个老书记工作室、成立一个攻坚工作组等"十个一"运行机制。静安区彭浦新村街道探索建立"五全工作法",党建引领点"明灯",使旧区改造阵地"亮"起来。

党员干部充分发挥先锋模范作用。通过在一线建立"党员示范岗""党员责任区""党员先锋队",引导党员充分发挥先锋模范作用。广大党员干部"亮身份、作表率、当标杆",持续作战,不辞辛苦,面对面、点对点宣讲政策,化解矛盾,既当"前锋",又当"后卫"(图 4-10、图 4-11)。旧区改造部门、街道班子成员划片包干,与居委会工作人员、征收所经办人员一起走街串巷,全过程跟踪情况,做好居民群众思想工作和矛盾化解工作。基层党员干部不辞辛劳,甘做"牛皮癣",早上很早到岗挨家挨户上门走访,深夜还在居民家中做政策宣讲和思想动员,为做好某"重点户"的思想工作,工作人员前后 40 多次到位于郊区的居民家中做工作,让居民从闭门不见到打开防盗门,再到打开纱门,最终打开了"心门",顺利签约。

图 4-10　2020 年 5 月 23 日,虹口 36、37、38、39、44、47 街坊临时党支部举行"一个党员一面旗,模范先锋带头行"开放性党组织生活会(虹口区旧改指挥部提供)

图 4-11　静安区张园旧区改造党员先锋队(静安区旧改总办提供)

虹口区广中路街道：民主评议实打实，示范引领助旧区改造

根据虹口区委、区政府关于 222 街坊（玛宝地块）推进旧区改造的相关要求，为确保该项工作的顺利推进，切实发挥党员带头作用，虹口区广中路街道恒业居民区在去年第四季度借支部升格总支的契机，将 222 街坊旧区改造地块的 96 名党员单独调整成立第四党支部。2017 年 2 月，该街坊第一轮征询工作启动并以 98.57% 的通过率圆满完成。

2017 年 2 月 21 日下午，为深入开展"两学一做"学习教育，恒业居民区第四党支部在居委活动室开展了民主评议党员工作。会上，支部书记庄佩珍向支部全体党员发出"创先争优"活动倡议，提出"一名党员，三个带头"，即带头做好家人工作，党员要主动亮相、主动配合，带头签约、带头搬迁，争当 222 街坊房屋征收工作的先进家庭；带头做好邻居工作，主动上门，关心邻居家庭情况，赢得居民群众对 222 街坊房屋征收工作的支持和配合；带头响应征收工作，深入走访居民，广泛宣传发动，服务群众需求，忠实履行"带头响应旧区改造"的诺言。之后，各位党员认真对照党员标准、党员目标管理、党员先进性、党员干部的先锋模范作用等要求，结合第一轮征询工作的开展，进行了自我评价和党员互评。大家踊跃发言。有的党员谈道，第一轮征询的圆满完成，让大家备受鼓舞，对告别蜗居、改善居住条件充满期盼；有的党员谈道，在第一轮征询中，支部成员都带头签约，还积极宣传"阳光政策"，为短时间内达到 98.57% 的通过率起到推动作用；还有的党员谈道，在接下来的第二轮征询中，支部党员们更要"拧成一股绳"，凝聚人心、攻坚克难，众志成城推动旧区改造民生。

在民主测评之后，与会的 60 多名党员都在"创先争优"活动倡议书下方签名，再次统一思想，提高了认识：要珍惜此次改善居住条件的机会，理性思维，带头签约，以实际行动为党旗添光彩。

上海基层党建网

杨浦定海路街道以青年力量为保障，成立"弄堂突击队"

为了有效地推进旧区改造工作，在 2020 年定海路街道党工委庆祝建党 99 周年大会上，成立了三支党员突击队，并举行了授旗誓师仪式。"一名

党员一面旗",旧区改造阵地上的党员干部高高举起这面旗,走在前、作表率。党员干部带头攻坚克难,推进"矛盾大、困难多"家庭的旧区改造工作。涉及旧区改造的社区党员也亮身份、作表率,自觉当好旧区改造工作的宣传员、联络员、服务员。基层一线和困难艰苦的地方,恰恰是培养干部特别是年轻干部最好的"练兵场"。让年轻干部在推进旧区改造中经风雨、见世面,经受艰苦复杂环境的锻炼,有利于年轻干部的培养成才。街道还组建了一支由"80、90后"的机关、事业干部构成的"青年突击队",激发年轻人的热情和干劲,积极参与推进旧区改造征收。他们主动向老党员、老同志学习,了解掌握旧区改造征收政策,热情细致做好群众工作,在一次次工作中逐渐磨砺成长,和群众"进得了门、说得上话"。他们放弃休息时间,主动上门帮助独居老人、困难家庭一起整理物品搬家。他们发挥自己熟悉摄影、微视频的优势,协助居民留存老弄堂的美好回忆。他们组织开展"学习习近平总书记给复旦大学志愿服务队全体队员回信精神"的

杨浦区定海路街道"青年突击队"(杨浦区旧改办提供)

主题党日活动，并与"四史"学习教育相结合，努力先学一步、学深一步，在学思践悟中坚定理想信念，在奋发有为中践行初心使命。通过相互分享进基地遇到的那些"人"和"事"，这群青年同志将参与旧区改造工作的切身体会和经验收获融入日常工作中，切实增强了服务群众、服务发展的使命感和责任感。

三是"三亮三先"、主动担当。征收范围内的单位党组织和各位党员积极开展"三亮三先"活动。机关、事业单位和国有企业主动"亮承诺、亮进度、亮结果"，积极支持配合，发挥示范作用。旧区改造对象中的党员干部通过召开党员大会、座谈会等形式，对旧区改造政策和上级要求"先知道、先讨论、先行动"，自觉接受组织领导，率先完成签约、搬迁（图 4-12、图 4-13）。

各市属国企提高政治站位，践行责任担当，全力支持配合地方旧区改造。有的企业在接到征收通知后，第一时间就着手开展清退；有的企业主动联系地方党委、政府，商量清退事宜，积极克服自身困难，尽量不给政府添麻烦。2020 年，全市市属国企旧区改造征收共涉及 162 证，整体签约率实现 100%，充分展现了上海国企的优质形象和国企党建的优良传统。

图 4-12　杨浦区长白街道 228 街坊整体协商征收签约党员先锋榜（杨浦区旧改办提供）

图 4-13　党员带头签约（杨浦区旧改办提供）

在党建引领下，上海旧区改造进一步提速增效，城市基层党建进一步巩固加强，基层治理效能进一步有效提升，城市高质量发展进一步推动。

黄浦一征所创设"阳光之桥"党建品牌

我们黄浦一征所致力于"阳光之桥"党建品牌建设，采用"1+1+X"的党建联建新模式。第一个"1"是一个项目引领，第二个"1"是一个临时支部，"X"就是若干个服务点，如志愿者服务点、法律咨询点、矛盾调解点、人大接待点、政协联络点等。这是黄浦一征所在董家渡14号二期地块首创的党建模式，之后在各征收地块推广，以党建引领做好旧区改造征收工作，把所有的资源融汇到一个平台上，形成大合力，实现资源共享，真正为居民做实事，让居民早日签约、早日搬迁、早日住上新居。我们想通过"阳光之桥"，打造便民服务新机制，让党建成为征收居民信赖之桥。

黄浦第一房屋征收事务所党总支书记，
黄浦第五房屋征收事务所执行董事、总经理　杨传杰

虹口嘉兴路街道：党建引领促进旧区改造，"八个一"工作机制

建立一个临时党支部：2012年5月，成立嘉兴路街道旧区改造和房屋征收工作分指挥部临时党支部委员会，将属地的党支部委员、地块社区党员、在职党员、参与旧区改造工作的社区党员及征收事务所党员纳入统一管理，在组织层面为旧区改造征收把准方向。

形成一个支部创先争优工作方案：根据旧区改造工作进程，各地块临时党支部把准方向，相应制定地块《创先争优活动方案》，开展覆盖全体征收党员的"亮标准、亮身份、亮承诺"与"做先锋、评星级、展风采"创先争优主题活动，确保党组织的战斗堡垒与凝聚引领作用得到有效发挥。

召开一次开放型主题党组织生活会：各地块临时党支部紧扣节点，在旧区改造或市政地块启动签约前夕，以"讲民生、讲大局、做先锋""党员

先锋三带头，党群合力促旧区改造"等为主题，召开开放型主题党组织生活会。

发放一份党员倡议书：临时党支部向全体党员发出倡议，希望大家带头做好家人工作、带头做好邻居工作、带头响应征收工作，引领党员在互动教育中产生思想共鸣、激发政治热情。

亮明一张党员身份证：面对多元、多样的利益诉求，党工委牢牢抓住党员党性教育的关键点，指导各地块临时党支部按照时间节点、阶段目标，全面开展党员身份公开活动；在党员家门前张贴"党员之家"铭牌，要求每位党员主动亮明身份，做出"我家拆迁我负责、邻里拆迁我有责、地块拆迁我尽责"的承诺。

张贴一张党员先锋榜：临时党支部在基地张贴"党员先锋榜"，将党员签约情况上墙公示，对党员根据签约时间评定星级。

组建一支党员志愿者队伍：在支部引领下，地块党员自发组建志愿者宣传队，向老邻居、老朋友宣讲政策、疏导心结。

开展一轮组团式服务：在地块党员的主动亮相、带头示范下，许多迫切盼望旧区改造的普通群众也纷纷加入志愿者队伍，参与支部开展的组团式联系服务群众工作，汇聚成推进旧区改造的强大合力和坚强后援。

党建引领促旧区改造，凝心聚力惠民生。街道党工委、办事处将始终坚持强化党建引领，继续以"十八天走完十八年旧改路"为鼓舞，继续发扬"三千"精神，践行"八个一"工作机制，瞄准新目标，开启新征程。

上海基层党建网

杨浦区大桥街道党建："一盘棋"引领，按下旧区改造"加速键"

2020年7月23日，89街坊这块杨浦区当年最大的旧区改造基地，以99.63％的首日签约率实现整地块的签约生效，创下本市超大型基地首日签约最高、最快纪录。

89街坊旧区改造征收基地工作人员正全力做好居民的搬迁、房屋腾空等工作。截至8月11日，共腾空房屋2688产，腾空率达到91.03％。"首日签约率99.63％，党建联建、党建引领功不可没。"杨浦第一征收事务所

"七一"前夕，大桥街道机关党支部，杨浦第一征收事务所党支部，仁兴街、华忻坊、周家牌路居民区党总支五家党组织签订党建联建协议（杨浦区旧改办提供）

党支部书记介绍说。基地工作人员在做好房屋腾空相关工作的同时，推进个别签约后仍有家庭内部分歧的居民家庭矛盾化解，做好补偿款发放"件袋"的整理和审核，并继续加强少数未签约居民的思想疏导工作，为基地后期补偿决定的全覆盖打好基础。

89街坊一次征询和二次征询期间，经历了高度紧张的新冠肺炎疫情防控期。复工之后，一方面要严密防守新冠病毒，另一方面要积极推进征收的各项工作，保持好与居民的贴心联系，重重压力之下，党建"一盘棋"引领作用至关重要。

"七一"前夕，大桥街道机关党支部、杨浦第一征收事务所党支部，及仁兴街、华忻坊、周家牌路居民区党总支五家党组织签订党建联建协议，成立大桥街道89街坊征收基地临时党支部，响应"学'四史'永葆初心，亮身份党员先行"号召，充分发挥党组织的政治优势、组织优势和群众工作优势。基地建立党员责任区，设立"党员先锋岗"，在政策宣讲、矛盾化解中充分发挥作用；三个居民区党总支书记以身作则，带领全体居委干部走街串巷，以党员征收对象为突破口，开展"地毯式"入户走访。

在89街坊征收基地党建联建工作交流座谈会上，杨浦第一房屋征收事务所党支部向华忻坊、仁兴街、周家牌路居民区三个基层党组织赠送了"共筑百姓安居梦，党建联建再携手"锦旗；大桥街道89街坊临时党支部向"老书记工作室"潘凤英、陈为珍等颁发了"征收推进特殊贡献者"荣誉证书。

上海基层党建网

阳光征收
Transparent Collection Mechanism

自 2003 年以来，围绕"阳光征收"，上海进行了一系列探索。从五项制度、征收方案、操作过程到结果公开等，公开内容不断扩充。从电子触摸屏、电子协议到微信公众号、智能 App、现场直播，充分利用现代科技成果，让旧区改造插上互联网"翅膀"。上海旧区改造真正做到了"一竿子到底""一碗水端平""早走早得益"，政策"刚性"深入人心。

实践证明，只有在阳光下操作，并将"阳光动迁"坚持到底，旧区改造才能顺利推进。通过"制度＋程序＋科技"，上海旧区改造实现了公开透明，确保公正公平，维护社会正义，签约比率屡创新高，老百姓对旧区改造的配合度大幅提升，半年、一年就完成旧区改造腾地的地块越来越多，政府在旧区改造推进中的主导作用更强了，上海的旧区改造工作步入"快车道"。

1."一碗水端平""一竿子到底"

随着旧区改造政策的不断完善，"阳光动迁"的机制也在不断改进，拆迁过程更加透明。公开内容从最初要求的五项，逐步增加到十项。2008年杨浦区平凉 40 街坊、霍山路 447 弄在全市率先实施"结果公开"，揭开了拆迁最后一张"底牌"，使得上海旧城改造动迁工作实现全过程公开透明。平凉西块旧区改造是上海市五个重点旧区改造中面积最大的一块。但由于动迁工作采取了"阳光"政策，刚启动 21 天，就有 600 多户居民签约，告别旧居。动迁居民郑振华说：他们的"阳光政策"也是我吃得比较透的，它的最大特点就在于透明，有关拆迁的补偿方案、安置居民的新房源情况等十项内容全部张榜公布，谁是动迁负责人、谁是新房源开发商、补偿标准是多少，这些重要信息全都明明白白地告诉老百姓。"现在的（动拆新）房源'阳光'到什么程度呢，全部都掌握在居民的手里，不是掌握在少数人的手里，而是全部都上墙，而且一次都到位。"原上海桥盛拆迁有限公司董事长倪丽娟说。"结果公开"作为新机制的配套监督措施，保证了基地操作的"阳光到底""前后一致"，保障了签约的公开、公正、公平，赢得了良好的社会反响和广泛赞誉（图4-14~图4-17）。

随着公开内容的日益丰富，公开形式也发生了重要变化。从早期的展板、宣传折页、小册子，到电子触摸屏，如今智能App、公众号已成了旧区改造的标配。2009年，上海安佳房地产动拆迁有限公司在卢湾区第45街坊建国东路390号基地引入了"房屋征收公示系统"。动迁中心摆放了触摸屏，动迁政策、房屋面积、居民人口、安置房源、补偿安置款、最新签约等信息在触摸屏上"触手可及"，大幅增加了信息的透明性；动迁居民的签约文本转化为不可更改的电子协议，杜绝了"暗箱操作"。这一系统获国家三项专利证书，并在上海全面推广，一些其他省市也尝试引入。

图4-14　2009年，黄浦区（原卢湾区）建国东路390基地的电子屏触摸屏，安装有动迁信息和安置结果公示系统（黄浦区旧改办提供）

图4-15　2013年6月，杨浦区定海152D块房源公示（杨浦区旧改办提供）

图4-16　2017年6月24日，杨浦区旧区改造基地进行面积公示（杨浦区旧改办提供）

图4-17　2021年2月2日，杨浦区旧区改造基地的全过程公开公示栏（杨浦区旧改办提供）

图 4-18　黄浦一征所的旧区改造基地，居民在使用电子触摸屏（黄浦区旧改办提供）

图 4-19　虹口 18 街坊旧区改造基地，居民在查询电子信息系统（虹口区旧改指挥部提供）

　　通过全过程透明，随时接受居民监督，避免暗箱操作，"阳光征收"真正落实到位。如今，上海各大旧区改造基地都树立着电子触摸屏，居民通过查询系统可查询各类政策标准、安置房源、居民房籍户籍情况、特殊困难情况，还有地块实时签约结果，以及每户签约居民补偿安置款等（图 4-18、图 4-19）。在旧区改造基地，几乎家家户户每天都要来看一看、查一查、找一找有没有"猫腻"；每一户居民也都是最好的"啄木鸟"，啄一啄有没有"虫子"，看一看需不需要"治治病"。

　　动迁取得越来越多居民的信任，靠的就是一路阳光、公开透明。居民形容这是"穿直筒裤，不穿喇叭裤"，观望和疑虑减少了，签约进度普遍加快了。旧区改造基地经理说"结果公开"实际上是一种倒逼机制，你签第一产就要考虑到最后一产，每一个动作必须规范、到位，始终保持政策的一致性，横向做到"一碗水端平"，纵向做到"一竿子到底"。"我们只要守住不让老实人吃亏的底线，做到真正'阳光动迁'，老百姓就会信任我们，动迁中依法、诚信、和谐的局面就会到来。"征收经办人达成了这样的共识。

政策透明化操作提高征收诚信与速度

　　1991 年 7 月 19 日，上海市出台《上海市城市房屋拆迁管理实施细则》（4 号令）；2001 年 10 月 29 日，上海市出台新的《上海市城市房屋拆迁管理实施细则》（111 号令）；2011 年 10 月 19 日，上海市出台《上海市国有土地上房屋征收及补偿实施细则》（市政府 71 号令）。上海旧区改造从拆迁阶段过渡到征收阶段，征收政策从"六公开"到"十公开"，再到现在征收"二次征询"全公开，公开征收过程中的每一步骤，包括补偿主体、补偿面积、补偿评估单价、补偿政策方案等，到最后居民签订补偿协议后，都可通过信息公开"触摸屏"点击查阅每产、每户的补偿安置信息。在收尾阶段，我们依据《杨浦区关于深化旧区改造工作全过程管理的实施意见》，即俗称的"1+4"文件，明确补偿决定全覆盖时间及基地收尾完成时间。"公开、公平、公正"的工作大趋势下，从原先手写条款式合同到现在全市联网电子协议锁定安置信息，征收工作全过程的管理、公开，大幅提高了征收居民对我们的诚信度，杜绝征收居民在征收工作中"等、靠、要"的思想，以及在补偿过程中"先紧后松"的现象。征收变得更人性化、更透明化，也更明晰了征收工作服务行业的功能定位。

形成签约推进联动机制提高了项目签约率，加速了城市更新。征收公司从过去的一年启动一个动迁基地，到如今一年启动近十个大型征收基地。特别是近几年，工作体量是爆发式增长的，征收对象体量从以往的每年 500 产到现在每年 5000 产，在工作数量和质量上都有了显著提高。以往一个基地一年签约率只能达到 30%，而现在基本每个基地的首日签约率都能达到 98% 以上。 2018 年杨浦区委、区政府提出旧区改造攻坚三年计划。为更快、更好地完成任务，集团旧改事务所全员皆兵，公司领导、干部全数出击，下沉一线征收基地，在基地创新开展领导接待日，解答居民问题，化解信访矛盾。党支部主动与所在征收范围的街道、居委签订党建联建协议，任命街道推进签约干部，形成推进干部与征收事务所联动机制，形成包干、包区域共同为居民解释政策、化解家庭矛盾，从而提升基地签约速度；基地设立"劳模工作室"，业务骨干利用自身优势，为居民排忧解难；党支部、团支部深入一线，开展"我为群众办实事"便民利民服务，形成多方位、多角度合力机制为一线征收居民服务，答疑解惑，真真切切做到"我为亲人搞征收"的服务理念，使各征收基地都以高比例生效，顺利完成征收任务，同时为城市加速更新、改善居民生活贡献力量。

杨浦城市建设投资（集团）有限公司提供

体现公平公正，始终保持政策透明如一

长宁区旧改征收指挥部原副总指挥、房管局副局长　刘玉贵

我区旧区改造在实践操作中，"一竿子到底"，打消居民"先签吃亏"的顾虑。

"就差这区区 54 元也不行啊？"

政策规定，居民所选房的房款必须小于或等于征收款。江苏北路西块旧区改造基地的一户居民，他们选中的安置房是两套二房二厅，就在一家人高高兴兴准备用征收款买房时，一个问题出现了，征收款不足支付房款，虽仅相差 54 元，但不符合政策。"就差这区区 54 元也不行啊？"刚开始，该户居民情绪非常激动。经办人员不断做工作："54 元可以超，那么多少钱是不能超的呢？没有规矩不成方圆呀。"工作人员提议选择其他较小的房型，多出的征收款还可以用于房屋装修。经过反复做工作，最后这户居民选择了一套二房一厅和一套二房二厅。而其余几户有相近情况的居民一看政策确实难以突破，也打消了继续观望的念头，顺利签约。

"我就是来找茬的，看看这里面有没有猫腻！"

在基地旧区改造过程中，有不少居民在电子触摸屏推出使用后，每天都会查询多次。经过多天的观察，他们心服口服，从"义务监督员"转变为"义务宣传员"，主动做起了邻里的工作。

我区一幅旧区改造基地上曾发生过一起很典型的故事。有位物业退休老干部汤先生，他自称是该基地义务监督员，补偿方案出台后实实在在研究了两天，自己签了协议后在基地电子触摸屏上每天看上五六次。他表示，"我就是来找茬的，看看这里面有没有猫腻！"一天，老汤终于捉到一个问题：基地总户数怎么从 1585 户变成了 1586 户？基地工作人员耐心解释：这是因为一户居民家庭拥有两处房产，按照政策，可以独立计户，相关变动也在公示之列。老汤这才心服口服，还与签约居民写联名倡议书，主动劝导未签约居民尽快签约。

书面访谈材料，标题由编者根据内容提取

2."看起来傻瓜，其实很聪明"

房屋拆迁补偿协议是拆迁补偿的依据和拆迁补偿纠纷的证据，具有重要价值。然而，2012 年前，上海的房屋拆迁补偿协议是薄薄的 6 页复写纸，一旦用力稍轻，后面几页的字迹就模糊不清。

为规范征收补偿工作，上海市探索"电子协议"。在市房管局的支持下，2010 年，在虹镇老街 3 号旧区改造基地，上海中虹（集团）动拆迁实业有限公司委托第三方开发了"上海市国有土地房屋征收与补偿信息系统"，试点"电子协议"。2012 年，长宁区旧区改造基地试点二维码电子化补偿安置协议（图 4-20）。经过虹口、长宁等旧区改造基地的试点，2013 年 7 月 31 日，市房管局下发《关于国有土地上房屋征收实施信息化监督管理的通知》，二维码电子协议在上海全面推行。

二维码电子协议的全面推行，从源头上杜绝了"阴阳合同"的出现。它取代了原有手工协议和普通电子协议，所有的协议数据全部由市房管局锁定，每一页都设有二维码，无法复制，全部数据信息锁定在市房管局系统服务器中，操作步骤、历史痕迹均全部记录在数据库中，并实现了电子协议系统与电子触摸屏实时传递。

图 4-20　2012 年，长宁区全面推行电子协议，左图为居民在查询电子协议签订情况，右图为 2013 年修订版的电子协议（长宁区旧改办提供）

　　长宁区旧改征收指挥部原副总指挥、房管局副局长刘玉贵说："电子协议通过技术手段把征收事务所的'自由裁量权'收掉了。我区推行的电子协议是对补偿协议的有效监督，电子协议中设定了相关信息，使得不符合规定的协议无法打印，不仅保证补偿金额的'零'差错，还时时刻刻接受市房管局监督，每一个信息、每一个记录、每一个点击都留下了可查究的轨迹，完全杜绝'暗箱操作'，彻底让居民安心。如今，所有的房源都在墙上公示，只有符合征收方案的协议才能打出来。一户居民家的补偿金额仅差了 54 元，协议就打不出，因为更改协议的'钥匙'并不在事务所的手上。"

　　如今，电子协议已经成为旧区改造征收中的标配，公开、公平、公正的"阳光征收"已经受到广大旧区改造居民的欢迎。

虹镇老街 3 号地块动迁用电子协议确保公平公正

　　十几年的企盼，终于盼来虹镇老街新一轮的动迁。15 日，家住瑞虹路 290 弄 9 号的王三喜一家，走进位于沙虹路 33 号的动迁指挥部，签署拆迁补偿安置协议。

　　协议的签署，远比想象中的简单。只见一名工作人员在电子协议中输入王三喜选择的位于宝山顾村的动迁补偿安置房房源地址，另一名工作人员负责核对，不到 2 分钟，一份长达 9 页的《上海市城市房屋拆迁补偿安置协议》就自动生成打印完毕。仔细检查，协议书中的被拆迁人姓名、旧房认定面积、房屋补偿价款、各类补贴项目和金额等内容，丝毫不差！

　　"协议书看起来'傻瓜'，其实啊，聪明着呢！"这不，这边三楼签约室里协议刚刚签署完毕，那边一楼的两台"虹镇老街 3 号地块动迁信息公开系统"触摸屏上，王三喜家的签约状态已经更改为"已签约"，安置房源的具体位置、单价、价格等，其余动迁居民都能查询。

张奕，《虹镇老街 3 号地块动迁用电子协议确保公平公正》，

《新闻晨报》，2010 年 1 月 18 日

3.“早签约、早得益、早改善”

通过设置集体签约的利益激励机制，激发群众相互做工作的积极性，使一批仅依靠行政力量无法解决的矛盾得到及时有效化解，不仅加快了旧区改造的工作进程，同时也在征收中形成了共治、共建、共享格局。

2016年7月5日，杨浦区长白新村街道228街坊最后一家住户搬离。由此，杨浦区在全市首创的"三个100%"旧区改造新模式宣告成功。站在这片动迁地块上，长白新村街道党工委书记陈捷颇为感慨：与一般的旧区改造征收不同，"三个100%"要求居民意愿征询同意率达到100%，居民签约率达到100%，居民搬迁交房率达到100%，被称为"整体协商搬迁"（图4-21）。其间，不少居民不但自己积极签约，还帮着征收工作人员做工作。一户人家，父子俩关系不睦，在第二个100%签约期间，儿子忽然玩起了"失踪"。住在隔壁的居阿姨和几位居民，每天下班时分在这户人家门口"守候"，终于把儿子"逮"到了。最终晓之以理，动之以情，做通了那户人家儿子的思想工作，成功签了约（图4-22、图4-23）。

江苏北路基地开展旧改工作伊始，居民就自发成立了"动迁沙龙"，居民之间讨论一些与征收有关的政策法规、新闻动向，并撰写了"给邻里朋友的一封信"，号召未签约居民早签约、早得益。"邻里朋友们，大家共同努力，把签约率提高，好上加好，高高兴兴地告别旧居。带着希望去迎接美好的未来。"

图4-21 杨浦区长白街道228街坊整体协商搬迁成功，举行"百家宴"（杨浦区旧改办提供）

图 4-22　2019 年 8 月，杨浦区大桥街道 90 街坊居民劝邻居早点签约（杨浦区旧改办提供）

图 4-23　2014 年 4 月，杨浦区定海街道 152D块二次征询签约期间，邻里互助做思想工作（杨浦区旧改办提供）

在华阳路街道陶家宅居委会门前的告示栏里贴出了一张《告居民书》。与以往不同的是，这份由四张大白纸组成的《告居民书》，不是由政府征收部门或征收服务事务所张贴的，而是由一部分已签约的居民自行起草并张贴的。《告居民书》分析了尚未签约居民的三种情况，从被征收居民的角度消除居民不切实际的幻想。这是凯桥东块部分居民自发做周围邻居工作的真实写照。

实践证明，征收政策中的"签约比例奖"在鼓励居民尽早签约、及

图 4-24　浦东庆宁寺旧改地块，已签约居民张贴公开信，呼吁邻居"早签约、早得益"（浦东新区旧改办提供）

时签约方面发挥了积极的作用。这一举措提高了旧区改造基地居民签约积极性，一些盼望旧区改造、熟悉政策的居民不但自己率先签约，还自发请缨成为新政的志愿宣传者，关心基地推进进展，主动参与签约困难的居民家庭协商会议，通过现身说法，劝说多年邻里"早签约、早得益、早改善"，形成很强的说服力和号召力，在他们的带动下，基地的签约速度得到了有效提升（图 4-24）。

4．旧改插上互联网"翅膀"

随着科技的发展，旧区改造充分利用现代科技成果，助力旧区改造。上海各区建立旧区改造信息管理系统，房屋征收项目全部采用信息化管理，已取得很好的工作基础。2021 年，市旧改办启动上海市旧区改造地块全生命周期管理信息系统，是为整合业务信息系统、共享各区以及城市更新公司信息系统而建设的全市旧区改造全流程管理信息平台。将信息管理的范畴扩大到基地收尾、规划编制、土地出让、保留保护管理落实、工程审批、项目建设等各个环节。在征收工作推进过程中，现代化科技手段也极大便利了旧区改造，如电子触摸屏的使用、电子协议的推行等。

在征收工作信息化方面，黄浦始终走在前面。2009 年，在建国东路 390 街坊，上海安佳房地产动拆迁有限公司的大学生团队自主研发动迁公示触摸查询系统，帮助居民实时查询各类政策法规、安置房源、每户签约居民补偿安置款等信息，取得国家专利，并无偿推广至全上海市旧区改造征收行业使用。2013 年，上海市黄浦第一房屋征收服务事务所有限公司和市房管部门共同参与制定电子征收补偿协议模板，和市信息中心授权软件服务单位共同开发房管征收信息化签约系统，在全区推广使用，并被纳入市房管局监管系统。2015 年，建立了微信公众号"透明在线"，实时发布征收地块信息，开展在线政策咨询，提供有关便民服务，更新介绍公司情况，已推送内容近 3000 篇，粉丝量有 5 万余人。2016 年起，自主开发房屋征收移动管理 App，使征收管理实现扁平化，打破空间和时间局限，让一线工作人员在手机终端即可实时录入和查询所负责的居民信息，实现征收操作流程全面信息化管理。2019 年，上海开始探索"市区联手，政企合作"旧区改造模式。上海市黄浦第一房屋征收服务事务所有限公司首创旧区改造征收全球直播，实时为居民直播选房摇号、签约现场和搬场仪式，在线观看人次突破 900 万。一位定居美国的地块居民通过手机端收看直播，当即拨通越洋电话要求签约。互联网技术应用让旧区改造签约过程更透明，速度也大幅提高。2020 年，为应对新冠肺炎疫情，黄浦一征所着力打造"云征收"的创新模式，陆续推出"云选房""云签约""云领取征收补偿款"等服务，无法到达签约现场的被征收人通过录制视频或者直接视讯的方式进行"云授权"即可办理相关征收业务，降低了沟通成本，提升了效率和房屋征收补偿工作精细化管理水平，得到居民高度认可。2019—2022 年，依托征收信息化管理，累计助力黄浦第一、第五房屋征收服务事务所实施征收超过 28000证（图 4-25～图 4-27）。

各区旧区改造基地综合运用多种技术手段，在信息传递方式上跳出原有框架，不断为解决居民最关心问题的精细化服务提供新"武器"，开展全方位的宣传，营造良好旧区改造氛围，成为旧区改造居民获得感、满意度的重要来源。

虹口区通过微信公众号、漫画、政策问答、海报、广播等多种形式宣传、解释政策，避免不实"杂音"影响居民心态。近年来，还发动志愿者通过新媒体，用老百姓的语言引导居民理性认识旧区改造，取得一定成效。

图 4-25　2015 年，黄浦区一征所创建"透明在线"微信公众号（黄浦区旧改办提供）

图 4-26　黄浦区 505 街坊二轮征询签约直播现场（黄浦区旧改办提供）

图 4-27　黄浦区乔家路地块选房摇号直播即将开始现场（黄浦区旧改办提供）

　　为应对杨浦区大桥街道89街坊的征收工作受到新冠肺炎疫情的影响，杨浦区通过"大桥人家"公众号从居民视角关注居民心理，通过"杨浦一征"公众号将征收政策分期做成"录播课"，方便居民随时了解，分组经办人则与居民建立"一对一"微信沟通模式（图4-28～图4-30）。

　　静安区宝山路街道31、149、150、152街坊旧区改造受到新冠肺炎疫情的影响，第一时间运用信息化技术。基地在征收之初就运用互联网、大数据等信息网络技术让居民第一时间就能得到公开信息。通过基地触摸屏、"E征收"软件、微信平台、LED屏幕、"云看房"等模式，公布基地动态、测算标准、签约进度、房源使用、相邻居民安置方案选择等信息。采用现场直播、二维码扫号等技术手段保证抽签、签约等工作的公平、公正。

　　长宁区以《长宁时报》为载体，连续推出旧区改造专版，通过政策问答、时论点评等形式使得居民切实了解政策优势、补偿方案的优惠，摆事实、讲道理，深入浅出、循循善诱，发挥了非常好的宣传作用。街道通过设计张贴"合同已上电子屏，公开公正又公平""心动不如快行动，早日结束拎马桶"等"大白话"海报，以及QQ群、微博等信息化手段

图4-28　2021年11月，杨浦区定海街道146街坊"云看房"（杨浦区旧改办提供）

图4-29　杨浦"阳光征收"公众号（杨浦区旧改办提供）

图4-30　杨浦第一征收事务所公众号（杨浦区旧改办提供）

的运用，起到了正面引导作用，提醒居民早签约、少损失、多得益。同时，还在专栏中宣传基地内涌现的好人好事，用"身边的感动"提振了旧区改造工作人员的士气，向基地内居民传递"正能量"，成为感染居民、发动群众做群众工作的有效形式。

普陀区通过传统宣传手段与新媒体手段相结合等方式，形成了多层次、全时段、全覆盖的宣传网络，确保第一时间了解居民思想动态，第一时间做出反应和引导，牢牢掌握了舆论主导权。到后期还请来了欢喜锣鼓队一起烘托氛围，形成了浩大的声势和氛围。如通过《新普陀报》、有线电视台等宣传载体大力宣传征收补偿政策法规，联系市级媒体宣传旧区改造工作。再如长寿街道利用中央电视台记者来基地拍摄一档《上海屋檐下》的走基层纪实栏目的契机，不失时机做工作，力促旧区改造签约。

两分钟出结果！虹口旧区改造首次采用电脑摇号确定居民选房顺序

随着虹口区人大代表章雷轻点鼠标，四川北路街道 185 街坊 265 户旧区改造居民的选房顺序号逐一出现在大屏幕上。通过线上直播，这一幕也被 2300 余名观众实时"云围观"。2020 年 6 月 26 日上午，在虹口区公证处工作人员、区人大代表的监督和见证下，虹口区首次选房顺序电脑摇号排序如期举行。

在摇号前，公证员先对摇号排序软件进行测试，确保软件运行正常。之后，章雷作为社会公信人员，将存储了 265 证居民信息的 U 盘交给公证员，并当众启封，将数据导入摇号排序软件后在大屏幕上一一显示。之后，章雷启动摇号程序，当他随机按键停止后，265 个显示居民信息的排序结果逐一产生，摇号结束。排序结果将在旧区改造基地公告栏内张贴公布，并通过"虹口川北"微信公众号同步推送。

"要历史性解决旧区改造难题，就要因时因势创新工作方法。"虹口区第一房屋征收服务事务所副总经理胡骏强介绍，考虑到地块中居民户数较多，经虹口区旧区改造指挥部、四川北路街道、第一房屋征收服务事务所商定，决定创新工作方法，本次居民选房摸号顺序采用电脑摇号方式产生，在向居民公示方案后执行。与以往传统居民现场摸号相比，电脑摇号大幅

虹口区摇号直播现场组图（虹口区旧改指挥部提供）

缩减流程时长，避免了人员聚集、流动，也让居民能在炎炎夏日"足不出户"轻松取号。据估算，组织265证居民上台摸号需要两个多小时，而本次电脑摇号仅耗时两三分钟。

同时，电脑摇号排序过程更加公开透明、公平公正。摇号使用虹口区公证处专用电脑及上海市公证机构专用摇号排序软件，邀请公证员、社会公信人员现场监督，并开启全程直播，让更多人同步见证全过程。对于不善于操作智能手机观看直播的居民，经办人则点对点提供服务。64岁的薛女士经过事先预约，来到旧区改造征收基地，在经办人的帮助下，全程观摩了电脑摇号过程。她说，地块中老年人多，顶着高温出门、排队安全风险大，而且地块中有部分被征收人、公房承租人不住在此地，来回奔波不方便，而且这个新技术"没有作弊嫌疑，我对结果心服口服"。

单颖文，《两分钟出结果！虹口旧区改造首次采用电脑摇号确定居民选房顺序》，《文汇报》，2022年6月26日

全过程民主

Democracy in the Whole Process

时任市长杨雄在调研旧区改造工作时曾说："要不要动，怎么动，你们要听听老百姓怎么说！"2007年8月，上海开展"两轮征询"试点，进展顺利。2009年2月，市政府出台《关于进一步推进本市旧区改造工作的若干意见》，明确事前征询制度。自此，"两轮征询"在上海全面推行。

关于"两轮征询"

"两轮征询"即在地块改造前将开展两轮征询，充分听取市民群众的改造意见。第一轮是动迁意愿征询，解决"愿不愿改造"的问题。如果多数居民愿意动迁（约定同意率超过90％），就启动动迁。第二轮是动迁方案征询，解决"如何改造"的问题，征询房屋拆迁补偿安置方案意见。公司公示拆迁安置方案，街道、居委、居民代表全程参与方案制定过程，充分听取居民的意见，对拆迁安置方案进行优化。经多方协商确定最终拆迁安置方案后，通过签订含附加生效条件的拆迁补偿安置协议方式进行征询。如果签约达到协议中预先约定的比例（比例由区、县确定，但不低于80％），则签订的协议生效；如果达不到预定比例，则所签协议无效，本次征询活动终止，本地块在若干时间内暂缓动迁。

2018年9月28日，黄浦区福佑地块一轮意见征询投票点（黄浦区旧改办提供）

黄浦区金陵东路地块二轮征询宣布生效（黄浦区旧改办提供）

1. 全面推广，屡创新高

2009 年 1 月 10 日，上海首个旧区改造"征询制"试点项目在浦东塘一、塘二地块二期（胡木居委会）完成征收，从制度框架设计上为旧区改造的"一路阳光"开启了一个新思路（图 4-31）。塘一、塘二地块实行征询制后，动迁基地出现了前所未有的热闹景象：第二轮征询签约时，许多已签约的居民主动走门串户，做未签约居民的工作。几乎每天晚上，动迁组外都有居民自发聚在一起"等消息"。每当一户居民确认签约走出动迁组，"已签约"的居民都会报以热烈的掌声。最终，塘一、塘二地块两期 1279 户居民在 3 个月的约定期限内，分别提前 2 天和 9 天达到了约定的 75% 签约率，基地内居民为此还放起了庆贺的鞭炮。随后，"两轮征询"又先后在卢湾 390 地块（图 4-32）、闸北、杨浦平稳试点。2009 年 2 月，市政府出台《关于进一步推进本市旧区改造工作的若干意见》，明确事前征询制度。自此，上海旧区改造征收工作全面推行"两轮征询"制度（图 4-33、图 4-34）。

图 4-31　2007 年 8 月，浦东新区塘一、塘二地块进行全市首个两轮征询制试点，围绕两轮意见征询、拆迁方案、补偿安置标准、签约过程、居民思想工作等各个环节进行了创新实践，并取得成功（浦东新区旧改办提供）

图 4-32　2009 年，黄浦区（原卢湾区）第 45 街坊建
国东路 390 号基地首次试点"征询制、数砖头＋套型
保底"动迁新机制，并率先实践"动迁方案由居民群
众参与制定，动迁过程由居民群众全程监督"的新理
念（黄浦区旧改办提供）

图 4-33　2015 年 12 月 18 日，虹口区 198、200、
404 街坊居民庆祝签约生效（虹口区旧改指挥部提供）

图 4-34　2020 年 11 月 18 日，杨浦区 89 街坊签约
生效，旧区改造基地放纸花庆祝（杨浦区旧改办提供）

　　党的十八大以来，"两轮征询"全面推广，且同意率和签约率屡创新高，多个旧区改造地块实现了"两个 100%"。2013 年 11 月，虹镇老街 1 号、7 号地块签约率达 92% 以上，持续 20 余年的虹镇老街旧区改造圆满收官。2019 年，宝兴里 1136 证居民仅用了 172 天便实现了 100% 自主签约、100% 自主搬迁。2019 年 6 月 22 日，静安洪南山宅旧区改造地块集中签约第一天，短短 12 个小时内签约率即达 97.09%，创下沪上大型旧区改造地块征收签约速度新纪录，半年实现收尾。2022 年 7 月 24 日，黄浦建国东路 68 街坊及 67 街坊东块首日签约率达到了 97.92%。其作为全市最后一个成片旧区改造项目，提前生效。

2．群众全过程参与

"两轮征询"制度的成功，关键在于充分听取群众意见，让群众全过程参与旧区改造。各旧区改造基地通过各种途径，广泛听取并尊重群众意见。

黄浦区创新征收理念，让居民全过程参与，使征收工作真正体现居民意愿。在过去的动迁中，老百姓"早走吃亏，晚走实惠"的心结一直都有，如何消除？唯有改变理念、让老百姓知情和参与。在原卢湾区建国东路390号基地内，当动迁项目还没有完全启动的情况下，就经常有居民出入基地办公室，找经办人询问政策情况，迫切地想了解一切有关动迁的内容。安置方案从初步形成到最终确定，居民群众全程参与讨论，在集中征求方案修改意见的当天，小小的会议室里硬是挤进了70多位居民，大家各抒己见，又保持着良好的秩序。同时动迁公司通过这种形式的交流，更全面、深入地掌握居民的真实想法，根据反馈意见及时调整工作内容和方式方法。

虹口区在旧区改造工作中体现全过程人民民主。落实圆桌会议制度，召集居民代表、法官、监督员面对面交流。原则上围绕每个项目至少开展两次圆桌会议，第一次会议在征询方案确定前，主要目的是为居民解读政策，听取居民意见，确保居民对征收政策有了正确、深入的理解；第二次会议在调整、修改征询方案后，进一步为居民解读政策，坚持用通俗易懂的形式，把政策讲清讲透，通过宣传政策了解诉求，为群众排忧解难。圆桌会议全程受监督员监督（图4-35、图4-36）。

杨浦区首创"三个100%"旧区改造新模式，即要求居民意愿征询同意率达到100%、居民签约率达到100%、居民搬迁交房率达到100%（图4-37）。该模式又被称为"整体协商搬迁"，在长白街道228街坊的试点成功。其中需要党员干部背水一战敢担当的勇气，也需要干部群众齐心协力去克难。其关键在于杨浦区以街道和居委会为平台，将各动迁基地划分为片、块、组，逐步形成了"整体联动、分片包干、层层结对、

图 4-35　2020 年 8 月，虹口区旧区改造指挥部召开东余杭路成片旧区改造（一期）居民圆桌会议（虹口区旧改指挥部提供）

图 4-36　2017 年，虹口区召开 63 街坊征收工作通气会（虹口区旧改指挥部提供）

图 4-37　杨浦区长白街道 228 街坊以三个 100% 整体协商搬迁生效（杨浦区旧改办提供）

图 4-38　静安区华兴新城基地二轮征询生效（静安区旧改总办提供）

全面推进"的工作机制，旧区改造指挥部、街道干部对口包干联系动迁片与块，关口前移，重心下移，通过点对点、面对面深入一线开展工作，逐个化解矛盾、攻克难题。坚持"邻里互动"模式，形成共建共享效应。引导居民形成相互教育、相互协商、相互促进的共建共享良好效应，通过党员、群众"志愿者"互做工作，及时化解矛盾，加快签约进度。

静安区把群众参与贯穿全程，在旧区改造征询、方案制定、居民签约等各环节，都充分融合群众意愿和智慧。如华兴新城项目征收过程中，先后召开各类座谈会 180 多场，参与居民逾 5000 人次，切实保障群众在房屋征收中的主体地位。同时搭建平台，固化旧区改造基地途径，让群众在征收工作中拥有更多发言权（图 4-38）。

通过广泛听取广大居民的意见，由居

民自己决定"愿不愿意动迁"和"怎么动迁"，让动迁居民参与和监督整个动迁过程，实现全过程人民民主，变"要我动迁"为"我要动迁"。同时通过征询机制，动迁成本得到有效控制，社会矛盾减少，整个旧区改造速度大幅提升。

　　市政府 71 号令规定，两轮征询制度的首轮征询通过率不低于90%，二轮征询不低于80%。随着各项制度的完善，两轮征询比例不断提高，尤其是最近几年，始终在 95% 以上。2021 年启动的旧区改造征收项目总体签约比例高达 99.4%，还有好几个项目实现"双百"（双 100% 签约比例）。通过两轮征询等好的制度，以前"拉开有期、收尾无期"的状况得以有效改善。这说明旧区改造是民心工程，得到了广泛的社会认可。通过征询机制，征收成本得到有效管控，社会矛盾也减少了很多，整个旧区改造速度大大提升。

　　在数字提升的背后，其实是我们的群众工作方式、社会参与制度、社会治理效能的全面提升。旧区改造是好事，要将好事办好，充分听取群众意愿、扩大社会参与面是非常重要的。在推进过程中，街镇一级做了大量工作，创新了许多群众工作方法，使得政策效果得以充分发挥，进而保障和加快了旧区改造工作。

上海市房屋管理局副局长　冷玉英

全要素服务
Comprehensive Service

　　旧区改造被称作"天下第一难",难就难在做群众工作。时任市委书记李强多次强调,"做好群众工作是门大学问"。旧区改造是特殊的群众工作,关注群众利益诉求、尊重群众主体地位,是凝聚群众意愿、做好群众工作的基本前提。上海旧区改造始终把服务群众、造福群众作为工作的出发点和落脚点,以党建为引领,坚持"旧改为民、旧改靠民",充满感情、满怀真情做群众工作,做到心用到、脑用活、力用足,尽一切努力解决人民群众关心关切的问题,实现全要素服务,真正把实事办实、好事办好。

　　各区积极践行群众路线群众观点,发挥好各级党组织群众工作优势。黄浦区通过"宝兴十法",让宝兴里旧区改造实现了居民100%自主签约、100%自主搬迁,在黄浦区历史性实现了旧区改造推进"零执行",并被市委组织部作为群众工作样板在全市推广。虹口区提出了"三千精神",落实了"十必谈"制度,建立"3+X多元解纷融合式"共推工作模式,认真听取居民诉求、释疑解惑、调处家庭矛盾,真正做到"一把钥匙开一把锁"。杨浦区坚持"我为亲人搞征收"的工作理念,用阳光征收取信于民,用真心真情赢得支持,让旧区改造征收有速度更有"温度"。静安区充分发挥群众的力量,将工作平台建在一线,让群众参与贯穿全程,充分融合群众意愿和智慧,激发群众相互做工作的积极性,加快了旧区改造工作进程,形成了共治共建共享的格局。长宁区通过"1+6+3+X"工作模式,形成了"打开前门,关紧后门"的工作机制,坚持"一竿子到底",设置"签约比例奖",大幅提升签约速度。普陀区始终怀着"把旧里群众当亲人"的深厚感情,始终充满感情、满怀真情地做好群众工作,形成了"四精工作法""六攻坚工作法",尽一切努力解决群众关心的问题,把实事办到群众心坎上。浦东新区通过"五公开""四统一",试点"阳光动迁"全公开机制,以实际行动取信于民……通过广泛发动群众、充分尊重群众、紧紧依靠群众、深入宣传群众、真诚服务群众,把旧区改造过程变成密切联系群众的过程、赢得民心拥护的过程,把工作做到群众心坎上。

1. 黄浦"宝兴里群众工作十法"

黄浦旧区改造着实干了一件"大事"。30 年来，黄浦区各级党员干部砥砺奋进、接续奋斗，集全区之力，全情投入、全力以赴，41 万居民的生活环境得到改善。特别是过去 5 年，黄浦区通过探索创新旧区改造机制，破解旧区改造中的难题，跑出旧区改造"加速度"。多年保持每年5000 户的推进规模，2018 年开始加速，当年突破 7000 户，2019 年突破 12000 户，2020 年突破 20000 户。2022 年 7 月 24 日，黄浦区成片二级旧里以下房屋改造全面完成。

黄浦也干了不少"小事"。"大事"背后，用一件件关键"小事"、一处处温暖细节，让市民感受到的是上海这座人民城市的温度。

情法相融解心结，以理服人促和谐。旧区改造征收，说到底，还是做人的工作。旧区改造征收中，几乎每个地块、每户人家都面临着各种困难和矛盾。有的是家庭内部矛盾，有的是历史遗留矛盾，有的居民一开始会有抵触情绪……针对这些现象，黄浦区始终立足于以民为本的工作理念和方式方法，始终用心用情，提升征收温度：征收工作人员会同区相关职能部门，通过上门做工作、宣传政策法规、发放告知书、依法约谈等措施，取得经营商户对旧区改造工作的理解和配合。对部分有抵触情绪的经营户，耐心做工作，动之以情、晓之以理，用真情打动居民，用法理说服居民，逐步消除他们的疑虑心理。

解决实际困难，让困难百姓感受到温度。旧区改造涉及的矛盾千变万化，这就需要征收经办人、居委干部们沉下心、俯下身，倾听他们的心声，对他们提出的难点问题进行"一事一议"、深入剖析，设身处地为他们考虑，想方设法帮助他们寻找妥善的安置途径，手把手帮助其解决实际困难，解决他们的后顾之忧。只有做好有针对性的服务工作，增强对群众的感情，才能出成果、见真知、求实效。

初心不改，始终做好居民贴心人。黄浦的旧区改造，归根结底是为了人民。宝兴里旧区改造征收为何被称为样板？关键还在于民生服务。

分手不撒手，离开不离心。即使在宝兴里旧区改造后期，服务工作也始终没停，而正是这些和风细雨般的服务和春暖花开般的小细节，让宝兴里旧区改造实现了居民 100% 自主签约、100% 自主搬迁，在黄浦区历史性实现了旧区改造推进"零执行"，创造了近年来全市大体量旧区改造项目居民签约、搬迁完成时间的新纪录。2019 年，在乔家路地块征收过程中，张国樑优化征收操作流程，将各类认定工作前置，改变以往先签约、后选房的做法，让老百姓提前知晓安置房源信息、安置款项额度，确保居民明明白白签约、开开心心搬家。通过提供"一门式服务窗口""清单式服务"，明确告知居民后续的手续，并承诺居民完成告知单上的内容，搬家后只来一次，即可领走所有的安置款项，减少居民来回奔波次数，有效提高居民满意度（图 4-39、图 4-40）。

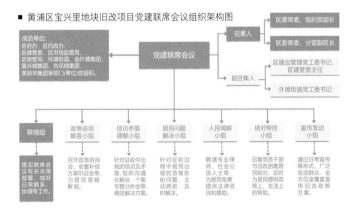

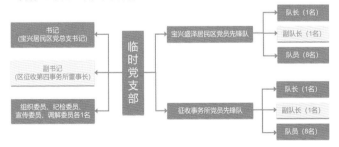

图 4-39　黄浦区宝兴里地块旧区改造项目党建联席会议组织架构图和临时党支部组织架构图（黄浦区旧改办提供）

图 4-40　2022 年 7 月 14 日上午,《人民日报》上海分社社长刘士安、黄浦区组织部长王庆洲一同参观宝兴里,宝兴里居委书记徐丽华在讲解之前发生的故事(黄浦区旧改办提供)

上海市委组织部将宝兴里旧区改造中运用的群众工作方法总结为新时代宝兴里旧区改造群众工作"十法",宝兴"十法"在全市推广,带动全市旧区改造提质增效(图 4-41)。宝兴里旧区改造入选第三届中国(上海)社会治理创新实践案例十佳案例,宝兴居民区党总支荣获"全国抗击新冠肺炎疫情先进集体"和"全国先进基层党组织"称号。宝兴居民区党总支书记徐丽华被授予"全国优秀党务工作者"称号。她激动地说:"在宝兴里居委会工作中获得的那种成就感,特别是在旧区改造中,那种因为和居民梦想共振而被赋予的信任感和成就感,始终激励和温暖着我,让我把为居民服务的工作做下去。"

图 4-41　宝兴里群众工作"十法"(黄浦区旧改办提供)

宝兴里"群众工作十法"

一是一线工作法。干部到一线下沉，问题在一线发现，资源在一线集结，工作在一线推进。

二是精准排摸法。对每家每户逐一排查、全面摸底、掌握情况，为精准开展工作奠定基础。

三是党员带动法。关键时刻党员站出来、亮身份、做工作，发挥先锋模范作用。

四是危中寻机法。把新冠肺炎疫情影响期变成旧区改造窗口期，主动上门、精准服务、化危为机，防疫工作和旧区改造工作两不误。

五是平等交流法。把旧里群众当亲人，跟居民拉家常、听居民诉苦闷、帮居民破心结。

六是循序渐进法。做居民的思想工作，要稳中有进、把握节奏，因时、因情、因事，能快则快、该慢则慢。

七是钉钉子法。难易统筹，瞄准重点，以钉钉子的精神不厌其烦做居民工作。

八是换位思考法。将心比心、以心换心，敢于在群众面前低头，善于体谅群众的难处。

九是组合拳法。在做好旧区改造工作的同时，多措并举，配套解决居民的实际困难和合理需求。

十是经常联系法。分手不撒手，党员管理不缺位；离开不离心，党员教育不断线；联系不断档，党员服务不"打烊"。

宝兴里旧区改造有速度更有温度

金陵东路上的宝兴里距外滩一步之遥，其内部多是近百年的老里弄房屋，曾经1136户人家就在这里过着"72家房客"的生活：生活空间局促，身处在"黄金地块"却还在使用手拎马桶，家里的大姑娘换个衣服爸爸不得不出去回避……

如今再走进宝兴里，感受到的是一片安静：弄内已人去楼空，房屋的门窗被木条封住，但老旧的旧式里弄整洁干净……2020年6月26日，随着最后一户居民旧区改造搬离，宝兴里居民终圆"新居梦"。宝兴里旧区改造创下了市中心大体量旧区改造的两个"100%"：仅用122天实现了居民100%签约，仅用172天实现了居民100%搬迁。

旧区改造被称作"天下第一难"，难在做群众工作。在宝兴里旧区改造地块，黄浦区外滩街道通过"一把钥匙开一把锁"，用好群众工作的老办法，探索群众工作的新思路，打开了群众的心结，走进了群众的内心，让旧区改造推进提速增效，也让群众满意度与获得感大大提高。

作"牛皮糖"，贴上去、沉下去

宝兴里居民区党支部书记徐丽华最近走在马路上，经常有搬走的居民隔着很远就和她打招呼，走近了还会拉着她的胳膊"拉家常"。但在旧区改造推进中，她没少看居民的脸色、听难听的话。"许多居民没来旧区改造时盼旧区改造；但当旧区改造真的来了，又怕旧区改造。每户人家都有着自己的想法，我们居委干部要体谅他们，还要想方设法做通他们的思想工作。"徐丽华说。

为了让居民能得益、早得益，街道与居委干部"走百家门"时，总结出"贴上去""沉下去"的工作方法，发扬"牛皮糖""钉钉子"精神。

有户居民感觉补偿条件与心理期待存在落差，拒不签约，甚至都不肯见居委干部、征收所工作人员。居民不肯出现，居委干部就主动上门。有位居民住在松江，居委干部来回坐3个多小时车去松江找上门。居民不让居委干部进门，他就在门外等着；等的时间久了，居民觉得不好意思就打开家里面一道门，隔着纱门与他聊上几句。他不放弃，隔几天再去居民家，一来二去，居民又打开纱门与他聊几句。如此去了十几次后，居民终于让他与征收所工作人员进门谈了。能进门、有的谈，就有解开心结的希望。居民的心结一点点打开了，最终如期签约。

在宝兴里旧区改造中，外滩街道党工委利用社区干部"进百家门、知百家情、了百家忧、解百家难"的工作优势，深入开展组团式联系服务群众工作。为了配合居民的作息时间，街道干部、居委干部和征收所工作人员常常早上7点到岗，直到深夜还在居民家中做政策宣讲和思想动员……

"人心都是肉长的。我们把居民当作自家的兄弟姐妹、叔叔阿姨，为他们设身处地着想，总能得到他们的支持与理解。""90后"居委干部顾赟看上去文文弱弱，但凭着一股韧劲与一颗为居民想在前的心，敲开了一扇扇难开的门。地块内，有一对老夫妇最初坚持不同意旧区改造。居委干部与征收所工作人员多次轮番上门，向老人们解释政策、提出解决方案。经过几次沟通，夫妇二人才坦言：家庭矛盾尚未解决。直到一轮征询投票前一晚，老夫妇也没有松口。居委干部再次上门对他们进行动员，向他们表示："一轮征询没有你们的同意票，会成为我们的遗憾；但在进行二轮征询前，我们一定会用好政策，帮你们家化解矛盾。"老夫妇十分感动，第二天准时出现在投票会场，投下同意票。

民生服务做到群众心里

宝兴里的弄堂内有个托老所，老人每天过来看看书、聊聊天，再吃个午饭，定期还会有医护人员上门帮老人按摩、推拿，好不惬意。2020年5月底，直到托老所内的最后一个老人旧区改造搬离，这家托老所才"谢幕"。

在宝兴里的旧区改造征收推进中，民生服务工作始终不停步，解决居民的后顾之忧，也将群众工作做进了群众的心坎中。

旧区改造刚刚启动，外滩街道就针对居民家庭情况复杂、诉求多样的情况，广泛征求意见，听取居民对征收工作的意见与建议，精准对接居民需求：有特殊困难群体因为看病、就餐等问题，希望能留在中心城区，街道联系旧区改造相关部门筹措了一批区内安置房源，提供给老人与大病患者进行选择，有效保障他们就餐就医等生活便利；宝兴里内居民老龄化程度高，60岁以上老人占86%，街道在旧区改造期间持续推进养老健康服务模式，为老送餐、托老所等服务持续到最后一名老人搬家；有些居民生活较困难，在附近从事一些临时性工作，他们担心旧区改造后，搬到其他地方，自己的工作没着落，街道联系了区相关部门，帮助他们对接了一批区内相关工作岗位信息……

旧区改造，不是为了让居民搬走，居民的生活始终让社区干部们牵肠挂肚。宝兴里党员居民须松青是居委第一代居委干部，积极支持旧区改造工作。旧区改造第一轮征询时，须松青第一个投出同意票。遗憾的是，二轮征询举行前不久，须松青过世了，由他的儿子代替他完成正式签约。但是随着时间过去，须先生一家却因条件困难无法搬迁。为了帮助他们一家，居委干部四处奔走，联络征收所寻找对应政策希望能够解决问题，还提出愿意将居委活动室临时作为搬迁前的过渡房借给他们。最终，须先生一家在街道、居委的帮助下找到了过渡房源，解决了后顾之忧，在限期内完成了搬迁。如今，须先生逢人就说，宝兴里旧区改造有温度。

上海基层党建网

上海安佳房地产动拆迁有限公司在各个项目基地成立了由街道及居委、律所、退休法官和征收所组成的"四位一体"调解委员会，本着"尊重客观事实、以法律为依托、以亲情为导向"的原则，帮助居民化解家庭内部纠纷、财产分割等"老大难"问题。截至目前，已为百余户家庭进行了调解，成功率超过80%，不仅避免了居民为了利益分配走上法庭，还节省了社会资源，加快了推进基地征收的速度。其工作得到广泛好评，切实做到"做好征收服务，提升上海服务"。

上海市房地产行业协会房屋征收工作委员会主任 张国樑

2．虹口"三千精神""十必谈"制度

旧区改造是最大的民生，虹口区作为老城区，人口密度大，是上海旧区改造任务最重的中心城区之一。面对"天下第一难"的旧区改造工作，虹口提出了千辛万苦、千言万语、千方百计的"三千精神"；面对旧区改造工作情况复杂，部门、街道、居民家庭沟通层次多、协调难度大的特点，探索出"七步工作法"工作机制，以及"一户一方案""十必谈"等工作方法；总结出了党建引领、群众工作、部门合力、队伍建设这"四大法宝"；在深入调查、全面排摸、科学分析的基础上，做到"一把钥匙开一把锁"，用感情、真情逐一解开群众心结，赢得群众支持。总结出"八个一"的工作模式，推动全区上下共同推动旧区改造工作，尽最大努力为居民群众圆梦新居（图4-42）。

图 4-42　虹口区征收工作人员在给居民解释政策（虹口区旧改指挥部提供）

　　虹口在旧区改造一线积极践行人民城市建设理念。虹口区旧改指挥部始终牢记旧区改造工作既是城市更新的重大工程，也是群众最关心的实事工程，努力做到让人民群众全员参与、全程关注、全方位监督，把工作做到群众心坎上。创建了特别的"2+1+N"工作模式，即 2 名征收工作人员 +1 名群众工作组成员，"N"则包含了人大代表、专业律师、人民调解队伍等团队，大家共同服务旧区改造群众；发动旧区改造队伍中的党员进驻基地，亮身份、作表率，此后启动的旧区改造项目均以高比例生效，几乎所有地块党员签约率都是 100%（图 4-43）。

图 4-43　2018 年，虹口 59 街坊居民给虹口区旧改指挥部送来锦旗（虹口区旧改指挥部提供）

图4-44　虹口区人民调解进基地，推动旧改"加速度"（虹口区旧改指挥部提供）

一方面，把群众工作贯穿工作始终，力争把矛盾化解在源头。协同区相关部门，规范和细化各项工作，组织人大代表、政协委员、律师等第三方人士加入调解工作，落实"十必谈"制度；在各旧区改造项目基地设置了专门的法律服务团队，随时接待来访居民并答疑解惑。另一方面，聘请了专业的退休法官成立调解工作室，针对居民在析产、征收等过程中产生的矛盾与问题进行更深层次的调解和答疑。通过这些方法减少司法强制执行数量，降低执法成本和执法风险，确保社会稳定（图4-44）。

一方面，坚持用脚步丈量民意。第一个项目启动后，都要求全体工作人员下沉一线，走到旧区改造群众身边，真心实意地办好每一件事，赢得群众的信任。除做好宣传、引导等常规工作，工作人员多次上门看望旧区改造地块中行动不便的老年人、卧床病人等困难群众了解情况，做好安抚工作和谈话记录；还对住外区的居民亲自上门做思想工作，宣传解释征收政策。从一次次谈心、一次次服务、一次次慰问做起，让群众从一点一滴、一言一行感受到党和政府的关怀，真正与群众心连心。

"三千精神"

千方百计，联系群众。区委、区政府领导靠前指挥，党员领导干部深入一线，听取意见，分析情况，查找问题，研究办法，确保旧区改造工作扎实稳步向前推进。

千辛万苦，走访群众。组建由机关事业干部、居民区党组织和居委会社区干部等组成的群众工作组，连同房屋征收服务事务所项目部经办人员，资源共享、分工合作，共同上门走访，做到底数清、情况明、信息准、不遗漏。

千言万语，宣传群众。始终围绕群众关心的问题、期盼的热点、疑惑

到老人家中办理委托手续

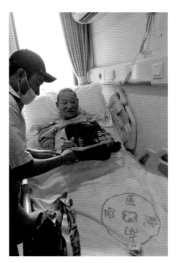

到护理院办理委托手续　　　　　去医院送告知书　　　　　去护理医院签约

的难点、关心的重点，多渠道通俗解读政策方案，正确引导、表明态度、亮明观点。在各新开旧区改造地块成立居民监督评议小组，扩大居民群众对旧区改造工作的知情权、参与权、监督权，确保旧区改造工作在阳光下运作。

"十必谈"制度

坚持把矛盾化解在源头上，区相关部门通力协作，规范和细化各项工作，组织人大代表、政协委员、律师等第三方人士加入调解工作，落实"公信人士谈、行政谈话谈、补偿决定谈、专业律师谈、诉调中心谈、法院传票后谈、行政庭法官谈、街道主要领导谈、强制执行前谈、强制执行后谈"的"十必谈"制度，把群众工作贯穿工作始终，力争把矛盾化解在前道，减少司法强制执行数量，降低执法成本和执法风险，确保社会稳定。

"十全"工作法

坚持"旧区改造民生全关注、党建引领全争先、圆桌会议全覆盖、宣传工作全方位、部门合作全参与、化解矛盾全真情、法律咨询全释疑、征收信息全透明、依法裁执全规范、评议监督全过程"的旧区改造工作"'十全'工作法",做深做细做实群众工作,赢得群众支持。

贴心服务:孤老签约选房,后面的都交给我们了

10月19日是拿摸房顺序号的日子。记者跟随114街坊的经办人周明浩和禄寿里居民区党总支书记华怡菁来到东余杭路1143弄55号。楼道内黑乎乎的,记者猫腰走在狭窄的木梯上,每一步都小心翼翼,来到三楼一个阁楼间,这里就是夏保中的家。

63岁的夏保中拿着周明浩送上的摸房顺序号,高兴地对记者说:"感谢国家让我可以住新房子了,我腿脚不方便,以后不用爬楼梯了,小周照顾我,都是上门服务,上次还给我带了水果。"记者看到,8.5平方米的空间零乱地摆放着他所有的家当,压抑得让人有点透不过气来。他在这里住了40多年,一直单身,父母都已过世,没有亲戚来往。因为患小儿麻痹症,走路一瘸一拐的。

"他第一次来基地后,我们就不让他再出门了。所有的政策解释工作、意向书签订等都是我们上门服务",周明浩说,"他第一次过来找我们时说不知道后面该怎么办,因为签好协议要搬家,但他自己办不了买房、租房这些事。我们就和居委会一起开会讨论方案,意向书上帮他选了惠南一套一楼的56平方米新房,那里是成熟社区,有志愿者可以上门服务,旁边就是医院。还找中介公司帮他借好房子过渡。"项目经理段平说:"他是孤老,又有残疾,我们要争取帮他拿到合适的房子。"

这些年多亏了居委会的工作人员和志愿者关心帮助夏保中。华怡菁告诉记者,夏保中年纪大了,有时候会糊涂,之前还被人骗了身份证办信用卡被透支了2万元。后来居委会干脆帮他保管了身份证,平时发东西第一

个就是他,大家都说他是居委会的"阿爸"。有热心人募捐衣服,居委干部会把较新的挑出来先给他,过年还会上门给他打扫卫生。现在征收是好事,好事也要做好,一定要把他照顾好、安置好,站好最后一班岗。"等新房子拿到后我们还要帮他装修、买家电、买一辆残疾车;柜子要定做矮一点的,方便他拿东西。等他顺利住进新家,我心中这块石头才能最终落地啊。"

屠瑜、袁玮,《情暖北外滩:用我的辛苦换你的安居》,《新民网》,

2020 年 10 月 26 日

3. 杨浦"四三二一"工作法

　　杨浦旧区改造工作始终遵循"征收为民,造福民生""我为亲人搞征收"的工作理念,始终牢记群众观点,坚守群众立场,用阳光征收取信于民,用真心真情赢得支持,让旧区改造有速度也有温度。杨浦旧区改造从实施征收政策伊始,新启动项目平均 3 个月达到签约率 85%,到后来的首日签约率可达到 99% 以上,甚至 100%,充分体现了杨浦群众对旧区改造工作的认可(图 4-45)。

图 4-45　杨浦区长白街道 228 街坊以"三个 100%"整体协商搬迁,街道主任潘玮与居民击掌庆祝(杨浦区旧改办提供)

　　群众工作前置是杨浦的旧区改造工作一个重要特点。正式启动签约前的群众工作做得早、做得细、做得深。重点项目安置方案初稿形成后,不仅专门听取人大代表和政协委员的意见,还走进居民社区,直接听取居民代表的意见,以优化、细化安置方案。同时,在前期摸底"人口清、面积清"的基础上,做到"四清",即"人口清、面积清、社会关系清、利益诉求清",将群众基础工作做在正式启动签约前。杨

图4-46　2021年11月20日，在定海154街坊旧区改造基地办公室内，杨浦征收工作人员向被征收居民宣讲旧区改造政策（杨浦区旧改办提供）

图4-47　2021年2月18日，杨浦区征收工作人员认真和居民沟通中（杨浦区旧改办提供）

浦还改变了以往动迁习惯做法，采取"先难后易"的策略，"抓两头带中间"，在居民得益最多、政策资源最丰富的奖期中，优先帮助家庭困难、矛盾复杂的动迁户解决实际困难，取得了良好的工作成效（图4-46、图4-47）。

分片划块层层推进。从2008年动迁开始，杨浦旧区改造工作队伍尝试以两人一组为单位，所有干部和人员"分片划块"，对口拆迁公司经办小组，细致做好政策宣传、答疑解惑，全程参与掌握签约进度，切实保障政策前后一致。2010年，随着旧区改造范围的扩大，以街道和居委会为平台，将各动迁基地划分为片、块、组，逐步形成了"整体联动、分片包干、层层结对、全面推进"的工作机制，旧区改造指挥部、街道干部对口包干联系动迁片与块，关口前移，重心下移，通过点对点、面对面深入一线开展工作，逐个化解矛盾、攻克难题（图4-48、图4-49）。

邻里互动共建共享。旧区改造工作的开展必须依靠广大群众的联动参与，杨浦区针对部分居民对征收（动迁）工作"不理解、不信任、不理性"的情况，按照组、块、基地三个层面设置整体签约奖，引导居民形成相互教育、相互协商、相互促进的共建共享良好氛围，通过党员、

图 4-48　2021 年 2 月，杨浦征收工作人员搭平台与居民代表沟通（杨浦区旧改办提供）

图 4-49　2021 年 2 月，杨浦征收工作得到居民认可（杨浦区旧改办提供）

群众"志愿者"相互做工作，一些矛盾得到了及时有效的化解，加快了签约进度，促进了社区和谐。

"四三二一"工作法

四清工作法。以"四清全过程"传承为保障，捧丹心、提能力。杨浦坚持传承人口清、面积清、社会关系清、利益诉求清这十余年来一直在推动实践的"四清"工作法，将旧区改造项目纳入规划、立项、征询、收尾、出让、建设全过程，做早做深做细前期工作。摸清底数，了然于胸。工作人员"分片划块"对口联系征收基地，了解困难家庭和可能存在的复杂矛盾，根据实际情形，为征收户量身定制安置方案。创新政策，赢得信任。为消除居民群众不理解、不信任、不理性等情况，首创"加奖期""时间窗"等机制，倒排节点、集中推进，专门组织政策宣讲会，形成早签约、多奖励的舆论氛围，赢得居民信任支持。联动资源，转变身份。坚持"市区联手""组团打包"，积极探索引入社会资源参与，盘活旧区改造资金，提高旧区改造加速度。随着阳光征收落细落小，工作难度从居民对补偿公平性质疑的外部矛盾向家庭成员"分蛋糕"的内部矛盾转移，征收人员也从"谈判专家"逐渐转型为"老娘舅"。

三民工作法。以"三位一体"建构为抓手，践初心、聚合力。杨浦通过民情家访、民事调解和民生快车，开展"弄堂烟火情"等系列活动，凸显党建为了群众、惠及群众、造福群众的实效。建立区旧区改造指挥部、街道分指挥部、征收事务所三级党组织架构，做到方案制定、房源配置、资金筹措、队位管理"四个统一"。区旧区改造指挥部临时党委强化"指导、协调、监督、服务"主业主责，明确落实街道分指挥部、征收事务所党建责任，克服新冠肺炎疫情影响，聚力啃下"硬骨头"，跑出"加速度"。街道分指挥部临时党总支夯实属地职责，与场所院队党建联建，"分片划块"助推矛盾化解、帮困解难，居民区党组织发挥"情况明了、人头熟悉、说得上话"的优势，把工作延伸到弄堂口、灶披间、屋顶头。征收事务所党组织发挥主力军作用，充分用好征收一线的"行家里手"，坚持一个方案不走样、一把尺子量到底、一套标准算到底，切实维护好广大居民群众利益。

两通工作法。以"两方面作用"盘活为重点，铸匠心、激活力。以提升组织力为重点，把党组织、党员放在征收工作最前沿，以"关键少数"带动"绝大多数"，提升签约率。发挥基层党组织战斗堡垒作用。以街道旧区改造分指挥部临时党总支、基地临时党支部建设为抓手，引导党员干部带头攻坚。开展"现场打擂""五比五赛"等立功竞赛活动，营造"比学赶超"浓厚氛围。发挥党员先锋模范作用。基地党员工作人员带头执行"九进九出"工作机制（上午9点上班、晚上9点下班），全身心投入到基地推进工作中去。落实职工签约工作法，把"区属单位示范引领"作为重要抓手，引导党员"亮身份、作表率、当标杆"。在基地公示"党员签约榜"，将居民党员信息和签约情况全公开。学活做实党史学习教育。以"旧区改造党课"提升"老娘舅"工作本领，发动社区党员梳理红色印记、编撰故事案例、拍摄滨江岸线，形成"弄堂烟火情"系列活动，让居民记住乡愁、算清大账、喜迁新居。

一线工作法。以"一线工作法"机制为法宝，汇民心、添动力，心系群众期盼、城区发展，拓展深化"一线工作法"。一线发现问题。既遵循"我为亲人搞征收"，用阳光政策取信于民，又将心比心、换位思考，以走遍千家万户、讲尽千言万语、付出千辛万苦"三个千万"找到症结堵点。一线解决问题。注重发挥居民群众主体作用、社区干部主导作用和社区法律顾问助推作用，"一把钥匙开一把锁"，纾解群众就医养老、区域通勤等问题，让征收工作有情怀、有温度。一线锤炼干部。党员领导率先垂范，带领机关、事业干部和居民区"两委"班子驻扎征收一线"传帮带"，把"门

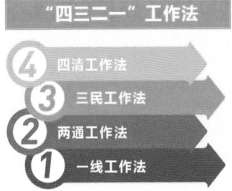

杨浦区"四三二一"工作法组图（上海市旧改办、杨浦区旧改办提供）

"外汉"变为"老法师"，用"一阵子"辛苦引导居民把握人生机遇，实现"一辈子"的愿望。

用心用情做好群众工作

定海路街道以党建引领为抓手，留存"弄堂烟火气"

随着城市发展变迁，生活在旧式里弄的百姓感受到了可观、可感的真实变化。为了能保留住独属于定海弄堂的私家记忆，旧区改造征收工作全面启动前定海路街道党工委便策划了"弄堂烟火情"系列活动，希望通过大力发挥党建引领作用，达到温暖人心、凝聚人心、争取人心的效果，真正做好为民服务的工作。开展"弄堂时光机"合影活动，居民们只要报名，就有摄影师为他们拍摄与自家老房子的合影，并免费冲印1张12寸照片留念。同时，街道还组织摄影爱好者拍摄一些特色老建筑、小巷和场景，留存弄堂生活记忆；开展"弄堂老故事"收集活动，用口述史的方式收集发生在弄堂的老故事，汇聚各种老照片、老物件，并将采集到的故事撰写成文、汇编成册，组织专人上门进行采访，并制作成微视频留存。组织"弄堂大家庭"座谈会，为了帮助社区居民缓解离别的伤感之情，社区的党员志愿者与街道共同策划了"艾香端午邻里""心里有话对党说""舍小家成大家，评先进留回忆"三场主题活动，在推进宣传旧区改造工作的同时，凝聚人心，形成合力，助力旧区改造征收工作的顺利实施。这些活动让居民感到这样的旧区改造有温度。人离土，情常在。居民区党组织正是在这样的和谐氛围中走近居民，了解居民的所思所想，增强做好群众工作、推进旧区改造的底气和信心。

大桥街道"线上＋线下"齐发力，服务征收居民

在杨浦大桥下面，有一片近 10 万平方米的老城区——大桥 89 街坊征收基地，涉及 3400 余户居民，是杨浦区 2020 年首批启动二次征询的基地之一，于此疫情防控、社区安全、防汛防台、创建全国文明城区等多项重要工作交织阶段，旧改工作面临多重考验，正是疫情防控背景下杨浦旧区改造的一个缩影。

89 街坊人户分离多、空关户多，新冠肺炎疫情之下开展动迁工作，相关政策如何让"宅家"的居民充分知晓？在疫情防控和征收推进"两手都要抓，两手都要硬"的要求下，89 街坊基地临时党支部各成员单位达成共识，充分发挥"大桥人家"和"杨浦一征"公众号的作用。

"大桥人家"从居民视角关注居民心理；"杨浦一征"将征收政策分期做成"录播课"，方便居民随时了解；分组经办人则与居民建立"一对一"微信沟通模式。

"线上"发力同时，基地临时党支部在基地广场内设置"政策会客厅"，由基地经理、公司业务经理、党员负责值守，"线下"答疑解惑。街道还派出 56 名处级干部、机关事业干部进驻旧区改造基地一线，搭平台、勤走访，最大限度地化解各类矛盾和难题。

"心桥工作室"由街道司法所党员干部带队调解员和法治专员为基地居民提供法律咨询。入驻至今，累计接待居民咨询 82 件、90 余人次；受理矛盾纠纷调解 39 件；通过咨询和调解，促成 76 产居民签订《房屋征收补偿协议》。

"老书记工作室"聘请了潘凤英、陈为珍等群众基础好、工作经验丰富的老书记，协助开展征收工作。"二次征询"期间，"老书记工作室"共调解 67 产、150 余次，成功签约 52 产。其中，由于不舍旧居和政策不理解等原因，在一次征询中唯一一位不同意的 93 岁老人，通过"老书记工作室"和居民区的共同努力最终欣然签约。

上海基层党建网

4．静安"五全工作法"

　　静安旧区改造通过健全群众工作机制，把群众工作做在前面。要求街道、居委会将群众工作前置，切实摸清辖区内零星旧区改造项目"两清"情况，掌握基地居民旧区改造意愿，结合资金、规划等情况"成熟一块、启动一块"。提升居民参与度，做活群众工作。在房屋征收工作中更加注重尊重群众意愿，发挥居民主体地位，确保居民参与"零障碍"。从群众意愿征询、征收安置方案形成，到征收过程监督、居民签约安置等，房屋征收各个环节都要融合群众的意愿和智慧，保障群众在房屋征收中的主体地位（图4-50）。引入第三方，如人大代表、政协委员、律师、司法工作人员等，参加基地征收工作，参与旧区改造矛盾化解，增加公信力和专业性。科学制定征收方案，落实利益导向原则，激发群众做群众工作的积极性（图4-51～图4-53）。

　　在群众工作上聚心，广泛汇聚旧区改造征收正能量。面对旧区改造这项民生工程，静安始终把群众工作当成最重要的基础工作，切实做早做深做细做实，确保实事办实、好事办好。一是将工作平台放在一线。充分发挥基层组织贴近群众的工作优势，建立街道和项目两个层面的协调推进平台，强化一线群众工作力量。通过点对点、面对面的思想

图4-50　静安区征收人员在听取群众意见
（静安区旧改总办提供）

图4-51　静安区举行旧区改造征收听证会
（静安区旧改总办提供）

图 4-52　静安北站新城旧区改造征收结果公开（静安区旧改总办提供）

图 4-53　静安张园旧区改造征收生效（静安区旧改总办提供）

工作，既密切了党政组织与居民的联系，又营造了群众自我动员、协同参与旧区改造的氛围。二是把群众参与贯穿全程。在旧区改造征询、方案制定、居民签约等各环节，都充分融合群众意愿和智慧。比如华兴新城项目征收过程中，先后召开各类座谈会 180 多场，参与居民逾 5000人次，切实保障群众在房屋征收中的主体地位。三是聚心公平，引领群众，做群众工作。公开、公平、公正是旧区改造推进中老百姓最为关注的事情。在基地征收启动之初，静安区坚持将被征收居民中的党员纳入基地临时党委（支部）中，既充分体现了党的一切为了群众、一切依靠群众，从群众中来、到群众中去的群众路线，也通过这一方式方法建立群众信任、做通群众工作，让居民共同参与旧区改造工作，提高征收签约率，消解社会不稳定因素。同时，要求党员带头签约，以实际行动作表率。在张园地块，还注重典型宣传作用，发动已签约的居民牵头成立"张园签约正能量微信群"，让群众参与宣传工作，强化正能量引导。通过设置集体签约的利益激励机制，激发群众相互做工作的积极性，使一批仅仅依靠行政力量无法解决的矛盾得到及时有效化解，不仅加快了旧区改造工作进程，同时也在征收中形成了共治共建共享格局。同时，引领多方参与，邀请人大代表、政协委员、居民区代表、律师等人员开展征收监督评议工作，有效发挥各类监督作用，促进重点矛盾案例的协调解决。

　　基于多年旧区改造工作，静安积累了相当多的群众工作经验，形成了"五全工作法"。

"五全工作法"

方案全公示，结果全公开：旧区改造基地内设立公示栏、电子触摸查询屏，公开征收补偿方案征求意见稿、签约进度，以及所有居民家庭的基本信息和征收补偿结果，居民可以随时查询。

群众全参与：从群众意愿征询、征收安置方案形成，到征收过程监督、居民签约安置等，房屋征收各个环节都融合了群众的意愿和智慧。由居民组成的房屋征收居民群众监督评议小组全程参与研究涉及居民利益的重大问题，让"暗箱操作"无机可乘。

审计全过程，监察全方位：基地、街道、相关部门、区政府建立了多层级的监督检查和信访举报受理平台，并对旧区改造过程进行全程审计，形成了内外结合的监管体系。

做好旧区改造矛盾化解　探索旧区改造群众工作新路

动迁关系百姓的切身利益，往往是各种历史问题、现实矛盾、利益诉求和社会公平的焦点，这也是旧区改造成为"天下第一难"的主要因素。在工作中，静安区积极做好群众工作，强化矛盾化解。旧区改造一线工作人员坚持以信取人、以情动人、以诚感人，让被征收居民走得舒心。

以信取人：在安置政策上对居民诚实以待，把握好分寸，不能乱许诺，也不能随便毁诺，维护好政府的公信力。要用完善的制度和严密的程序保证旧区改造的公平、公正、公开，规范和改进群众关注的人口认定和面积核定程序、居民意见征询与听证、信息公示和结果公开程序等，让旧区改造居民清楚明白地看到"暗箱操作"无机可乘，从而能谈话谈得舒心、签约签得放心、搬迁搬得安心。

以情动人：要带着感情做居民思想工作，把他们当亲人看待，切实维护他们的合法权益。对有困难的动迁居民家庭，更应该在旧区改造中对他们充满温情、亲情，做到扶一把、送一程。在苏河湾3街坊，有一证居民的房屋拆迁面积要达到400多平方米，而且这一证内有3户居民，他们的动迁诉求也不太理性。机关干部和经办人员天天上门和这 3 户居民谈心，还仔细分析、研究他们的各种心态，更是一次次到居民家宣传政策法规。一来帮居民算政策账，摆事实、讲道理，向他们说明补偿安置绝对是"一竿子到底""不穿喇叭裤，只穿直筒裤"；二来帮居民算经济账，比一比拆迁房子的实际价格和补偿价格，再比一比安置房源的供应价和市场价；三来帮居民算民生账，引导居民多考虑搬迁后的居住环境能不能得到改善、生活质量是不是得到提高。正是这种动之以情、晓之以理的方式，最终促成了这 3 户人家高高兴兴搬迁。

以诚感人：要不厌其烦地与居民反复谈、谈反复，通过量的积累达到质的变化。促搬促签的过程中，同样的政策可能要解释百遍，同样的道理可能要说上千遍，这个过程费的是时间，耗的是精力，靠的是诚意。要避免与居民有语言和身体上的冲突，"骂不还口，打不还手"。天潼路 877 弄就住着一对 78 岁高龄的老夫妻，被称为动迁"坚冰"，因为老夫妻觉得他们家房屋的计算面积不对，所以一直拖着不肯签约。征收工作人员接手这户人家后，用了整整 49 天时间，不分白天黑夜，上门 120 多次，从了解实际情况到多方奔走取证，把这户家庭的问题一一解决。同时，工作人员根据这户家庭的特点，建议老夫妻采取货币安置的方式，帮助他们顺利签约。不光这样，凌斌还主动提供"额外服务"——利用休息时间，自己开车陪着老夫妻看房不下 30 次，联系中介 50 多家，最终为他们找到了安享晚年的称心住所。

同时，为了促进矛盾化解，静安区以群众工作统领旧区改造工作，让被征收居民了解旧区改造，理解旧区改造，支持旧区改造，从源头上减少矛盾。

维护群众发言权。搭建平台，固化途径，让群众在征收工作中拥有更多发言权。落实居民监督评议小组对方案制定、结果公开执行、矛盾调处化解等的监督权和处置权，不断优化座谈会、听证会、意愿征询会等的制度化机制，在意愿征询、方案拟定、过程监督、签约安置等各个环节吸收融合群众的意愿和智慧。

注重群众做群众工作。旧区改造工作必须依靠群众的能力、主意、意愿解决问题，发挥好群众做群众工作的作用。通过居民推选或上门工作中主动寻找、发现、挖掘一批威望高、代表大多数老百姓利益的征收工作积极分子，鼓励他们"现身说法"，积极参与政策宣传、矛盾化解，在征收事务所与居民之间"牵线搭桥",推进签约进度。科学制定征收方案,落实利益导向原则,激发群众做群众工作的积极性。去年年底启动的上海电影技术厂周边基地,在三个月签约期快要结束时,尚有一户居民因家庭内部矛盾拒不签约。基地一些热心肠的居民一起做工作,动之以情、晓之以理,促使其在签约期最后一天及时签约,实现了1374证居民签约100%、利益保障100%。

静安区旧改总办提供

全过程监督
Full Process Supervision

为保障整个旧区改造过程的"公开、公平、公正",市人大、市政协将旧区改造作为专项监督内容,市、区联动,开展全方位督察。旧区改造基地启动前,各区搭建由人大代表、政协委员、法律人士、专业人士、新闻工作者、社区工作者以及动迁居民代表组成的第三方公信平台,全程参与、协调和监督征收(动迁)工作,建立律师、居委干部、经办人员、机关干部共同参与的工作模式,有效协调解决居民家庭矛盾。

黄浦区充分依托街道居委、法院、律所组成的工作站,从第三方的公正立场为居民群众提供政策解释、人民调解及法律咨询服务,重点聚焦家庭内部矛盾的疏导、化解,为陷入僵局的被征收户开启了一扇又一扇窗户。不仅建立了多元纠纷化调解机制建设,还引导人民调解员、社区律师和退休法官等力量参与纠纷调解,形成纠纷化解闭环。为帮助旧区改造征收化解矛盾,确保征收顺利,外滩街道宝兴里居委联合发动小区内的律师、居民代表、楼组长、已退休居委干部和志愿者,成立"百家说事"自治团队,开展法律政策咨询服务,帮助困难群体解决搬迁过渡。外滩街道社会治安综合治理工作中心设立外滩城市更新巡回审判工作站(图4-54),工作站内,法官案桌移至旧区改造一线,居民预约咨询络绎不绝。2014年,在尚贤坊基地,张国樑劳模征收工作室邀请区监察局同步监察并发布《行政监察告知书》(图4-55),发给每户居民,公布举报电话,接受公众监督,再一次用实际行动践行阳光动迁的工作理念。在黄浦外滩源(二期),首创居

图4-54　外滩城市更新巡回审判
工作站(黄浦区旧改办提供)

图 4-55　2014 年，尚贤坊旧改基地张贴《行政监察告知书》（黄浦区旧改办提供）

图 4-56　司法靠前合作：外滩源二期地块针对签约困难户开展政策法律宣传告知会，由法院、街道、征收中心、征收事务所等联合，主动靠前一步与居民进行沟通（黄浦区旧改办提供）

民告知会（图 4-56），邀请区征收中心、街道、区法院、律师等多个职能部门和专业人士参加，共同为居民分析问题，在细节中突破局限，有效保障居民的合法权益，取得了居民对旧区改造征收工作的理解和支持。

虹口区委、区政府始终高度重视旧区改造各项工作的合法性和规范性，从 2012 年旧区改造新政实施以来就组织评议监督员、人大代表、政协委员、律师等第三方人士，全过程参与、评议、监督旧区改造环节，始终坚持贯彻落实这一工作方法。一是通过听证会、评估公司推选等环节进行监督，提升政府公信力。二是维护居民的知情权、参与权、监督权，成立居民监督评议小组。小组由旧区改造地块的居民自己推选产生，对征收工作进行评议和监督。对居民家庭的突出矛盾和特殊困难，监督评议小组提出建议，由征收事务所、街道分指挥部、区旧区改造指挥部研究解决。三是参与承租人变更、私房共有产调解会等，加快了旧区改造工作进度。四是现场接待居民投诉，充分发挥群众工作组的工作职能；党群服务站正式投入使用后，依托阵地恢复设立旧区改造监督员队伍；设立监督举报箱和举报热线，安置在基地醒目位置，向公众告知举报箱

图 4-57　2014 年，虹口举行 18 街坊房屋征收和补偿方案听证会（虹口区旧改指挥部提供）

图 4-58　2020 年 4 月 27 日，杨浦区 89 街坊征收方案听证会（杨浦区旧改办提供）

及举报热线设置情况、受理范围和举报方式；要求基地经办人员佩戴上岗证，接受党员群众对基地的旧区改造工作全过程进行监督（图 4-57、图 4-58）。

杨浦坚持社会公信力量深度参与。为了保障整个旧区改造过程的"公开、公平、公正"，基地启动前，街道党工委负责搭建由人大代表、政协委员、法律人士、专业人士、新闻工作者、社区工作者以及动迁居民代表组成的第三方公信平台，全程参与、协调和监督征收（动迁）工作，建立了律师、居委干部、经办人员、机关干部共同参与的工作模式，有效协调解决居民家庭矛盾。探索设立"法律咨询服务窗口"和"旧区改造基地巡回法庭"。2018 年 11 月，杨浦区法院在平凉西块动迁基地成立了全市首个"旧区改造基地巡回法庭"，主要协调处理与旧区改造、市政动迁有关的家庭矛盾纠纷，同时也方便动迁居民就近获得司法帮助。截至 2019 年底，巡回法庭共接待动迁居民咨询 2224 人次，成功协调处理共有产纠纷、子女抚养、动迁款分割等各类矛盾 425 起，签订书面协议 31 份。帮助协调居民家庭各类"疑难杂症"的王华山法官从二中院审判长岗位退休后，到杨浦区担任"旧区改造基地巡回法庭"的社区法官，每个星期在基地、区法院、旧区改造指挥部之间来回跑，给居民讲政策。群众工作做得早，矛盾化解也随之"前移"。王华山说："基地其实是矛盾纠纷产生的原点，我们的任务，就是尽早把它们化解掉。"此外，杨浦涌现出了"心桥调解工作室""老韦调解工作室"等一批优秀的人民调解室（图 4-59、图 4-60）。

图 4-59　心桥调解工作室（杨浦区旧改办提供）

图 4-60　2021 年 4 月，杨浦区上水公房基地公信人事调解居民家庭矛盾（杨浦区旧改办提供）

　　静安区引入第三方，如人大代表、政协委员、律师、司法工作人员等，参加基地征收工作，参与旧区改造矛盾化解，增加公信力和专业性。推行"律师驻地"制度，要求基地聘请的律师和旧区改造人员一样实行"997"工作时间，随时为被征收居民提供法律服务。共有产权家庭结构复杂，内部多有矛盾，单打独斗做群众工作往往效果不佳，街道就实行"组团式服务"，由街道处级干部带队，组织居委会干部、征收事务所经办人员、司法所工作人员、人民调解员以及人大代表、政协委员等，以第三方的身份为有矛盾的家庭提供法律援助，化解因征收引发的家庭纠纷（图 4-61）。

图 4-61　华兴新城基地评估公司选举，公证处人员、居民代表全程监督（静安区旧改总办提供）

旧改遇难题？巡回审判（调解）工作站解来了

2021 年 8 月 19 日，黄浦区人民法院（简称上海黄浦法院）和外滩街道党工委、办事处联合举行外滩城市更新巡回审判（调解）工作站揭牌仪式，通过把区法院民事法庭审判团队力量引入旧区改造第一线，为被征收居民提供调解平台，让居民家庭内部的矛盾纠纷在进入诉讼前就得到专业的司法服务。

外滩城市更新巡回审判（调解）工作站正式揭牌（黄浦区旧改办提供）

上海市高级人民法院副院长陈昶，黄浦区委常委、政法委书记吕南停，上海市第二中级人民法院副院长蒋浩，上海黄浦法院院长段守亮，黄浦区外滩街道党工委书记丁琦宁，外滩街道办事处主任潘燕兵等领导出席会议并共同为工作站揭牌。

巡回审判（调解）工作站探索联合调解机制

旧区改造是黄浦区最大的民生，也是居民最大的期待。然而在旧区改造推进过程中，因被征收家庭分配征收补偿利益而引发的矛盾纠纷多发，不仅影响居民家庭内部关系，更影响旧区改造征收工作的推进。

"家庭财产分割不均、承租人变更、家庭矛盾调解等问题，都曾是旧区改造居民的心结。"外滩街道党工委书记丁琦宁介绍说，目前外滩街道多个地块征收工作正同步推进，任务繁重，街道将充分利用工作站平台，不断深化法律服务旧区改造工作内涵和外延，以看得见的成果和可复制的经验做法，进一步融合社区负责人、人民调解员等多种力量共同参与基层矛盾

巡回审判（调解）工作站将法官案桌带到调解第一线
（黄浦区旧改办提供）

《2017—2020年共有纠纷案件民事审判白皮书》收
入经典案例（黄浦区旧改办提供）

化解，为居民提供切实有效的解决办法。

据了解，新成立的巡回审判（调解）工作站将整合社会各界的解纷资源，探索建立与社区人民调解委员会和其他社会组织的联合调解机制。同时，工作站还将定期开展法律宣讲、法律咨询、共有纠纷典型案例发布、典型案件调解和审理等工作，用通俗易懂的语言和宣传手段，让被征收居民理解、吃透征收政策，增强对征收补偿利益分配结果的可预见性，从而理顺家庭内部关系，提高签约速度，减少矛盾纠纷发生。

纠纷案件白皮书总结经典案例

随着黄浦区旧区改造和城市更新工作的大力推进，黄浦法院共有纠纷案件收案数量呈井喷式增长。据当天发布的《2017—2020年共有纠纷案件民事审判白皮书》显示，2017年以来该院共受理共有纠纷案件2339件，年收案数量在4年间增长了8倍多。

白皮书还指出，共有纠纷案件具有较强的法律性、政策性和伦理性特点，被征收房屋大部分年代久远且性质各不相同，家庭成员人数众多且关系复杂，被征收户对征收补偿利益期望值又普遍高，不仅导致此类案件中当事人之间矛盾尖锐，也给法院审理工作带来难度。

"我们将以外滩城市更新巡回审判（调解）工作站成立为契机，持续深化矛盾纠纷多元化解机制，为黄浦旧区改造和有机更新提供更加有力的司法服务和保障。"上海黄浦法院党组书记、院长段守亮表示。

严佳婧、宋梅，《旧区改造遇难题？巡回审判（调解）工作站解来了》，
《上观新闻》，2021年8月20日

Chapter 5

终见成效
Finally paid off

经过 30 年的持续接力，尤其近 5 年来，上海旧区改造按下"快进键"，2022 年 7 月 24 日，上海全面完成成片二级旧里以下房屋改造工作，困扰上海多年的民生难题以及"一边是高楼大厦林立，一边是老旧房屋密集"的"二元结构"矛盾得以历史性解决。165 万旧区改造居民告别逼仄的"蜗居"，圆梦"新居"，旧区改造成为最大的"民生工程"和"民心工程"。通过旧区改造，不仅有效改善了困难群众的居住条件，同时也提升了城市面貌、区域环境和整体形象，有力拉动了投资、消费和经济发展，还积累了可复制的、成功的经验与模式，为接下来的"两旧一村"改造攻坚战夯实基础、提供借鉴。

After 30-year continuous efforts, especially since the 19th CPC National Congress, the transformation of Shanghai's old districts has entered a period of rapid development. On July 24, 2022, Shanghai fully completed a block of housing retrofits below Secondary Old Lanes Jiuli standards. About 1.65 million households left their narrow dwellings and moved into new houses thanks to the thirty-year demanding and laborious work done by thousands of cadres and individuals. The majority of Shanghai residents improved their living conditions today because of the renovation project. Housing set rate has increased to 97.6% by the end of 2020. The floor area per person has steadily increased to 37.4 square meters in 2021. Citizens live in tidy sets of housing, leading dignified lives. Their senses of accessibility, happiness, and security have significantly improved. District renovation project also contributed to poverty alleviation and economic development, which promoted prosperity for all and realized the people's aspirations for a better life. Through the rehabilitation and renovation of old districts, Shanghai's city has developed comprehensively: urban functions have been improved; the city's image has been changed; the living environment has become more pleasant; the governance level has been improved as a whole; the modernization process has been greatly accelerated. Replicable and successful experiences and models were also accumulated through the reconstruction of the old areas, which would provide reference for the "two old & one village" renovation (old district reconstruction, old housing renewal and urban village transformation).

更好的生活
A Better Life

住房，曾是许多上海人心中的痛。一面是霓虹璀璨的高楼大厦，一面是逼仄破败的陋室简屋。"拎着马桶看东方明珠"，透着许多居民的辛酸与无奈。

从早先的难民木屋，到石库门里弄，再到新式里弄房子，经过上百年的城市形态变迁，沉淀在上海中心城区的几千处弄堂像血管一样织罗密布，成为这座城市的底子。

岁月冲刷过往。建造之初，石库门里弄多为独门独户的殷实人家居住，在随后的近百年间"化整为零"，变成几户甚至十几户人家的居所。"72家房客"成为上海人熟悉的市井生活。1970～1980年代，上海建筑之密、道路之狭、绿化之少、缺房户比例之大，一度均居全国"第一"。只有住过旧式里弄的人，才能真正体会"蜗居"的艰难：兄弟姐妹同居一室，只能在床与床之间拉一道帘子；平面里挨家挨户、拥挤不堪，就从高度上"作文章"，隔出一间小阁楼；家里来了客人，没地方坐，在床沿边铺一块"床边布"，客人走了再撤下；没有独立的厨卫，就在房间里摆一个痰盂，用完后再拿去倒……

深入每一个旧区改造基地，都能听到许多辛酸故事。"十个平方九个头，陆海空样样有""门对门，窗对窗，白天要开灯，户户拎马桶"，这些在旧区改造居民中流传几十年的自我调侃。虹口区17街坊的居民一直过着手拎马桶、合用灶披间的生活。由于没有洗澡的地方，居民们就在过道间的水斗旁拉两块布，关照着邻居"不要下来"，简单擦洗几下了事，以至于老人一个月不洗澡也成了常事。"最怕下雨，屋外下大雨，屋内下小雨。家里的墙纸因为受潮贴了烂，烂了再贴，都不知道来来回回折腾了多少回。"永年路120号王美红说。建国东路67街坊的水塔人家老王，在20多米高的水塔下，从青丝到白发，住了50多年，拎了50多年马桶，房间十多平方米，一张双人床、一个小饭桌、一个衣柜、一个冰箱，一个脏兮兮的抽水马桶就装在饭桌旁。虹口185街坊的王国明，睡了30年的躺椅。张扎根一家三代五口人蜗居在24平方米的两间小屋内，由于环境逼仄，一家人吃饭只能围坐在一张小方桌旁，吃完饭再把方桌立起来，这样睡觉时才能把沙发床拉出来。如此每天吃饭、睡觉都是一番折腾，"沙发床都拉坏了 3 个"。黄浦第二征收事务所总经理孙杰到一位居民家里，因为地方实在太小，居民指了指马桶说，"实在不好意思，您只能坐这里了……"新冠肺炎疫情之下，旧式里弄因简屋陋室、居住密度高、厨卫合用，疫情防控格外困难，居民苦不堪言。

改变这样的居住环境，不仅是城市公共卫生建设弥补薄弱环节的需要，更是数十年来旧里居民最强烈的期盼。"破败的楼梯在外人看着是宝贝，但自己走上去才知道，根本走不稳。我能少下楼就少下楼。""孩子们觉得这里环境太差，不愿意到家里来。""拎了几十年马桶，真是拎够了。"

安得广厦千万间，天下寒士俱欢颜。一片片旧区改造的成功，实现了无数人的梦想。"从小盼到大，现在终于赶上了旧区改造的'末班车，'"永年路 120 号王阿姨开玩笑说，"现在的心情就像中了彩票一样，开心到飞起。""签约当天，我特地炖了一只老母鸡汤，一家人中午庆祝庆祝。"王国明三兄弟，从 11.2 平方米的"蜗居"亭子间，一起在奉贤同一个安置房小区选了三套一室一厅，和和睦睦分好旧区改造大"蛋糕"，开开心心一起住新居；虹口北外滩旧区改造地块霍山路 231 弄居民张扎根也选择了奉贤区两套 80 平方米的安置房，住房面积从 24 平方米上升到 160 平方米。张扎根高兴地说："要是没有这次旧区改造，我们享受不到这样的福利，一辈子就要住在这里了。现在多好啊，这简直是一个天一个地哦！以前内心压抑，现在心情舒畅了，连血压都不高嘞。"他的幸福、激动溢于言表。黄浦区豫园街道傅家街地块林建梅激动地说："这次动迁终于帮我完成了心愿，新搬进的小区环境好了，有多样的健身器材，拥有独立卫生间，人住得舒服了，幸福感就自然而生了。"虹镇老街陈子明说："他们（虹镇老街的居民）现在碰到我都讲，感谢政府、感谢党，要是还住在原来的棚户区，这次疫情防控后果不敢设想！""我的新家一定会干净、整洁，可以摆各种各样的画，东西都能收纳起来，"70 多岁的阿婆像小孩一般，"有了自家的卫生间，我可以天天沐浴了，想沐几次就几次。"

阳光照进旧里，让"踮着脚尖盼旧区改造"的居民挥别"蜗居"、圆梦新家，让老地块通过蝶变跃迁升腾起"有尊严的烟火气"，让受益于旧区改造的居民生活更有品质、更有尊严、更加幸福，在点滴变化中彰显出城市的人民属性与价值取向。广大市民群众对市委、市政府的这一民心工程交口称赞。

1. 黄浦区

黄浦区作为上海的窗口和名片，很多年来，那些流光溢彩的高楼大厦背后还存在着大量的简屋陋室。旧区改造，是黄浦区最急、最难、最愁的民生难题。尽管是上海面积最小的城区，黄浦区却承担着全市一半的旧区改造体量。30 年来，黄浦区各级党员干部砥砺奋进、接续奋斗，集全区之力，全情投入、全力以赴，41 万居民的生活环境得到改善。特别是过去 5 年，黄浦区通过探索创新旧区改造机制，破解旧区改造中的难题，跑出旧区改造"加速度"。

"耶，我们生效啦！"2022 年 7 月 24 日上午 10 时，建国东路 68 街坊及 67 街坊东块征收基地里一片沸腾，期盼已久的居民们欢欣鼓舞，互相道喜祝贺，幸福的礼花为这历史性的一刻热情绽放。7 月 24 日是黄浦区建国东路 68 街坊及 67 街坊东块旧区改造二轮签约首日。当天，该地块以 97.92% 的高签约率生效，1800 多户居民将告别旧居、拥抱新生活。这标志着黄浦区完成最后一块成片二级旧里以下房屋改造，也宣告了上海大规模旧区改造的胜利收官。

瘫痪老伴住上电梯房

陈青苗是黄浦区宝兴里的"原住民"。当年，他作为返城知青通过招考，成为港务局的一名装卸工人。1984 年，他分到了宝兴里的一间厢房，搬进衣柜、双人床、餐桌和几件家具后，整个房间就摆不下别的了。女儿的房间只能从头顶隔出一个简易的小阁楼，没有一丝光照，还直不起腰。

女儿在结婚后搬了出去，老两口一住便是 30 多年。2018 年，老陈的老伴突发脑溢血，瘫痪卧床，女儿工作繁忙，老陈一个人照顾起来非常吃力。卧床的老伴需要晒太阳，但底楼的房间里一年四季照不进阳光，黄梅天还会散发阵阵霉味。即便向居委会借残疾人推车，门外过道堆满的杂物、门前高低不平的地砖也让外出格外不便。因此，患病后的老伴很少出门，也一直都郁寡欢。

2019 年 7 月，金陵东路地块旧区改造项目启动。好消息传来，老陈每天都会盼着早点签字、早点搬家、早点领钱，带着老伴过上新生活。彼时的他理想中的"新家"是一间电梯房，每天可以推着老伴下楼晒太阳。

离开宝兴里后，老陈先搬进了徐汇区田林东路的过渡房。2021 年 1 月的一个早上，彼时住在过渡房的他正要推老伴去田林街道社区卫生服务中心做康复治疗。和一年多前完全瘫痪在床相比，老伴已经能够自己踩几步康复器材，并在老陈的搀扶下，拄着拐杖走上几步，气色也明显好了些许。

康复治疗做完后，老陈就推着老伴往家赶，要回家准备中饭。小区里面有个大花园，周末上午不做康复治疗的时候，老陈就用一上午的时间，

老陈推着老伴下楼晒太阳（《新民晚报》周馨摄影）

陪着老伴一起去晒太阳。过渡房里的"大件"家具也是从宝兴里搬来的冰箱、洗衣机。"因为还很新，还能用呢。"老陈说。

近日，小编拨通了老陈的电话，他兴奋地告诉小编，2021 年 4 月初，他就搬进了装修好的电梯房，新家离过渡房不远，方便老伴继续做康复治疗。新房主要进行了一些适老化的改造，安装了一些手扶栏杆。老陈说，当初一眼看上这个新房，是因为朝南的大阳台，一点遮挡都没有，光线透亮。而且卫生间也大一些，老人走动也方便。还因为新家离女儿家不远，女儿也常常骑着助动车来探望，走动更勤了。

杨玉红、袁颖琼，《上海旧区改造 30 年，那些摆脱蜗居生活的人去了哪？新生活过得怎么样？来听听他们的心里话》，《新民晚报》微信公众号，2022 年 8 月 1 日

满屋子阳光，房间亮堂堂
黄浦区外滩街道宝兴里居民 黄祖菁

问：以前宝兴里的居住条件怎么样，能和我们分享一下吗？

黄祖菁：我生在宝兴里、长在宝兴里，小时候经常听家里面老人提起新中国成立前宝兴里的情景。当年的宝兴里可谓乌烟瘴气，随处可见打架斗殴，妇女一个人走在弄堂里可能会被流氓抢劫，甚至有人因吸鸦片死在角落里。宝兴里还有"低头弄"之称，因为弄堂内污水、粪水、泔水横流，走进来要先看脚下，不然一准会踩到。

问：听说您母亲是宝兴里的首任居委会主任，能说说她的故事吗？

黄祖菁：解放后，宝兴里筹建起上海第一个居民组织——宝兴里居民福利委员会。我的母亲单粲宝是一位有知识、有文化的新中国女性。她走出家庭，当上了宝兴里首任居委会主任。那时的里弄干部流行一句话："自吃饭，无工钿，倒贴鞋袜钿。"没有办公用品，他们就自掏腰包，或由热心人士捐助。没有办公场所，我家的客堂就成了居委会的工作室、会议室，这样一干就是 8 年之久。

问：征收启动时，您的心情如何呢，能和我们分享一下吗？

黄祖菁：刚听说这里要动迁时，我的本能反应是不舍。这是我家祖上的老宅，我在这里出生、长大，小学、中学、卫校都在黄浦区读。工作后在崇

旧区改造前的宝兴里

黄祖菁的新家

明待过十年，在那里成家生子，回到市区还是住在娘家。儿子成家搬走后，我和丈夫继续住在这儿的厢房里，因为住惯了。这里是上海的"钻石地段"，距离人民广场、外滩、大世界都不到 1 公里，也承载了我太多的回忆。

问：能简单谈谈在征收过程中您有哪些感悟吗？

黄祖菁：这里毕竟是二级旧里，很多老人只能蜗居在不到 10 平方米的房间，住房条件确实不理想。居民改善自己居住条件的意愿也很强烈，就像我们居委会徐书记说的，居民就是这个想法，没有征收想征收，征收来了怕征收。"怕"字里面每个人都有自己的想法，有的人觉得要搬到很远，交通不方便；有的人觉得补偿款不如意。

对于我来说，我觉得政府征收是为了解决居民的住房困难。如果我母亲健在，对于这次征收，她肯定积极响应配合。作为单粲宝的女儿，我当然也要继承母亲的思想境界，配合政府工作，尽快签约。

问：您对目前的住房满意吗？

黄祖菁：我用补偿款在儿子居住的小区买了新房，跟儿子一家住在上下楼。最让我感到惬意的是满屋子的阳光。"以前我们生活在老石库门里，晒不到太阳。现在我家有一个朝南的阳台，白天阳光照进来时，房间亮堂堂的。"

书面访谈材料，照片由受访者提供，标题由编者根据内容提取

人住得舒服了，幸福感就自然而生了
黄浦区豫园街道傅家街地块　林建梅

问：可以简单介绍一下旧区改造征收前您家的居住环境吗？

林建梅：我们在傅家街的老房子住了整整59年，这里承载了我们太多的记忆和不舍。这里居住环境很差，我们是上户，厨房是四户合用的，上厕所需要每天拎马桶。因为条件有限，洗澡也是一个很头疼的问题。这次动迁终于帮我完成了心愿，新搬进的小区环境好了，有多样的健身器材，拥有独立厨卫，人住得舒服了，幸福感就自然而生了。

问：对您来说这次旧区改造征收最大的感受和收获是什么？

林建梅：我最大的感悟就是感谢国家、感谢政府，这次动迁过程中深切感到政府实事做得好，做得实，真正是为民着想，非常感谢征收三所领导和具体基层经办人的关心和辛勤付出，为改善老百姓住房条件，政府是"下血本"了。这次作为动迁的亲身经历者，我切身感受到了征收所工作人

林建梅居住小区新旧对比图

员的关心和付出。现在征收所的工作人员很多都是年轻人，与我们接触交流时都温柔和贴心，他们作为动迁工作的具体执行和操作者都很吃苦耐劳，这让我很感动。通过动迁，老百姓都有很大的获得感、安全感、幸福感，真的很感谢政府为民办实事！

书面访谈材料，照片由受访者提供，标题由编者根据内容提取

2. 虹口区

作为中心城区，虹口区旧区改造任务艰巨。党的十八大以来，虹口区累计作出 93 个征收决定，惠及 138 个街坊，让近 8 万户人家告别"蜗居"，圆梦新居。

2022 年 6 月 30 日，虹口区旧区改造迎来了历史性时刻——随着 185 街坊、212 街坊、234+247 街坊分别以 97.05%、99.66%、100% 高比例生效，虹口区成片二级旧里以下旧区改造征收正式收官。

当昔日的虹镇老街成为今日的瑞虹新城，当破败逼仄的二级旧里建起弄潮时代的高楼集群，当腐朽斑驳的百年建筑变身时尚地标……一场场旧区改造的成功，为居民带来实实在在的获得感、安全感、幸福感。

旧区改造后，好日子来了！

不久前，在张桥生活了数十年的郭阿姨特地给陈子明打来电话。1982 年，25 岁的郭瑞蓉嫁到虹镇老街附近的张桥路。她回忆，只要下暴雨，一会儿工夫，家中的木头凳子和椅子就会漂起来。住在张桥路几十年间，郭瑞蓉不敢与家人出远门，担心家中无人，万一遇上下雨，房子就要遭殃。2017 年，随着张桥旧区改造，郭瑞蓉搬进两室两厅的新家。她告诉陈子明："这五年，我和老公去了很多地方旅游。"

陈子明新居（照片由受访者提供）

"好日子来了"是70岁的陈子明从无数虹镇老街旧区改造受益的居民中听到的心声。而作过近20年居委干部、至今仍在张桥居委会作顾问的陈子明，本身也是虹镇老街旧区改造的居民。双重身份让他更能理解旧区改造居民的心酸和期盼。在他看来，旧区改造是政府改善百姓生活的最大实事，真正促进了居民家庭的和谐。

女儿结婚前还没睡过真正的床

一线天的小路、局促的房间、拎着马桶的人……局促的居住环境，"螺蛳壳里做道场"，居民之间常常因此引发邻里摩擦。出生在虹镇老街7号地块的陈子明说："每到夏天，总要和110民警打几次照面。"棚户区房子间距逼仄，空调外机会将热风直吹进对门房间，让不少人为此吵翻天甚至大打出手；同处一栋楼生活的居民，无论是水龙头，还是灶台，用起来都要排队等位；阳台空地少，衣服一多就晾不下，许多居民只能到马路上拉起一根绳子，晾晒自家衣裤……

而他作为一个父亲，更心酸的是："女儿直到结婚离开家之前，都没有睡过真正的床。局促的房间，让她只能一直蜷缩在一张沙发上睡觉。"

然而，由于虹镇老街年代久远、人员复杂、社会矛盾聚集等，旧区改造项目启动16年后，成功动迁的面积才刚刚过半。直到2009年5月，虹镇老街开始推行"两轮征询、数砖头加套型保底、全公开操作"的阳光旧区改造新政。

作为虹镇老街的"老土地"，陈子明成了亲历上海执行旧区改造征收新政的第一批居民，体验了从"动迁"到"征收"的政策转变——各家情况全部公开，"一把尺子量到底"，不是"数人头"而是公平的"三块砖"叠加，不是"钉子户最划算"而是"早搬迁、早得益"。

2017年，陈子明一家正式搬进了中心城区最大的保障房基地——彩虹湾。一套96.5平方米的三室一厅，让生活换了人间。他的女儿还在宝山顾村买了自己的房子，回父母家居住时，也终于有了属于自己的大房间。

周楠，《旧区改造后，好日子来了！"如果还住老房，

封控期间生活不敢想象"》，《解放日报》，2022年7月22日

终于可以吃顿团圆饭了

北外滩霍山路保定路　张扎根

2021年国庆，对我一家来说很不一般，因为这是几十年来第一次围坐在餐桌旁，吃上团圆饭！全家人一起坐在真正的餐桌边，好好吃顿饭，是我多年的心愿。

我家住在北外滩霍山路保定路，12平方米，家具都是活动式的。要吃饭就撑起一块不足1平方米的小桌板，由于坐不开，即使是年夜饭，一家人也只能轮流吃。

家里地方实在太小，6户人家共用厨房，烧完菜把灶台盖起来，洗完碗要把橱柜锁起来。老母亲患有阿尔茨海默症，不得已把老人家送到养老院。我和儿子一家住在一起。他是公交早班车司机，我要先他一步起床，让出地方给他洗漱。起床后我就散步走到人民英雄纪念碑，要5700步。

征收决定贴出来那天，我在公告栏前面站了很久，逐字逐字地念，念到自家里弄名时，我眼泪都下来了，终于盼到了！

国庆节当天全家吃团圆饭，感觉像年夜饭那样隆重，我特地去买了条鱼，寓意"年年有余"，祝愿生活蒸蒸日上。这个国庆我特别激动、特别感恩，是国家的繁荣富强，是党和国家的好政策，让我们老百姓的日子越过越好，让我有了幸福的晚年。

旧区改造征收前的张扎根一家

搬入新居后的张扎根一家

张扎根老房子晒台

张扎根安置房小区环境优美

书面访谈材料，照片由受访者提供，标题由编者根据内容提取

超超37岁小伙圆了婚房梦

"新房装修好了，我随时可以拎包入住。"时隔两年，37岁的超超终于圆了自己拥有一套两室一厅婚房的梦想。

超超出生在虹口区唐山路业广里，和父母生活在弄堂深处的一间逼仄的老房。看着儿子超超吹完35岁的生日蜡烛，鲁美云愁眉不展：儿子很懂事的，一直不提谈恋爱、结婚的事。其实，老两口都知道，弄堂里不时有人提着痰盂或马桶进出，这样的生活环境，怎么让儿子带女朋友回家呢？

超超在做饭

2020 年，业广里所属的东余杭路（一期）成为上海当年最大体量的旧区改造项目，涉及居民 5888 证、6322 户。当年 11 月，这个大规模旧区改造基地迎来了最关键的一场大胜仗——以 98.69% 高签约率生效。鲁美云一家也如愿选了一套虹口彩虹湾的新房，在 22 层，两室一厅，南北通透。

"这套房子打算拿来做儿子的婚房，装修设计都是他自己弄的。"鲁美云乐呵呵地说道。两室一厅的新房，本来装修费预算在 11 万元。后来老两口看中了环保板材的地板，决定把装修配置再升级，多付了 1.8 万元。在他们心中，儿子自己住的房子，装修要讲究点。老两口则住到了宝山。

超超告诉小编，设计师推荐了多个定做预制柜设计方案。他选择定制了一套客厅的电视柜和书柜，其他空间都"留白"，等将来入住后根据需要添置。上个周末，师傅还上门安装好了定做的窗帘，再通通风就能入住了。

这些天，超超下班到家的第一件事，就是进厨房给妈妈打下手。"我一边帮妈妈切菜，一边看妈妈如何做虾仁跑蛋、茭白炒肉片等家常菜。"他说，和父母住在一起 37 年，每天回家都能吃上热饭热菜，自己从没下过厨。搬进新房后，就要自己动手做一日三餐了。

尽管还没有入住，每到周末，超超喜欢一个人开车去彩虹湾逛逛。小区里停车位很多。超超说，彩虹湾是一个大型居民社区，周末的菜场、超市、商铺非常多，还有社区食堂、上海市第四人民医院。"购物、看病、运动，我们步行 5 分钟范围内都能得到解决，非常方便。"

杨玉红、裘颖琼，《上海旧区改造 30 年，那些摆脱蜗居生活的人去了哪？新生活过得怎么样？来听听他们的心里话》，《新民晚报》，2022 年 8 月 1 日

3. 杨浦区

杨浦是上海的传统工业城区，其二级以下旧里的总量曾占全市约1/3，改善住房条件成为杨浦区居民最急切的期盼。自 1992 年以来，杨浦旧区改造累计拆除二级以下旧里房屋 380.28 万平方米，为近 16.35 万余户居民改善了居住条件。其中，2011—2021 年，共完成征收 7.96 万户，拆除旧住房 200.28 万平方米。2021 年，全面完成杨浦区内成片二级旧里以下房屋的改造。2022 年，完成剩余零星二级旧里房屋的改造，一方面极大地改善了民生，另一方面为杨浦滨江发展腾出了空间，也为打造宜业、宜居、宜乐、宜游的城区环境奠定了基础。

政府出资为百姓，旧里征收得民心
杨浦区 93 街坊党员　周兴葵

我是 93 街坊动迁居民，周兴葵。杨浦区委、区政府遵循习近平总书记在杨浦滨江视察调研时的重要指示："人民城市人民建，人民城市为人民"，为百姓启动了大规模的旧区改造，四年来取得了重大成就，圆了我们百姓数十年来盼望已久的旧区改造梦想。我们终于告别了破旧住宅及脏、乱、差的环境，分享到了旧区改造带给我们的新生活，提高了生活质量，提升了我们的幸福感和获得感，让我们对未来生活更充满了信心和期待。党和政府践行了"以人民为中心""一切为了人民"的承诺，为百姓办了一件实事、一件大好事。我们衷心感谢党、感谢政府！

在整个旧区改造过程中，区房屋征收所的所有领导和同志坚持旧区改造政策公开、公平、公正，耐心宣传，把政策送上门，做好各家各户的细策落实，为个别有困难、有矛盾的家庭搭建平台，不分昼夜、不计时间、废寝忘食、不厌其烦做好调解疏通工作，化解了矛盾，达成了共识，顺利地签了约，保证了旧区改造工作的顺利推进。他们的这种用心、用情、润物细无声的工作精神深深感动了旧区群众，迎得了百姓赞扬。其中 93 街坊的居民给第二房屋征收所的领导还送上了锦旗："政府出资为百姓，旧里征

周兴葵住房新旧对比照

收得民心，二所干群齐奋进，执行政策通民情，人民城市为人民，党的恩情说不尽。"表达了百姓对旧区改造及对执行旧区改造政策的领导的感激之情。我们坚信在以习近平同志为核心的党中央领导下，生活一定会像芝麻开花节节高，我们要与党中央一起奋力攻坚克难，一心向未来。

　　　　　　　　　　　　书面访谈材料，照片由受访者提供，标题由编者根据内容提取

这次动迁终于帮我完成了心愿

杨浦 27 街坊长阳路 503 弄 126 号 405 室居民　吕福海

　　我在老房子里居住了很多年，居住环境很差。对我来说最大的心愿就是有生之年住进明亮、整洁的新房子里。这次动迁终于帮我完成了心愿，我不需要再跟邻居共用厨房与卫生间了，不需要每次下大雨都担心房子会漏雨、进水了。

　　作为楼组长，我平时尽自己的微薄之力帮助楼里居民和居委会构建沟

吕福海住房新旧对比图

通的桥梁。这次动迁刚开始我就跟动迁工作组、居委会表示，我们这栋楼一定会积极配合动迁工作，百分之百完成全体动迁。整个过程中，楼里有几位居民不理解政策，我主动带头第一个完成签约，并与他们进行多次沟通。我告诉他们现在的动迁政策阳光透明、公正公开，政府会帮我们老百姓争取最大的利益，请他们一定要相信和配合动迁组工作。就这样，我们楼全部签约了。我激动的心情久久不能平静，我生在了好时代，有政府的关怀、党的关怀，我的感激之情无法用言语表达。

书面访谈材料，照片由受访者提供，标题由编者根据内容提取

终于告别了拎马桶的日子
杨浦区江浦 160 基地辽源新村居民

我从 1957 年搬进辽源新村。在这里，我和家中其他兄弟 5 人相继成家，

随着第二代、第三代的出生，住房条件确实逐渐紧张。随着人口越来越多，小区也变得拥挤不堪，房屋陈旧、房子隔声差、没有卫生设施等都成了摆在眼前最现实的问题。

旧区改造生效那天，我正好在征收组办公室，见证了他们把85%的数字翻到公示栏上。当时我真是激动坏了，盼了这么久的动迁终于成功了。当时，我就把这个好消息立马告诉我们辽源新村的老居民们。盼望了几十年的旧区改造，现在党的阳光政策终于照到我们身上了，大家心里都十分高兴。

如今，我们一家趁着旧区改造，早就住进了新房子，有独立的卫生间、独立的厨房，卧室也比原来大一倍，白天还能晒到阳光，非常开心。在我有生之年总算等到了，终于告别了拎马桶的日子，是党的好政策让我们晚年能过上新生活。

书面访谈材料，标题由编者根据内容提取

4. 静安区

静安是上海棚户简屋和老旧住宅较为集中的地区。"十三五"期间，静安累计完成旧区改造受益居民26248户，拆除二级旧里以下建筑面积32.64万平方米，完成基地收尾34个。2020年4月，静安率先完成成片二级旧里以下房屋改造任务。随着旧区改造攻坚战役取得决定性胜利，静安广大群众解决了居住困难，改善了生活条件，同时城区面貌实现新的提升，为区域发展换来新的空间。

提升了我们人民群众的幸福度、满意度和安全感
静安区张园居民　芦光荣

我是1995年搬到张园来的，在茂名北路250弄3号的二层东前厢一住

张园居民合用厨房

芦光荣新居

就是 30 多年，一家 3 口人挤在居住面积只有 30 多平方米的房间内。我们的房子前屋能照到一些太阳，后屋终年不见阳光、阴暗潮湿，一到下雨天就漏雨，屋外大雨、屋内小雨，即使不下雨，黄梅天也是难熬的。这么多年，眼看着周边高楼大厦拔地而起，自己心理落差非常大。

直到 2018 年底，《上海市静安区人民政府关于确认静安区张园地块旧城区改造项目房屋征收范围的批复》的正式发布，一夕之间打破了张园的宁静，也可能这里和很多其他等待拆迁的地块一样，早已暗流涌动。尽管张园地块经过了几次大修，但由于老建筑条件所限，居民居住条件没有得到实质性的改善，这里居民的旧区改造意愿非常强烈。

能轮到旧区改造政策，张园内的绝大多数居民都期盼了多年。我们一家在签约期初期就完成了签约和搬迁。

如今我们的新房买在了山阴路上，老年人住进新房享享福，青年人看中新房的资产价值，中年人也不用再为下一代的婚房操心。张园征收项目提升了我们人民群众的幸福度、满意度和安全感。随着张园地块保护性征收的不断推进，崭新的城市风貌将在这片土地上惊艳呈现。

书面访谈材料，照片由访谈者提供，标题由编者根据内容提取

我们彻底告别了阴暗狭小的弄堂

静安区天通庵路 26 弄 34 号　李培怀

　　我是 1959 年出生在天通庵路 26 弄 34 号（257 街坊），我家三兄弟 9 口人挤在 57 平方米的房间内。因为 26 弄是老式旧里，没有厨卫，每天天不亮家家户户都要生炉子、倒痰盂，后来才有了液化气钢瓶。狭小的弄堂下雨天撑伞只能一个人走过去，每年汛期外面下大雨，里面下小雨，因为地势低，还会冒水，需要我们不停地绕出去，上海人称之为"拷泵"，生活环境相当恶劣。整条弄堂居民都盼望动迁，盼望早日改善生活，希望党的阳光政策照耀到我们身上。

　　时间到了 2002 年初，居委会来每家每户收户口簿，说为摸"两清"作准备。原来我们天通庵路邮电居委会这一大片属于中兴城大规模旧区改造一期，居民们别说有多么高兴了。大家奔走相告，都说总算熬出头了。可是因为种种原因，我们从中兴城一期改为三期，时间跨度整整 17 年。这当中居民多次向市、区各部门反映，呼吁尽快启动征收。终于到了 2019 年 8 月，征收工作正式启动，中兴城三期征收高比例通过，我们彻底告别了阴暗狭小的弄堂。

　　如今我用拆迁款购置了一套新房，与儿子、儿媳一大家子住在一起其乐融融，尽享天伦之乐。望着宽敞明亮的大房子，真是由衷地感谢党和政府对老百姓的关心。

李培怀的老房　　　　　　　　李培怀的老房　　　　　　　李培怀新房所在小区

书面访谈材料，照片由受访者提供，标题由编者根据内容提取

床头屋漏无干处，雨脚如麻未断绝
静安区中兴路 1021 弄 30 号 1 楼居民　魏正鹏

　　我住在中兴路 1021 弄 30 号 1 楼，从结婚到现在住了 40 多年，随着第二代和第三代的出生，一家五口又一起窝居在 10 平方米的小屋内数十年。吃是民生，民以食为天，每天我一开油锅，大家在小屋内都有一种腾云驾雾的感觉。所有一年四季的衣服和棉被全部堆在随手可取的位置，按一下墙壁，墙粉都可以纷纷落下。一到台风季，大家整晚整晚地拿盆接水，正所谓"床头屋漏无干处，雨脚如麻未断绝"。

　　当旧区改造 241、242 地块开始启动"两清"工作时，意味着中兴路 1021 弄有望进入旧区改造阶段，我激动地哭了。

书面访谈材料，标题由编者根据内容提取

更美的城市
A Better City

陆家嘴是上海，老虎窗、亭子间也是上海；黄浦江蜿蜒流淌是上海，弄堂里的曲折过道也是上海。一边是高楼大厦林立，一边是老旧房屋密集，长期以来，上海城市面貌呈现出矛盾凸显的"二元结构"。

走在繁华的国际大都市上海的街头，一转身，蜿蜒曲折的小路犹如迷宫，蛛网般的小弄堂里，两人相遇，不侧身都无法通过。这些难以置信的景象，在上海存续了多年，被称为"城市伤疤""都市村庄"。

上海的"城市伤疤"很多，如普陀区曾有"两湾一宅"——潘家湾、谭子湾和王家宅，是上海内环线以内最大、最集中的棚户区，居住条件差，环境污染严重，房屋破败不堪。占地 59.8 公顷的铁路上海站北广场地区，棚户简屋密集，乘客下了火车，往南走便是高楼大广场；往北走，可能就迷失在一片陈旧杂乱的旧区中。虹口区的虹镇老街，走在仅容一人勉强通过的弄堂里，抬头不见天。弄堂的地面晒不到太阳，永远湿漉漉，即使到了干热的大伏天，由于住房狭小、缺乏卫生设备，不少居民都在屋外冲凉，地仍然干不了。暴雨时节更糟糕，伞撑不开，地上粪水四溢，居民抱怨"恨不得坐直升机飞过去"。露香园，名字美丽，居住环境却极差，不说众多家庭挤在没有卫生设施的小房子里，由于空间狭窄，有的居民要下楼，先得让楼下的居民帮忙把搁在一边的梯子移过来。在老城厢乔家路征收政策咨询会上，一位白发苍苍的阿婆说："中华路东面都是高楼大厦，我们在中华路西面，都是又破又旧的矮房子。"

"看到老百姓住在这样的房子里，我们非常内疚与自责""不能一边高楼大厦，一边危棚简屋""不能让老百姓拎着马桶奔小康"……不只一位领导如此真情流露。经过 30 年来"一年接着一年干"，党的十九大以来的"加速跑"，上海中心城区的"二元结构"得以提前历史性解决。

旧区改造在圆了居民多年的新房梦的同时，也使城市面貌发生了翻天覆地的变化。当昔日破旧不堪的"两湾一宅"在今天变成了上海明星住宅群"中远两湾城"，上海站北广场成了现代化的综合交通枢纽，虹镇老街成为瑞虹新城"新地标"，当成片的棚户简屋蝶变为苏河湾，当百年露香园打造成为既富历史人文底蕴又引领现代生活需求的高品质人居新地标，当"六埭头""八埭头"从"一片旧"到"一片绿"……一场场旧

图 5-1　苏河湾征收前鸟瞰图与概念规划方案效果图（实际以最终呈现为准）（静安区旧改总办提供）

区改造的成功，抚平了一块块"城市伤疤"，诞生了一个个新地标，也让上海这座城市变得更加美好（图 5-1）。

1. 黄浦宝兴里地块

　　宝兴里位于上海市中心核心位置，距离南京东路、外滩、豫园等著名地标地段，走路不过 10 来分钟，是上百年的旧式里弄街区（图 5-2、图 5-3）。宝兴里曾经很漂亮，也浸润荣光，在这里诞生过"上海第一居委会"。但随着时间推移，这里人口增多，居住环境越来越拥挤，做饭难、洗澡难、晾晒难，各种难困扰着居民。房屋逼仄低矮，旧改前户均居住面积仅 12.6 平方米。且绝大部分房屋都没有独用厕所与厨房，五六户人家合用的情况很多，拥挤且杂乱。黄浦区政府一轮轮地在宝兴里推进抽水马桶的加装，但即便如此，1136 户居民在旧改前仍有近半数人家要"拎马桶"。蜗居其中的居民过着"72 家房客"的日子：晚上睡觉打地铺时脚丫要伸到桌子下；夫妻吵架都不敢大声，因为隔声太差；家里的大姑娘换个衣服，爸爸不得不出去一下；不少年逾古稀的老人，每天都要拎着马桶从狭窄、陡峭的楼梯走下来，一来一回走上好几百米……

图 5-2　宝兴里鸟瞰图（黄浦区旧改办提供）

图 5-3　宝兴里主弄口（黄浦区旧改办提供）

彼时的宝兴里居民，获得感、幸福感无从谈起。宝兴里居民对美好生活的想法很具体，那就是：早日旧改征收，改善居住条件，住上新房子，过上好日子。

2019 年 7 月 9 日，宝兴里贴出旧改征收公告。得知要旧改了，很多老居民喜极而泣。然而，没轮到旧改时盼旧改，真的轮到了，居民又有了这样那样的想法。"人家是'黄金地块'，我们这里就是'钻石地块'，不好比的。""我的房子虽然小，但住在市中心，看病、买东西都非常方便，我们不想动。"居民们如是说。可以说，征收工作难度很大。

随后一段时间，通过各方面工作的展开，居民心态慢慢改变。2019年 8 月 3 日，宝兴里地块旧改征收咨询会顺利召开（图 5-4）。8 月 23—24 日，房屋征收一轮意愿征询投票，实现了"居民、单位知晓率 100%，

图 5-4　2019 年 8 月 3 日，宝兴里地块旧改征收咨询会现场（黄浦区旧改办提供）

选票送达率 100%，投票参与率 100%"三个 100%，同意率达到 99.69%，创造了黄浦区大体量旧改项目第一轮征询同意率的新纪录。2020 年 1 月 6 日，第二轮征询正式签约，首日签约率达到 99.20%，创下黄浦区旧改首日签约率新高，实现 2020 年旧改开门红。2020年 1 月 12 日一早，宝兴里第一批居民集体搬迁。6 月 26 日，最后一户居民搬离，宝兴里仅用 172 天便实现了全部 1136 证居民 100%

图 5-5　2019 年 8 月 19 日，旧改项目党建联席会议及临时党支部成立大会召开（黄浦区旧改办提供）

自主签约、100% 自主搬迁，创造了近年来上海大体量旧区改造项目居民签约、搬迁完成时间等多项新纪录，还在黄浦区历史性地实现旧改推进"零强制执行"。

宝兴里旧改作为上海旧改高效、高质的"样板"，实现了三方面成效：

一是通过党建引领，"宝兴十法"成为群众工作样板。宝兴里项目立项初期，黄浦就提出了"以党建引领征收"的方案。在区委支持下构建了"项目党建联席会议 + 临时党支部"的组织架构，设六个专项小组，各专项小组按照分类整合、专业运作、灵活机动的组织活动方式，快速破解征收过程中的热点、难点问题，形成各部门通力协作的局面（图 5-5）。

市领导多次实地调研宝兴居民区，部署、协调推动地块旧改工作。黄浦区领导带头走访旧改居民，面对面做思想工作；深入旧改指挥部，实地到居民区，解决旧改中遇到的难题；地块所属的外滩街道党工委成员全部上阵，每位党工委委员对口联系一定数量的居民家庭；街道干部下沉基地，分片开展工作……居民区党总支集中全员力量，向居民做好解释工作。为了能碰到居民，他们常常早上 7 时就到岗，直到深夜还在居民家中，这样的状态持续了很久。

在宝兴里旧改中，基层干部发扬党的优良传统，用老办法解决老问题，用新方法解决新矛盾，在实践中探索新时代做好群众工作、推动旧改提速的方法，并总结提练出"宝兴十法"。宝兴里用群众工作"十法"打开了群众的心结，走进了群众的内心，让旧改推进提速增效，也让群众满意度与获得感大幅提高。宝兴里地块的工作经验好像一颗种子，在黄浦区乃至上海市各个旧改基地生根发芽，推动其在这些基地高效、高质生效。2020 年，中共黄浦区委在总结宝兴里等基地经验的基础上，出台《关于践行人民至上理念，强化党建引领旧区改造全周期的实施意见》，指导、规范相关工作，其他旧改重点区也积极学习"宝兴十法"，推动制度创新向面上推广、向纵深延伸。

二是通过党员干部发挥带头作用，宝兴里旧改项目快速、高票签约生效。宝兴里地块内涉及 158 证党员干部家庭，有的是父母家，有的是兄弟姐妹家。这些党员干部主动做好自己家庭的动员工作，全部率先完成签约。宝兴居民区党总支书记徐丽华说："宝兴居民区党总支共有党员 114 名，涉及动迁的党员有 72 名，人数不多，但起到了大作用。"

"其他居民都看着，只有咱们家带头签约了，他们才会相信旧改是有利的、政策是公平的。"入党积极分子、居委干部许先铭一次次这样对父亲说。原来，小许的父母家就在此次旧改征收地块中。最初，父母对旧改有自己的想法。小许对父母做思想工作，讲不通时，父亲生气地对他拍桌子。但小许不放弃，一次、两次、三次，不断劝说父母。最终父母想通了。小许的父母签约后，不少邻居也跟着签约了。

地块内普通的旧改党员居民同样事事带头。旧改居民周永健是党员，家中有四兄弟，他是老三。旧改开始后，几个兄弟因分配问题一时无法达成一致。老周同样不争抢，但他深知自己的党员身份和应承担的责任。每次碰到徐丽华，他都主动表态：我们自家的矛盾我们自己解决，不用党和政府操心，一定会在规定日期内签约，不耽误旧改的进程。为了说服家人，周永健多次召开家庭会议，但随着签约期限临近，兄弟之间的矛盾却始终没有化解。老周想了个办法：他给自己已经去世的父母写了一封信，告诉父母最近大家庭里发生的事，在家庭会议上当着兄弟们的面念出来。当他读到"我希望在你们（指父母）的护佑和监督下，能得到亲情的回归、道德的回归、兄弟情分的回归、家风家训的回归"时，几个兄弟禁不住老泪纵横。因利益而淡漠的兄弟情回来了，他们按时在签约期内签了约（图 5-6）。

党员居民还积极做好左邻右舍的群众工作。70 多岁的党员居民樊人瑞在宝兴里住了 30 多年。旧改来了，有邻居向她抱

图 5-6 居民周永健讲述当年的居住条件（黄浦区旧改办提供）

怨：家中户口多，担心利益分不均，不想签约。樊人瑞不向邻居讲大道理，而是以自己家中情况来说服："你看我家，才不到 20 平方米的面积，有三户人家的户口，要说分，怎么也比你家难分吧！"邻居一听在理，自己也打消了其他想法。

三是通过阳光政策和贴心服务，消除了居民的顾虑，增加了工作的温度。宝兴里旧改征收是从全区层面统筹兼顾，既考虑了征收对象生活条件极端情况，又考虑了居民平均生活水平，最大可能保障多数人的利益，让旧改居民切实感受到"一碗水端平、一竿子到底、一揽子公开"。征收过程中听取群众需求，解答群众疑问，在 30 天公示期内共召开 51 场居民座谈会，接待居民 3600 余人次，收到各类意见、建议 630 余份。同时邀请部分区人大代表、政协委员作为公信人士参与监督评议小组，专设人大代表居民接待点，增强旧改工作公信力、透明度。

与此同时，街道党工委充分发挥居委干部"进百家门、知百家情、了百家忧、解百家难"的群众工作优势，将心比心、以情感人，让征收所算好居民群众的"经济账"，街道和居民区算好他们的"亲情账""人情账"，以此促进居民群众思想认识的转变。一名社工感慨道："这很可能是居委干部最后一次为这些曾经朝夕相处的居民们服务了，该给居民的一定要给到他们，他们想不到的，我们也要想在前头。"有户居民，老太太已经 90 多岁了，由于老人再婚，儿子和继父又有复杂矛盾，考虑到家庭情况，老人始终在犹豫。在了解实际情况后，街道和居委会主动上门，反复提醒老人一定要保障自己住房，避免老无所依，而不是把动迁款全部交给某个子女，最终感动了老人。有一户居民同意签字了，但老两口担心接下去要住哪里。居委就帮忙找房源、联系中介。"旧改征收不是居民签字同意了，工作就做完了，就可以不管居民了，我们的服务持续始终。"时任外滩街道党工委书记卞唯敏说。正是通过这样将心比心做工作，居民从不见面到隔着门见面，再到打开铁门、打开心门，最终全部完成了签约。

四是街区更新秉承可持续发展核心理念，保留保护该地区独特的历史建筑风貌，再现百年繁华。宝兴里所在街区历史悠久、文化底蕴丰厚，自上海开埠以来便是重要的交通枢纽和商业中心。值得一提的是，原法国领事馆、上海市第一个居委会、《新青年》杂志门市部都曾设置于该街区。这个风貌独特的历史街区见证了上海城市近两百年来的发展与变迁。黄浦区秉承"找到好人家、打造好作品、赢得好效应"的理念，创新土地出让模式，通过"一次遴选、分期出让"的方式，公开遴选实施主体，并于 2022 年、2023 年出让金陵路地块土地使用权。项目总建筑面积约 66.3 万平方米，涵盖住宅、办公、商业以及酒店等多元业态，为地标级超大城市综合街区。街区更新秉承可持续发展核心理念，保留保护该地区独特的历史建筑风貌，糅合独具风格的传统骑楼建筑群、上海石库门和里弄小巷，在新旧交融中重现百年繁华，延续城市精神价值，打造富有活力、充满温度、包容并蓄的城市空间。作为上海市城市更新的重要一环，该项目的落成有机连接外滩、南京东路、人民广场、豫园、新天地等商圈，形成区域辐射及叠加效应，带动中心城区能级和核心竞争力的持续跃升，推动上海城市更新的加速发展，绘就城市高质量与可持续发展的新画卷（图 5-7、图 5-8）。

图 5-7　宝兴里地块所在街区更新规划意向图（黄浦区旧改办提供）

图 5-8　骑楼街保护规划意向图（黄浦区旧改办提供）

2. 黄浦福佑地块

　　福佑地块内二级以下旧里房屋占比超过 95%，共涉及居民 5600 余户。地块位于黄浦区豫园街道，是黄浦余留体量最大、旧里密度最高的市区联合土地储备项目。长期以来，福佑路地块居民对旧区改造征收的愿望非常迫切。近些年，因多种原因影响，福佑地块旧区改造征收进度一度滞后。经市、区有关部门沟通研究，采取"征而不拆"的方式，完整保留质量较好、价值较高的历史建筑，适当拆除部分质量较差的房屋，延续高密度的传统空间肌理（图 5-9）。

　　征收工作按照"分块实施、滚动推进"的总体原则，以梧桐路为界限，分北块、中南块逐步推进。福佑北块东至人民路，南至梧桐路，西至安仁街，北至福佑路，共涉及居民 2597 证、企事业单位 72 家。2016

图 5-9　征收前的福佑地块居民居住状况（黄浦区旧改办提供）

年 8 月 28 日，福佑北块通过第一轮征询，居民同意率达 97.67%；9 月 28 日，黄浦区政府正式核发福佑北块征收决定；10 月 20 日，福佑北块（2597 证，3298 户）正式启动预签约工作，当日签约率即达到 90.6%，到第三天累计签约 2483 户，签约率为 95.61%，创下黄浦区大体量旧区改造地块签约速度新纪录；11 月 6 日，福佑地块北块旧城区改建房屋征收二轮征询正式生效，首日签约率 98.84%；2020 年 6 月项目收尾。

福佑中南块东至人民路、中华路，南至方浜中路、陆家宅路（规划昼锦路），西至安仁街、光启路，北至福佑路，总占地面积 69386 平方米，涉及居民 3024 证、单位 129 家。项目于 2018 年 9 月 28 日启动一轮征询，通过率高达 96.62%；2019 年 5 月 28 日，黄浦区政府正式核发征收决定；7 月 8 日，该项目正式启动二轮征询签约，生效比例 92.04%；2021 年 6 月项目收尾（图 5-10、图 5-11）。

按照市委、市政府提出的"留改拆并举、以保留保护为主"以及"尽最大努力建立机制、创新办法，改善旧区内群众居住条件"的工作要求，黄浦区进行了一系列的研究。尤其是积极寻求市级相关部门的政策指导和资金支持，在风貌保护、城市规划、资金平衡等关键问题上，充分发挥市区联动机制，加强沟通协调，共同寻求突破难点瓶颈的解决途径，顺利完成福佑地块项目征收工作。

一是做好前期方案论证。为了坚决贯彻市委、市政府关于以保留保

图 5-10 征询会（黄浦区旧改办提供）

图 5-11 福佑居民在搬场（黄浦区旧改办提供）

护为主的总体要求，为了更好地保护好老城厢的历史风貌，在老城厢城市设计中，邀请了多家专业设计公司进行国际方案征询，并通过多次比选、论证、调整，基本形成了设计成果（图5-12）。

二是强化历史风貌保护。针对福佑地块，方案明确要成片保留历史肌理和风貌，完整保留质量较好、保留价值较高的历史建筑组团，适当拆除部分质量较差的房屋，并按原有历史肌理插建小尺度建筑，延续高密度的传统空间肌理。为了保证老城厢历史风貌的完整再现，该地块90%的用地都将以格局保护为主，仅在地块东北侧集中布局3—4幢高层建筑。

三是注重生态环境建设。福佑地块是"蓝绿丝带"规划落地和实现新天地商务区与外滩金融集聚带互联互通的关键端点，结合历史风貌建筑，通过构建慢行系统、恢复水系、开辟公共绿地等多种方式，营造高品质的绿色宜人的生态环境空间。

图5-12　福佑地块概念方案效果图（照片来自"上海黄浦"公众号，实际以最终呈现为准）

3. 虹口虹镇老街

虹镇老街是上海最大的棚户区、有名的"穷街"，逾 1.38 万户人家蜗居在这里，居住条件极差。"虹镇老街"并不单指这一条街，而是由新港路、瑞虹路、临平路和虹镇老街四条路围起来的一个街区，面积 90 万平方米，有超过 1.38 万户人家，因曾是上海最大的棚户区而闻名。

虹镇老街棚户区的形成与上海开埠息息相关。1840 年代以来，随着外国资本输入、工业的发展以及战乱的影响，大批贫困农民离乡背井来到上海，在虹镇老街附近的工厂打工谋生。他们无力租赁住房，只好在荒地、路旁、河畔等空地搭建窝棚简屋栖身。虹镇老街周边的河道也是上海垃圾粪便外运的水路通道，一些船民也居住附近的窝棚里。窝棚简屋多由毛竹、树棍、稻草和泥土等材料建成，居住条件极差，没有供电、供水等基础设施，到处是垃圾、粪便，常年臭气冲天。新中国成立后居住在这里的劳动人民得以翻身解放。他们的社会地位虽然发生了改变，却仍然居住在棚户区，这里先后改建成一些泥墙草屋、砖木瓦房。1953 年秋，飞虹路曾有一户居民因使用土灶不当引发火灾，大火烧毁了周边棚屋 1000 余间。当时的提篮桥区人民政府发动社会各界进行捐款、捐物，帮助灾民重建家园，在虹镇老街、沙虹路、安丘路（瑞虹路）、虹关路一带建起了 1 层的平房。但是，受制于当地条件，长期以来该地区人民居住生活环境仍较差（图 5-13～图 5-15）。

1996 年，虹口区引进香港瑞安集团，正式启动了虹镇老街的旧区改造工作。据瑞安集团主席罗康瑞回忆："1996 年的时候，我们参与了虹镇老街的整体规划，4 月就达成了合作意向，到年底，瑞虹新城一期的动迁已经完成，差不多只用了 10 个月的时间就实现了当年谈判、当年签约、当年动迁、当年开工的目标。2003 年年初，占地 4.2 万平方米、总建筑面积 19 万平方米的瑞虹新城一期全部建成，建起了 10 幢 31—39 层的高层住宅、1.2 万平方米的中央绿地，还建有商场、幼儿园、地下车库等配套设施。但是开发后面几期时，困难和麻烦就越来越多。随着上海的房

图 5-14　征收前虹镇老街的居民生活情况（虹口区旧改指挥部提供）

图 5-13　虹镇老街旧貌鸟瞰图（瑞安集团提供）　　图 5-15　征收前虹镇老街的房屋情况（虹口区旧改指挥部提供）

价飞速上涨，动迁成本也飞速上升，动迁时间也拉得越来越长，基本上没办法知道什么时候这个地块能够完成动迁。那我投进去的资金怎么样获得回报呢？瑞虹一期动迁我们只用了 10 个月，瑞虹新城二期动迁用了 2 年，四期动迁花了 4 年，之后地块的动迁时间更长，甚至花了 5—7 年的时间才完成。最困难的时候，我们起码有 20 亿—30 亿资金沉淀在里面，这给了我巨大的压力。"

2012 年，"僵局"迎来了转折点，上海推行旧区改造新政，从开发商动迁变为政府作为征收主体。就在这一年的 9 月 12 日，虹口区在全市率先成立旧房征收与房屋改造指挥部，之后又在各街道成立旧区改造分指挥部，举全区之力共同推进旧区改造。自此政府职能部门从幕后走到前台。2013 年 11 月，经过两轮征询，老街 1 号地块签约 1193 证，签约率为 92.34%，7 号地块签约 1144 证，签约率 92.33%，提前两个月完成年度计划目标，标志着"瑞虹新城"区域旧区改造全面完成。2018 年，122 街坊的二轮征询当天签约率冲破 90%，标志着虹口全面完成了整个虹镇老街地区的旧区改造任务。2020 年 12 月，最后一户人家搬迁交房。虹镇老街的旧区改造走过了 25 年的历程，虹口区"最后的棚户人家"彻底消失。

由于虹镇老街私房集中、共有产多，导致困难群体多、家庭矛盾多，情况复杂、棘手，所以一度出现 7 年才拿下一块地的局面。针对如何破局，虹口尝试了各种办法。

把党旗插在旧区改造第一线，把党支部建在项目上，党建引领发挥了"破局"作用。2013 年，虹镇老街旧区改造基地上首次出现了一张"党员签约榜"：首月签约的党员名字旁边标五颗星，次月签的标四颗星，第三个月签的标三颗星。当时，虹镇老街 1 号地块 81 名党员中有 80 名都拿到了五颗星，唯一的"四星党员"想请工作人员通融改成五星，但没有得到同意。"这张榜就是党建引领下旧区改造新政的精神承载，是公平、公正、公开的一次具象化体现。"亲历此事的杨叶盛说。时至今日，旧区改造基地早已不张贴这张榜，因为它已经内化为每个居民党员心里的榜单，几乎所有地块党员签约率都是 100%（图 5-16、图 5-17）。

"阳光征收"消除了群众的疑虑，为旧区改造加速推进营造了氛围。由于虹镇老街年代久远、人员复杂、社会矛盾聚集等，旧区改造项目启动 16 年后，成功动迁的面积却刚刚过半。直到 2009 年 5 月，在虹镇老街开始推行"两轮征询、数砖头＋套型保底、全公开操作"的阳光旧区

图 5-16　狭窄的弄堂，大件
家具只能从窗户送下来（虹口
区旧改指挥部提供）

图 5-17　首批居民搬迁（虹口区旧改指挥部提供）

改造新政。"旧区改造征收公平、公正、公开，老百姓没有了疑虑，速度也就上去了，对整个动迁起到了重要作用。"瑞安集团执行董事及行政总裁王颖说。2011 年，旧区改造征收主体从开发商调整为政府。2013 年 11 月，经过两轮征询，虹镇老街 1 号地块签约率为 92.34%，7 号地块签约率 92.33%，提前两个月完成年度计划目标，标志着"瑞虹新城"区域旧区改造全面完成。"瑞虹新城地块在 2012 年之后的实施速度远远高于之前"，王颖说。从"动迁"到"征收"，各家情况全部公开，"一把尺子量到底"，不是"数人头"而是公平的"三块砖"叠加，不是"钉子户最划算"而是"早搬迁早得益"，征收速度大幅提升。

实施过程中，虹口区不断创新群众工作机制与方法。随着旧区改造征收公平、公正、公开的制度深入人心，"讲政策"少了，"化矛盾"多了，群众工作的重心发生了变化。为此，虹口推出签约奖励。但签约奖励有期限要求，矛盾突出的家庭，工作人员首先要让居民搁置家庭争议，争取最大利益，"捧回大蛋糕"。签约比例超过 85%，旧区改造生效后，如何有效化解居民家庭内部矛盾，让居民早日搬家交房，考验着各方智慧。在党建引领下，虹口区旧区改造工作人员发扬"千言万语、千方百计、千辛万苦"的"三千精神"，深入地块未搬迁、未签约居民中，耐心细致做好解释工作，用"真情、真诚、真意"维护居民合法权益。同时，充分发挥居委干部"进得了门、说得上话、认得了人"的优势，勤上门听心声，坐下来解心结，帮居民算好经济账，更算好"亲情账"，顺利搬迁。

随着上海最大棚户区的消失，一座新城正在从蓝图变为现实，虹镇老街"凤凰涅槃"，曾经市中心最大的一片棚户区"滚地龙"实现了蜕变，成了现在的"北上海新天地"。规划总面积逾55万平方米的集居住、商业、办公、娱乐于一体的瑞虹新城，由"星星堂""瑞虹坊""月亮湾"等商业板块组成。2021年，"生活力聚集中心"太阳宫刚一开业就成为市民纷纷前往的网红打卡地。如今，最后一期即第十期住宅楼即将交付使用。虹镇老街从上海"穷街"蜕变为"黄金宝地"、成熟社区，高品质住宅、商务楼宇、商业中心汇聚其间。随着北外滩的开发，瑞虹新城将更好地承接北外滩辐射效应，并不断调整定位，成为北外滩商务、住宅的重要补充（图5-18、图5-19）。

图 5-18 瑞虹新城鸟瞰图（瑞安集团提供）

图 5-19　瑞虹新城配套学校（瑞安集团提供）

4．杨浦平凉西块

平凉西块被列为全市五大重点旧区改造基地之一，位于大连路以东、长阳路以南、许昌路以西、平凉路以北，平凉西块旧区改造共涉及 16 个街坊，即平凉 7—19、21—23 街坊，共涉及居民约 1.75 万户。

平凉西块 2005 年就被列为全市五大旧区改造基地，这里弄堂连着弄堂，犹如迷宫。住在隆仁里 87 号的朱老伯出生在亭子间里，那是他父母结婚时的婚房，只有 8.4 平方米。兄妹四人出生以后，一家六口实在住不下，朱老伯就和弟弟借住到了原来的 36 号的外公家。"在外公居住的客堂间上，我们自己搭出了一个小阁楼，称之为'二层阁'，人站上去，腰都无法伸直。"白天，朱枫鸣和表兄弟姐妹们在客堂间里做作业、玩耍，到了晚上，他就和弟弟钻回自己的"二层阁"。那时为了省电，灯是不敢开的，爬上去就是睡觉。一张席子、一床被子，在那个小小的阁楼里，兄弟俩睡了20年。这样的现象在平凉西并不少见，居民苦不堪言，旧区改造呼声极高（图5-20、图5-21）。

整个区域自2005年起陆续启动旧区改造，杨浦区不断践行"阳光动迁"的做法和机制，于2009年率先在平凉西块全面推行动迁安置结果全公开，实现了真正意义上的"阳光动迁"。2016年，杨浦区委提出"旧区改造决战平凉西"的目标任务。2016年10月29日，平凉西块10、

图5-20 平凉西块街坊鸟瞰图老照片（杨浦区旧改办提供）

图5-21 征收前的平凉西街区旧貌（杨浦区旧改办提供）

图 5-22　隆仁里老居民告别几十年老房（杨浦区旧改办提供）

11、14、15、19 同步启动二次征询签约，首日签约均超过 90% 签约比例。其中，10、14 街坊签约率 91.37%，11、15 街坊签约率 90.38%，19 街坊签约率 90.6%，创造了杨浦大型基地征收签约的新纪录，标志着"旧区改造决战平凉西"取得阶段性胜利。历时 11 年的"平凉西块"旧区改造收官对于持续改善民生、加快杨浦滨江开发和提升城区功能形象具有重要意义（图 5-22）。

平凉西块征收工作历时 11 年，经历了新老政策的不同阶段，见证了杨浦区"阳光动迁"的发展历程。决战阶段，在党建引领下，通过市区联合土地储备，顺利完成征收，见证了新时代征收工作新模式、新机制。

"平凉西块"的动迁工作始于 2005 年，处于"十一五"时期，也是杨浦区实行"阳光动迁"机制的实践、探索、总结和发展阶段。首先是在动迁基地上实行"六公开"，即每家每户被动迁房的评估单价公开，每个被动迁户的人口与住房面积公开，所有动迁房源公开，特困对象照顾名单公开，动迁居民签约情况公开，速迁户奖励条件公开。后又发展成"十公开"，即公开拆迁补偿方案，公开评估单位及负责人情况，公开评估鉴定机构情况，公开拆迁公司及负责人情况，公开市场评估单价，公开安置房源情况，公开安置房源使用情况，公开被拆迁特殊困难户认定条件，公开补偿标准，公开签约进展情况。

2008 年，在黄浦江渔人码头三期和 40 街坊小范围试行结果公开的基础上，2009 年率先在平凉西块全面推行动迁安置结果全公开，将签约居民的动迁安置协议和选房结果全部上墙公示，从而在根本上改变了传统的动迁模式，实现了真正意义上的"阳光动迁"。

2010 年，杨浦旧区改造又在新开基地使用阳光动迁信息管理系统，居民可以通过触摸屏直接查询、了解和掌握基地居民所有的安置信息，在知己知彼的同时起到了重要的监督作用，进一步体现了依法、公开、透明、规范，做到了过程和结果全公开，此后，该做法在所有基地推行。

2016 年，杨浦区委作出"旧区改造决战平凉西"工作部署，对平凉西块剩余地块，即 6、10、11、14、15、19 街坊旧区改造征收发起冲刺。按照"抓早、抓紧、抓实"的要求制定工作计划，同步进场、同步进行、同步推进的并联方式做好平凉西块 6 个街坊各阶段工作。在冲刺的关键阶段，区委召开"旧区改造决战平凉西"誓师大会，全面部署、落实责任，确保平凉西块剩余街坊旧区改造启动签约顺利完成。

为有效应对市区联手项目实施主体以及旧区改造资金筹措渠道变化和外区安置房源空前紧张等问题，通过主动跨前，积极争取市级部门大力支持，落实平凉西块 6 个街坊本区和外区房源 8500 余套改造工作。进一步加强对房源的统一管理、调度使用，回收了已收尾基地房源 3000 余套，投入新启动项目使用，为打赢"旧区改造决战平凉西"战提供了坚实保障。

在推进"旧区改造决战平凉西"工作中，突出区旧改办一线指挥、协调、服务、监督的职能，提前介入，以党建联建、立功竞赛活动为抓手，通过党政联席会议和专题研究会，明确相关各方的工作职责、时间节点、阶段性推进要求等。征收事务所充分发挥主力军作用，坚持政策"一竿子"到底，做好政策宣传和方案解读。街道旧区改造分指挥部积极探索创新通力合作新机制，实施街道干部"分片划块""四方联动"。居委会干部带头签约，充分发挥群众工作优势，配合做好特殊困难及共有产家庭矛盾解决工作。相关区属单位积极开展本单位职工签约的思想工作和家庭矛盾化解工作，起到示范引领作用。第三方社区法律工作者、律师等通过现场咨询、搭建平台方式调解、化解共有产及特殊困难户家庭矛盾，加快居民签约进度。

充分发挥党建联建的政治优势和组织优势，区旧区改造指挥部临时党委、平凉路街道党工委、城投集团党委共同签订"旧区改造决战平凉西"党建联建协议，并在基地分别成立"旧区改造征收基地临时党支部"，把隶属于不同党组织的党员组织凝聚起来，严格落实党建工作责任，发挥一线党员攻坚克难的"排头兵"作用。自基地预签约开始，居民们在基地就能看见张贴在基地的党建联建协议书和设立在工作室的党员先锋岗，基地党员签约信息全部公示在党员先锋榜上。党员们不仅带头签约，还自觉争当政策方案宣传员、居民矛盾协调员、"阳光征收"监督员，成为推进旧区改造征收工作的有生力量。

如今，平凉地区的成片二级以下旧里已成为历史。原来旧里群众"一间房"的梦想已经实现，原来的旧里已经成为老百姓家门口的"一片绿""一家馆""一所校"等社区公共服务资源。漫步在今天的平凉路街道，25665平方米的大连路公共绿地映入眼帘，经过升级改造，这片城市"绿肺"已经形成三季有花、四季有景的观赏效果，成为群众"家门口"的网红公园。与此同时，一批新建、扩建的社区文化中心、睦邻中心、社区学校、为老服务综合体走进了百姓身边，百姓家门口的生活越来越精彩（图5-23～图5-26）。

图5-23　朱老伯的新家（杨浦区旧改办提供）

图 5-24　平凉西新貌（杨浦区旧改办提供）

图 5-25　配套上海市市东实验学校（杨浦区旧改办
提供）

图 5-26　杨浦区平凉西新貌鸟瞰图（杨浦区旧改办提供）

5．静安张园地块

　　张园地块地处南京西路历史风貌保护区核心区域，东至石门一路、南至威海路、西至茂名北路、北至吴江路，为成片一级旧里地块，占地面积约 5.6 万平方米，建筑面积 6.9 万平方米。该地块内共有居民 1122 证、单位 41 证，合计 1163 证。内含新式里弄、旧式里弄、独立式花园洋房、独用新公房等多种房屋类型。其中，新式里弄 384 证、423 户，在册人口 1508 人，建筑面积 17946.81 平方米；旧式里弄 634 证、731 户，在册人口 2695 人，建筑面积 23618.75 平方米；独立式花园洋房 55 证、60 户，在册人口 230 人，建筑面积 2775.07 平方米；独用新公房 52 证、52 户，在册人口 157 人，建筑面积 2647.34 平方米。

　　因超负荷、破坏性使用，张园建筑破损严重、居住环境差，居民生活质量低。据张园居民黄敏回忆："我们这幢楼一共住了 12 户人家。楼内就一个卫生间、一个厨房间，12 户人家共用，不便之处可想而知。虽然我们家后来在天井中搭建了一套厨卫，总算实现了'独用'，却也有摆脱不了的尴尬。那时候门内是马桶、门外是厨房，最怕做饭时有人急着要上厕所。""我是在 1990 年代住进张园，一家六口人挤在威海路 590 弄 64 支弄 1 号这幢旧式里弄的底楼东后厢房。在只有 38 平方米的房间里，我们一家三口挤在半空中隔出的一间阁楼里。房屋中间再一隔，前屋住着婆婆，后屋住着小姑子和她的儿子。六口人的家当塞进去，房间满满当当的，连吃饭都要轮流上桌。"这样的居住情况，在张园不是个案，而是普遍现象（图 5-27）。

　　为了保护好珍贵的历史文脉，改善群众生活水平，2018 年 9 月 30 日，静安区启动了张园征收工作，采用"征而不拆、人走房留"的保护性征收模式。"人走"，即改善居民居住条件；"房留"，即修旧如故，保持历史风貌不变，完整保存街坊肌理和里弄肌理，最大限度地保留张园的历史建筑和文化遗存。张园征收第一轮征询通过率达到了 94.22%，第二轮签约率达到 97.4%，2019 年 1 月张园旧区改造正式生效。2020 年

图 5-27 张园旧貌（静安区旧改总办提供）

11 月 23 日，张园最后一户居民完成旧区改造签约并搬迁，征收工作顺利收尾（图 5-28）。

作为全市首个"征而不拆、人走房留"的旧区改造地块，张园征收工作得到了市、区及各方面的高度重视。时任市委书记李强亲自关心，指示要"科学有效推进征收收尾工作，降低张园开发综合成本"；区委、区政府主要领导及相关部门定期召开推进会议，协调解决过程中的难点问题；置业集团主要领导及分管领导亲自挂帅，靠前指挥；具体负责征收工作的集团下属第一征收事务所扎实做好"面积清、人口清、家庭情况清、居民诉求清"等各项基础工作，为项目签约打好基础。在征收后期收尾攻坚阶段，多措并举，推动张园项目收尾工作。

一是配足配强收尾工作力量。收尾是"啃骨头"的活，要求经办人员有专业的业务素养、强大的心理素质和丰富的工作经验。根据收尾进度和工作体量，适时调整相关工作人员，在人员配置上保障收尾的顺利推进。

图 5-28　张园居民乔迁新居（静安区旧改总办提供）

二是精细分析居民情况，寻找突破口。对未签约户的基本信息逐个排摸，拟定一册一户情况表，对特殊情况进行全面排查、解决处理。结合每个家庭的实际情况，不断细化方案，制定具有合法性、合理性、可操作性的解决办法及工作思路。

三是充分利用行政、司法途径。积极主动"跨前一步",加强与相关部门间的沟通与合作,全力配合每一个程序环节的工作要求。

李强书记三次实地调研张园

静安置业集团董事长　时筠仑

在旧区改造相关工作过程中,发生了很多令人印象深刻的人和事。其中让我印象最为深刻的是张园,它经历了修缮、"一平方米马桶"改造、征收以及现在的更新改造,可以说是上海旧区改造和城市变迁的一个缩影。作为全市首个保护性征收的城市更新项目,受到了来自市、区以及全社会的高度关注。市委书记李强亲自关心并持续关注项目进展,先后三次来张园实地调研。

第一次在 2019 年 3 月 19 日,李强书记强调,既要讲好每一栋建筑的

张园地块概念方案效果图（图片由静安区旧改总办提供,实际以最终呈现为准）

历史故事，更要立足整体风貌保护，对标最高标准、最好水平，坚持长远眼光，延续城市文脉，推动历史建筑活化利用。

第二次在 2019 年 11 月 27 日，李强书记强调，在张园后续保护开发工作中，要坚持以保护为先、文化为魂、以人为本，全力打造历史风貌保护和城市有机更新的标杆。立足整体风貌保护，不断优化完善方案设计，更好地传承城市文化、延续城市文脉，努力把张园打造成为上海中西合璧建筑文化的地标、都市文明的重要传承地。

第三次在 2021 年 4 月 25 日，李强书记强调，要对标最高标准、最好水平，推动张园项目深化城市更新和活化利用，更好地将城市文化、历史底蕴嵌入焕新后的城市空间，提升空间品质，塑造核心功能，打造卓越地标，让市民群众在这里更加深切地感受到上海高质量发展、高品质生活、高效能治理的实践成果。

后期，他也多次委托市委办公厅等来了解、跟进张园情况。集团每月报送张园进展情况专报至市委督查室，呈李强书记阅示，建筑设计方案等也是第一时间向李强书记汇报。静安区更是将张园项目作为"头号工程"，区委书记、区长和分管领导亲力推进，全区相关单位和部门鼎力配合，置业集团全力以赴，力求打造好这一城市更新的标杆项目，推动历史建筑活化利用，拓展区域功能空间，建成集"商、旅、文"为一体的城市级地标性区域。

更优的成效
More Achievements

1. 主要成就

自改革开放以来，上海市委、市政府多渠道、多形式推进旧区改造，坚持不懈改善居民居住条件。1992年以来，上海累计完成危棚简屋和成片二级旧里以下房屋改造约4070万平方米，约165万户居民告别"蜗居"，圆梦"新居"。

党的十八大以来，上海旧区改造受益居民约29.6万户。尤其是近五年，上海累计实施308万平方米成片二级旧里以下房屋改造，受益居民达16.5万户，跑出了旧区改造"加速度"。2022年7月24日，经过共同努力，上海中心城区成片二级旧里以下房屋改造全面收官（表5-1）。

旧区改造是一项功在当代、利在千秋的宏伟工程，是广大人民群众最关心、最直接、最现实的利益问题，关系到居住条件和生活质量的改善，是一项公益性工作。同时，旧区改造的顺利推进也对中心城区的经济发展、功能优化、结构调整、社会和谐、环境建设等产生积极影响。

党的十八大以来上海市旧区改造情况一览表　　　　　　　　　　　　表5-1

年度	征收面积（万平方米）	受益居民户数（户）
2012	127.27	21262
2013	123.18	30322
2014	95.81	26334
2015	69.83	22801
2016	86.00	27063
2017	64.38	18456
2018	52.46	16215
2019	112.67	35052
2020	133.92	42652
2021	90.10	45000
2022	20.00	11000
合计	975.62	296157

（数据来源：统计年鉴）

（1）社会效应

对于人民群众而言，旧区改造最明显的成效就是从根本上解决旧区困难群体的住房问题。旧区的房屋质量和居民住房条件都较差，但大多数居民难以利用自身收入来改善居住条件，旧区改造成为解决这些家庭住房问题的最重要渠道，也是最有效的途径。自1992年以来，中心城区改造了大量的危棚简屋和二级旧里房屋，一大批市民群众的居住条件和生活质量得到改善，享受到改革发展的成果，促进了社会公平。据统计，三十年间，上海人均居住面积从1990年的6.6平方米，提高到2021年的人均住房建筑面积37.4平方米，增长了多倍。住房成套率也从30%提高到97%以上。

旧区改造被称为中心城区最大的民生，深受群众拥护。通过坚持"旧改为民、旧改靠民"，通过真诚呼应群众所盼，积极解决群众诉求，旧区改造基地第一轮征询的居民投票赞成率都很高，首日签约率也不断刷新历史纪录，项目启动、收尾、交地的周期也在缩短。2018年，虹镇老街122街坊二轮征询当天签约率突破90%。2019年1月9日签约首日，静安区宝山路街道的上海电影技术厂周边旧区改造基地以99.56%签约率正式生效。2019年6月22日，静安洪南山宅旧区改造基地签约第一天，就创下了上海大型旧区改造地块征收二轮征询签约新纪录——12小时签约率97.09%。通过看似枯燥的统计数字却能感受到群众对旧区改造工作的支持与拥护，以及上海市旧区改造工作的温度（图5-29～图5-31）。

通过旧区改造，改善了城市管理，保障城市安全有序运行。一般来说，未改造的旧区基本上都是空间狭小、人员密集、设施简陋、环境脏乱差的地区，旧区基础设施落后、公共设施缺乏、公共服务供给能力不足，给消防安全、防汛防台等带来很大压力，安全隐患问题突出，严重影响群众的生命和财产安全。可以说旧区改造与城市安全紧密相连，通过旧区改造，有效保障了城市公共安全。

图 5-29　一轮征询通过，现场掌声雷动（上海市旧改办提供）

图 5-30　在 300 多户的基地采取"三个 100%"的征收模式，杨浦区长白街道 228 街坊打响"第一炮"（杨浦区旧改办提供）

图 5-31　北外滩房屋征收签约生效，居民开心合影留念（虹口区旧改指挥部提供）

　　很多里弄建造年代久远，无法满足现代人的生活方式。而旧区改造是生活其间的居民唯一改善生活环境的途径。通过旧区改造，不仅居民的居住条件得以改善，还改变了城市环境、打造了新地标，如新天地、中远两湾城、瑞虹新城等，城市面貌因此发生了翻天覆地的变化。

上海市规划和自然资源局原副总工程师　叶梅唐

（2）环境效应

对于城市而言，旧区改造最直接的成效就是大幅改善城市形象和环境，使城市面貌焕然一新。上海大规模推进旧区改造的过程，也是上海城市大发展、大建设的过程。实施旧区改造，提升了生态环境治理，完善了市政基础设施，有利于改善人居环境、集约利用土地、优化城市形态。

曾经的铁路上海站北广场地区，占地 59.8 公顷，棚户简屋密集。远客下了火车，往南走是高楼大广场；往北走则可能迷失在一片陈旧杂乱的旧区中。如今，这里已成了现代化的综合交通枢纽。

曾经的苏河湾地区，棚户简屋犹如迷宫，是典型的"脏、乱、差"地区，是上海最大体量的旧区改造项目。如今，这里已成了功能复合、产城融合的工作、居住、休闲的宜居、宜业、宜游的空间。

曾经的虹镇老街是上海著名的"穷街"。人们行走于蛛网般的小弄堂，难以相信这也是国际化大都市上海的一角。如今，这里已成为集居住、商业、办公、休闲于一体的"北上海新天地"（图 5-32）。

图 5-32　虹镇老街新貌鸟瞰图（上海市旧改办提供）

曾经的北外滩地区，是二级旧里以下房屋最集中的成片区域之一。如今，通过旧区改造，该地区正向着"运作全球的总部城、辐射全球的中央活动区核心区、引领全球的世界级会客厅"迈进。

通过旧区改造，一方面使破旧住房集中区域演变成为现代化小区、商务办公楼群，基础设施得以改善，产业布局得以优化，城市综合竞争力得以提升，有效推动了全市社会经济的全面发展；另一方面，上海以旧区改造为契机，一大批市政基础设施、公建配套设施、大型公共绿地等项目得以规划、建设，建成了由地面道路、高架道路、地下通道、轨道交通组成的现代化道路交通体系，城市交通方便、快捷。

旧区改造还大幅优化了市域空间，推动了城乡统筹发展。通过旧区改造，中心城区优质地块被腾出，空间资源利用效率得以提高，推动了城市功能、结构的优化、升级。旧区改造很重要的一个功能，就是疏解中心城区产业和人口。实施旧区改造，既改善了老城区的人居环境，也引导了部分人口向城市外围转移，促进了城乡接合部的发展。在推进旧区改造的同时，上海加快"腾笼换鸟"，推动老企业向郊区和周边省市转移。同时，为了保障旧区改造，上海还规划了众多大型居住社区，为征收居民提供更加宜人、舒适的居住环境和住房。通过这些产业和人口的导入，又加快了城乡接合部的发展。另外，上海还开展了郊区城镇旧区改造，在改善郊区城镇居民住房条件的同时，也进一步推动了郊区城镇化和城乡一体化建设（图5-33～图5-35）。

图5-33　青浦赵巷镇新城一站大居：赵巷第二友邻中心（上海市住宅建设发展中心提供）

图 5-34　马桥文化中心（上海市住宅建设发展中心提供）

图 5-35　浦东惠民民乐跨浦东运河桥（上海市住宅建设发展中心提供）

　　通过旧区改造，不仅老百姓的居住条件大幅改善，还新建了一批医院、学校、社区文化活动中心等公共服务设施，构建了"15分钟社区生活圈"，社会服务更加丰富多样。新辟了公园、绿地，打通了"一江一河"，市民公共空间和公共环境更加优化。新增了一批城市副中心，加快了郊区城镇化进程，城市功能更加优化和提升。随着"留改拆并举"新政的出台，上海在城市更新方面作了一些有益的尝试和探索，城市风貌更加有序。上海旧区改造还大幅改善了交通，优化了城市空间，提升了都市形象。

全国工程勘察设计大师、同济大学建筑与城市规划学院教授　周俭

（3）文化效应

　　在上海中心城区，大量旧区改造地块与风貌区交叠。老建筑、老街区是城市记忆的物质留存，是人民群众的乡愁见证，是城市内涵、品质、特色的重要标志。党的十八大以来，从"拆改留并举、以拆除为重点"到"留改拆并举、以保留保护为主"，上海不断探索创新，旧区改造被赋予更深刻的内涵。在保护中推进旧区改造，在旧区改造中更好保护，实现城市有机更新——这是上海近年推进风貌区旧区改造的指导思路。对一些历史建筑进行原地修复和保护性改造，在保护风貌、保留特色的同时，重新规划、建设、运营，使其成为城市新地标、文化新名片，从而既发展地区经济，又传承历史文化，使历史与现代共存、经典与时尚共融，呈现出了很好的效果。例如已经建成的虹口区今潮8弄风貌保护项目（图5-36）以及正在实施中的静安区张园风貌保护项目。

　　静安区张园位于南京西路历史文化风貌区的核心区域，是上海现存最大的、拥有中晚期石库门种类最为齐全的历史建筑资源。可是，由于区域内绝大部分建筑为旧里，房屋本身没有卫生设备，要靠手拎马桶，居民的日子并不好过。通过"征而不拆、人走房留"的保护性征收方式，建立"一房一档""以用促保"制度，保护传承"最上海"的城市历史文

图 5-36　虹口区今潮 8 弄夜景（虹口区旧改指挥部提供）

脉。旧区改造更新后，张园将成为"重历史文化、强沉浸体验"的高品质城市更新案例，形成可漫步、可阅读的历史街区格局，为都市生活留下一片可以"偷得浮生半日闲"的文化遗产，老街区、老建筑华丽转身后，以经典而又时尚的姿态汇入百姓生活（图 5-37）。

　　黄浦区老城厢是"上海城市之根"。黄浦区在反复调研的基础上形成了更新改造规划。以复兴东路为横轴、河南南路为纵轴，老城厢可划分为四大象限，其中福佑地块所在区域为第一象限、露香园地块所在区域为第二象限、文庙所在区域为第三象限、乔家路所在区域为第四象限。

图 5-37　张园地块概念设计方案（图片由静安区旧改总办提供，实际以最终呈现为准）

目前，各个象限都在有序推进征收与更新。同时，黄浦区也正在分门别类地梳理与甄别老城厢范围内的历史文化风貌与优秀历史建筑，提出城市更新方案，以更好地保护、利用老城厢这片福地（图5-38）。

图 5-38　黄浦区福佑地块概念设计方案（照片来自"上海黄浦"公众号，实际以最终呈现为准）

（4）经济效应

旧区改造产业关联度高，既能增加投资，又能带动消费，对扩内需、调结构、转方式具有重要作用。一方面，旧区改造可以带动有效投资。中心城区实施旧区改造，同时新区、新城建设征收安置房，相关产业链很长，有利于带动产业发展。另一方面，旧区改造还能释放巨大的消费潜力。旧区改造涉及居民有了新居，要装修、购买家电和其他生活用品，便可以直接拉动消费需求，促进上下游产业联动发展。而且，原来的旧区变成了中央商务区、中央活力区，或者通过整旧如旧，形成历史文化街区，可以吸引全国、全球的游客来贸易、交流、参观、消费，潜在效益巨大。

同时，旧区改造地块大部分得以重新规划利用，极大地提升了土地利用效益。一些旧区通过转型发展，建设了商务楼宇与各类综合体，有力推动了现代服务业发展，如北外滩、苏河湾等地区，打破了空间资源要素的束缚，更盘活、营造了新空间、新动能，带动城市功能、城区形象、空间结构的全面优化升级，在新时代谱写出高质量发展、高品质生活、高效能治理的新篇章！

2．主要经验

通过上海三十年旧区改造，中心城区成片二级旧里以下房屋改造全面完成。党的十八大以来，上海旧区改造与时俱进，不断创新。尤其在党的十九大以后，上海旧区改造速度不断加快，多次创造大体量旧区改造项目"当年启动、当年收尾、当年交地"新纪录，取得显著成效。特别是通过旧区改造实践，初步形成了一套可复制、可推广的经验做法，即葆有人民情怀、加强党建引领、走好群众路线、弘扬改革精神、激发市场力量、增强系统思维，真正实现了"改"出新天地、"造"出幸福来，有效回应了人民群众对美好生活的期盼，让千家万户的"小目标"与城市发展"大图景"交相辉映。

（1）坚守人民情怀

民有所呼，我有所应。人民立场是旧区改造的出发基点。实施旧区改造，必须充分考虑旧区居民改善住房条件的现实需要，始终坚持以改善群众的住房条件和环境质量为出发点和落脚点。上海是党的诞生地和初心始发地，党的初心和使命，关键在于为人民谋幸福，就是要解决人民群众最关切的问题，让老百姓有获得感。上海发展到现阶段，居住已经成为群众非常关注的突出问题，尤其是老城区背街小巷的居民，对改善居住环境的愿望特别强烈。

习近平总书记考察上海时明确强调，"上海旧区改造任务还很重，难度在加大，但事关群众切身利益的事情，再难也要想办法解决"。面对旧区改造的实际困难，上海市委从思想认识入手，把旧区改造与"不忘初心、牢记使命"主题教育、党史学习教育有机结合，引导全市党员干部既算经济账、更算政治账；既算眼前账、更算长远账，把学和做相结合、查和改相统一，把初心使命转化为干事创业的新担当、新作为，永葆人民情怀，以强烈的责任感、使命感和紧迫感，尽全力解决好旧区改造这一老百姓的操心事、烦心事，让人民群众居住生活更方便、更舒心、更安心。实践充分证明，民心是最大的政治，只有真正把群众当亲人，以百姓心为己心、以百姓难为己难、以百姓痛为己痛、以百姓盼为己盼，在解决民生难题上不遗余力、不留退路，才能赢得人民群众的真心拥护，才能实现民生工作的快速破局（图 5-39～图 5-42）。

图 5-39　签约生效，居民笑开颜（虹口区旧改指挥部提供）

图 5-40　王申明："旧区改造政策就是好"（上海市旧改办提供）

图 5-41　乔家路征收居民座谈会照片（黄浦区旧改办提供）

图 5-42　乔家路地块征收现场（黄浦区旧改办提供）

（2）坚持党建引领

党建引领是旧区改造的最强引擎。上海注重把城市基层党建与中心工作紧密结合起来，以党的建设引领、贯穿、保障旧区改造工作全过程，"让党的旗帜在旧区改造一线高高飘扬"。由市委组织部牵头，探索建立党建引领的国企参与旧区改造新机制，以党建为纽带，打破不同行政和资产隶属关系部门（单位）的限制，有效整合区域内资源，进一步发挥各部门（单位）的职能优势、街道党工委和居民区党组织的组织优势和政治优势、企业的资源优势。旧区改造项目各级党组织不断深化以党建引领旧区改造、以支部凝聚党员、以党员带动群众的工作要求，在旧区改造一线增强党员的身份意识、党性观念，引导党员在破解难题中践行初心使命，勇当旧区改造先锋，鼓励党员主动对接旧区改造需要，切实发挥模范带头作用，以自己的实际行动去影响、带动、感化身边的群众，展示了一名党员就是一面旗帜的形象，形成了推进旧区改造的强大合力和有效支撑。实践充分证明，党建引领重大民生工程，能够对政府、市场和社会等各种力量进行宏观安排，整合区域党员力量，更好发挥区域党组织战斗堡垒作用，既丰富了城市基层党建的内涵，又有力推动了中心工作发展，凝聚起强大合力，为民生攻坚保驾护航、增能助力（图5-43）。

图5-43 2021年1月20日，杨浦旧区改造誓师大会为党员先锋队授旗（杨浦区旧改办提供）

（3）坚持群众路线

群众路线是旧区改造的制胜法宝。旧区改造是特殊的群众工作，关注群众利益诉求、尊重群众主体地位，是凝聚群众意愿、做好群众工作的基本前提。上海要求广大干部把群众当成一面镜子，经常下去走走看看，听老百姓唠唠家常，从他们脸上感受喜怒哀乐，从他们眼中体味酸甜苦辣，从中审视自己的立场、发现工作的不足、明确努力的方向，让群众真正支持旧区改造。实践中，努力做好"精准排摸"，在地块征收前逐一排查、全面摸底、掌握情况，在原有信息基础上，纳入困难低保、残疾、重大病、人户分离等特殊情况，整合各类信息、加强关联分析，精准掌握旧区改造群众的需求、困难和思想动向；努力做到"共建共享"，让居民带邻居、让亲友做工作，把"工作对象"变成"工作力量"，在征收意愿、安置方案、面积认定、补偿标准、托底保障、房源选定等各环节充分吸收居民意见，充分融入群众意愿和智慧；努力做实"服务群众"，当好"店小二"，与群众心贴心，面对少数征收户的冷言冷语、牢骚话，甚至是指责、谩骂，耐心疏导，用真心真情赢得群众最大的支持和配合。比如黄浦区为提高征收效率，基层干部一开始就瞄准重点户，不断登门讲道理、做工作，不厌其烦地对话，甚至厚着脸皮贴上去，就像是"汤圆锅里下糯米，不是你黏着我，就是我黏着你"，居民从不见面到隔着门见面，再到打开铁门、打开心门，最终全部完成了签约。实践充分证明，任何时候、任何情况下，从群众中来、到群众中去的工作方法不能丢。只有和群众"坐到一条凳子上"，才能走到他们的心里去。只要我们广泛发动群众，充分尊重群众，紧紧依靠群众，深入宣传群众，真诚服务群众，换位思考、将心比心、以心换心，做深做细群众工作，我们的事业就能获得无穷力量，就能无往而不胜（图 5-44～图 5-47）。

图 5-44　2021 年 1 月 28 日，虹口区 79、93、103、104、108、109 街坊"组团打包"公示签约率（虹口区旧改指挥部提供）

图 5-45　2021 年 6 月 28 日，虹口区 83、84、85、86、94、95、96、97、98、99 街坊"组团打包"公示签约率（虹口区旧改指挥部提供）

图 5-46　居民为征收工作人员点赞（上海市旧改办提供）

图 5-47　北外滩居民签约生效，与工作人员合影留念（虹口区旧改指挥部提供）

（4）坚持改革创新

改革创新是旧区改造的根本动力。上海旧区改造之所以能走出新路，就在于"思路一变天地宽"，就在于以创新的思路办法破解难题。比如，研究进一步加快征收动迁速度的办法，提高项目建设审批效率，虹口区将 6 个街坊"组团打包"成一个项目集中启动、推进、开发，合并审批操作流程，实现"1 个项目、2 年工作、3 个月完成"，比各街坊单独立项推进总耗时减少 85%。实践充分证明，面对"难挑的担子""难啃的骨头"，只有直面挑战、勇往直前，大胆闯、大胆干，才能破解老大难、打开新天地。只要坚持打破路径依赖的窠臼、思维定式的惰性，不断开拓创新、革故鼎新、突破求新，就能找到解题的钥匙、攻坚的利器，就没有什么难关攻克不了（图 5-48）。

图 5-48　黄浦区金陵东路地块房屋征收一轮征询投票（黄浦区旧改办提供）

（5）坚持市场机制

　　用足用好市场机制是旧区改造的破局关键。为了破解资金难题，上海坚决走市场化的路子，采取多元化融资渠道，从早期的以财政为主，到吸收保险资金介入，再到与国开行合作，建立"统贷平台"。党的十八大以来，上海着力推动"政企合作"，充分发挥功能性国有企业在完成重大任务中的重要作用。依托上海地产集团成立市城市更新中心，作为全市统一的旧区改造功能性平台，具体工作由市城市更新公司承担，全面参与旧区改造攻坚，推动旧区改造全面提速增效。同时，通过功能性国企参与旧区改造的模式，探索了一条全市跨区域资金平衡的实现路径，即这个地块的亏损可由那个地块的盈利来补，前期土地开发的亏损可由后期二级开发的盈利来补，短期开发的账面亏损可由优质资产的长期增值来补，实在补不了也不要紧，可以核算后挂账，留待将来再补，从而解决了制约各区旧区改造地块启动推进的资金难题。实践充分证明，抓民生也是抓发展，要善于到市场上去找办法，把行政的力量和市场的力量整合起来，让更多社会力量参与进来，起到输血、造血、活血的功效。国资国企作为党执政兴国的重要支柱和依靠力量，人民城市建设既为国企明确了任务要求，也提供了广阔平台，国资国企要在关键时候担负起不一般的使命责任（图5-49）。

图5-49　上海地产集团与黄浦区、虹口区、杨浦区、静安区签约（上海市旧改办提供）

（6）坚持系统观念

系统观念是旧区改造的重要原则。旧区改造作为系统工程，面对的都是复合性难题，任务也是多种多样的，各个方面、各项政策都要综合平衡、协同使力，决不能单打一。比如旧区改造对象先是危棚简屋，再是成片二级旧里以下房屋，然后是零星旧区改造和城中村，先易后难，按照轻重缓急的顺序来办；旧区改造模式先是拆旧建新，再是拆改留并举，然后是留改拆并举；上海注重正确把握"风貌保护、民生改善、开发利用"三者关系，探索完善旧区改造、城市更新、风貌保护统筹推进新机制。注重系统谋划旧区改造地块征收、保护和开发各环节，把旧区改造和城市更新统筹起来，超前谋划地块功能开发，提前研究，明确旧区改造后续土地开发方案和功能定位，缩短项目开发周期，提升资金使用效率。注重综合协同发力，多元化筹措资金，既充分发挥财政资金"四两拨千斤"作用，对纳入旧区改造计划、规划部门明确有历史风貌保留保护要求的项目，给予贷款贴息，对经市政府认定的旧区改造地块及资金平衡地块，出台开发建设中有关税费支持政策；充分用好金融工具，将旧区改造地块纳入城市更新项目，享受政策性城市更新贷款，在贷款期限、利率方面给予优惠，探索建立城市更新基金，用足用好国家专项债，有效破解了资金筹措难这一主要症结。实践充分证明，处理复杂性课题，必须统筹兼顾、综合平衡，必须加强前瞻性思考、全局性谋划、战略性布局、整体性推进，必须做好各项政策举措的前后衔接、左右联动、上下配套、系统集成，形成系统合力，掌握工作主动（图5-50～图5-52）。

旧区的更新改造是城市发展的永恒主题，是"人民城市"理念的生动实践。上海通过三十年各类形式的旧区改造，极大改善了旧区居民的居住环境和生活条件，提升了城市功能与面貌，实施了一大批城市更新改造的经典作品。三十年来，旧区改造理念不断提升，政策不断完善，机制不断创新，从动迁到征收，从"数人头"到"数砖头＋套型保底",从政府主导到"两轮征询",从"拆改留"到"留改拆",从旧区改造到城市更新,在不断发展与进步。通过三十年不懈努力,改变的是环境,凝聚的是民心,传承的是文化。

上海市城市更新促进会副理事长,黄浦区原区委常委、副区长　许锦国

图 5-50　拆旧建新: 斜三旧改基地(上海市旧改办提供)

图 5-51 拆改留并举：新天地 + 太平湖 + 翠湖天地 + 企业天地等（上海市旧改办提供）

图 5-52 留改拆并举，以保留保护为主：提篮桥风貌区规划效果图（上海市城市更新中心提供）

Chapter 6

继往开来

党的二十大报告中提出，到 2035 年基本实现社会主义现代化，到 21 世纪中叶建成富强民主文明和谐美丽的社会主义现代化强国。过去三十年，上海旧区更新改造写下了辉煌篇章，积累了宝贵经验，走出了一条超大城市旧城区现代化治理之路。而下一个三十年，即到 21 世纪中叶的三十年左右时间内，如何契合甚至引领国家发展节拍，在 2035 年前基本实现广大城区特别是旧城区的现代化，到 21 世纪中叶全面实现现代化，这是正值中国共产党第二十次全国代表大会和中国共产党上海市第十二次代表大会胜利召开、《上海市城市更新条例》颁布实施、成片二级旧里改造全面收官、"两旧一村"改造全面启动之际，上海旧区更新改造需要思考的重要议题。

According to the Report to the 20th National Congress of the Communist Party of China, to build China into a great modern socialist country in all respects, we have to basically realize socialist modernization from 2020 through 2035 and to build China into a great modern socialist country that is prosperous, strong, democratic, culturally advanced, harmonious, and beautiful from 2035 through the middle of the century. In the past thirsty years, the rehabilitation and renovation of the old districts in Shanghai has achieved brilliant achievements, accumulated valuable experience, and opened up a road for the modernization of the old urban areas of megacities. In the next thirty years, how to conform to and lead the national development rhythm, and how to basically realize the modernization of the vast urban areas, especially the old urban areas, by 2035, and fully realize the modernization by the middle of this century are important issues that need to be considered in the renovation of Shanghai's old urban areas on the occasion of the successful holding of the 20th National Congress of the Communist Party of China and the 12th National Congress of the CPC, the comprehensive launch of Shanghai Urban Renewal Regulations, and the promulgation and implementation of the Shanghai Urban Renewal Regulations.

明确发展愿景
践行人民城市理念

Clarifying the Development Vision and Practicing
the People's City Concept

1. 国家的要求

党和国家领导人十分关心旧区改造和城市更新工作。2019年11月，习近平总书记考察上海时提出"人民城市人民建、人民城市为人民"重要理念，要求"无论是新城区建设还是老城区改造，都要坚持以人民为中心，聚焦人民群众的需求……让人民有更多获得感，为人民创造更加幸福的美好生活"。2020年8月，习近平总书记在扎实推进长三角一体化发展座谈会上，再一次强调"长三角区域城市开发建设早、旧城区多，改造任务很重，这件事涉及群众切身利益和城市长远发展，再难也要想办法解决"。时任中央政治局常委、国务院总理李克强近年来多次主持召开国务院常务会议，部署加大城镇老旧小区改造力度，顺应群众期盼，改善居住条件，推动惠民生、扩内需。时任中央政治局常委、国务院副总理韩正多次专题研究、推进城市更新和城镇老旧小区改造工作。在党和国家领导人重视、关心下，国家明确了相关行动规划与政策机制。

一是"实施城市更新行动"。城市是一种伴随人类社会发展不断演变的生命体。城市更新是指在城镇化发展接近成熟期时，通过保护特色历史风貌、完善存量公共资源等合理的"新陈代谢"方式，对城市空间资源重新调整配置，使之更好满足人的需求，更好适应经济社会发展的实际。党的十九届五中全会审议通过的《中共中央关于制定国民经济和社会发展第十四个五年规划和二〇三五年远景目标的建议》首次提出"实施城市更新行动"，党的二十大又进一步强调了城市更新工作为新时代创新城市建设运营模式、推进新型城镇化建设指明了前进方向。然而，由于城市更新的概念比较新，相关工作也才刚刚起步，对于城市更新与传统发展模式的差异，认识上还比较模糊，需要深入浅出地加以阐述。如何处理好"时代之变"背景下城市发展模式的转型、调整，以适应新形势、走出新道路、写好新篇章，也是当下急需厘清的内容。

二是"推进老旧小区改造"。2020年7月，国务院办公厅印发《关于全面推进城镇老旧小区改造工作的指导意见》。党的二十大报告进一步指出要"增进民生福祉，提高人民生活水平"。城镇老旧小区改造是重大民生工程和发展工程，对满足人民群众美好生活需要、推动惠民生扩内需、推进城市更新和开发建设方式转型、促进经济高质量发展具有十分重要的意义。国家有关文件要求各地按照党中央、国务院决策部署，坚持以人民为中心的发展思想，坚持新发展理念，按照高质量发展要求，大力改造提升城镇老旧小区，改善居民居住条件，推动构建"纵向到底、横向到边、共建共治共享"的社区治理体系，让人民群众生活更方便、更舒心、更美好。文件确定了全国城镇老旧小区改造任务总体计划；明确要求科学编制改造规划和年度改造计划；建立改造资金政府与居民、社会力量合理共担机制；加大行政、财政、税收、金融等支持力度和社会力量参与力度；建立健全政府统筹、条块协作、各部门齐抓共管的专门工作机制；利用"互联网＋共建共治共享"等线上线下手段开展多种形式的基层协商；明确项目实施主体；精简改造工程审批事项和环节；完善适应改造需要的标准体系；加强统筹指导，落实各级责任，做好宣传引导，形成社会支持、群众积极参与的浓厚氛围。

2．市民的诉求

新时期，针对旧区改造，上海市民诉求主要体现在以下三个方面。

一是零星旧区改造诉求。截至 2021 年年底，上海中心城区剩余零星二级旧里以下房屋约 43 万平方米，约 1.5 万户居民尚待改善居住条件。其中，大部分居民希望通过征收方式实施改造，原地实施旧住房综合改造的意愿不强。然而，相对于成片改造，零星旧区改造有其特殊性，"边角地""夹心地""插花地"等零星小微地块和畸形用地，地形复杂，边界曲折，用地破碎，可开发性比较弱。按照《上海市城市更新条例》，更多只能用于街头绿地或公建设施、市政设施。这样一来，相对成片改造而言，资金平衡的难度更大，具体实施的现实矛盾也较大。

二是成套改造诉求。上海在新中国成立初期，由于当时条件有限，又急于解决群众住房困难，建设了一定规模的小梁薄板房屋，结构性能差，安全风险高，住房不成套，邻里矛盾多，居民希望进行成套改造的呼声特别高。然而，由于这些房屋密度较高，一旦实施成套改造，成本严重高企，经济难以平衡，以致到现阶段还难以实施。几十年过去，成片二级旧里以下房屋得以改造，仍然居住在小梁薄板房屋的居民也十分期盼改造，其心情可想而知。

三是"城中村"改造诉求。散落在城乡接合部的"城中村"，外来人口众多、流动性大，而基础设施比较薄弱、煤卫公用。由于环境消杀工作难以彻底解决，成为本轮新冠肺炎疫情的重灾区，居民改善生活环境的意愿本已十分强烈，疫情出现后则更为迫切。城郊接合部也需要改善城市面貌、推进生态环境建设。

3．上海的追求

一是规划上有愿景。上海市"十四五"规划要求全力推进旧区改造和旧住房更新改造，包括深化城市有机更新，着力提升整体居住环境和质量；加快完成旧区改造，本届党委政府任期内全面完成约 110 万平方米中心城区成片二级旧里以下房屋改造任务，到 2025 年全面完成约 20 万平方米中心城区零星二级旧里以下房屋改造任务，过程中加强旧区改造土地收储和开发建设联动，引导规划提前介入，形成滚动开发建设机制；明确历史风貌保护甄别标准，加强对风貌保护资源多途径活化利用；探索零星旧里改造的方法和途径，建立市区联动、统筹平衡改造机制；全面完成旧区改造范围外的无卫生设施的老旧住房改造，全面启动以拆除重建为重点的旧住房成套改造，到 2025 年分类实施旧住房更新改造5000 万平方米；有序推进城中村改造。

二是法规上有依据。2021 年 9 月 1 日，《上海市城市更新条例》经上海市人大常委会第三十四次会议表决通过后开始施行，意味着上海从地方性法规层面对推进城市更新工作进行了制度规范，同时为城市更新工作提供了法治保障。该条例明确了城市更新的基本含义，是指上海市建成区内开展持续改善城市空间形态和功能的活动，具体包括加强基础设施和公共设施建设、优化区域功能布局、提升整体居住品质、加强历史文化保护等内容。明确上海市城市更新的类型为"留改拆并举、以保留保护为主"。建立了由市政府统筹推进，多部门分工管理，下设城市更新中心及专家委员会、区政府（管委会）具体推进本辖区内城市更新工作的城市更新管理机制。建立了"城市更新指引—更新行动计划—更新实施方案"的三层更新制度体系，层层递进。明确了更新区域内的城市更新活动由更新统筹主体统筹开展，同时建立更新统筹主体遴选机制。另外还就规划、标准、资金、税收、风貌、房源保障等方面提出了具体支持保障措施。

三是工作上有部署。2022 年 6 月，上海市第十二次党代会召开，要求"加快老旧小区、城中村改造，打造现代、宜居、安全的生产生活空间"。为推进该项工作，市领导紧锣密鼓地进行部署。6 月 14 日，时任市委书记李强调研加快推进城市更新工作，强调加快旧区改造、"城中村"改造和旧住房更新改造是民生问题、发展问题、治理问题，是"防疫情、稳经济、保安全"的重要发力点；要求以更高站位、更大力度、更强合力把城市更新各项工作向前推进，更好地实现保障人民健康安全和城市治理优化的统一。6 月 17 日，龚正市长召开专题会议，研究加快推进上海旧区改造、旧住房成套改造、"城中村"改造相关工作，要求压实目标任务，细化推进措施。7 月 14 日，时任市人大常委会主任蒋卓庆调研了多个"城中村"改造项目并召开了工作座谈会，听取了市相关部门和青浦区关于"城中村"改造工作的情况汇报，要求加快推进"城中村"改造，实施"一村一策"，坚持区域更新，打造"城中村"改造精品工程。另外，时任市人大常委会副主任肖贵玉专门听取"两旧一村"改造工作汇报，时任副市长彭沉雷连续召开专题会议，研究"两旧一村"改造工作，还专题调研了徐汇、青浦、闵行等区有关旧住房拆除重建和"城中村"改造等项目。

改造"两旧一村"
深入推进民生工程

Promoting Sporadic Old Reformation, Old Housing
Renewal and Urban Village Renovation

上海市根据第十二次党代会要求，打响"两旧一村"改造攻坚战，重点包括三个方面，即零星旧区改造、旧住房成套改造和"城中村"改造。

1. 指导思想

以习近平新时代中国特色社会主义思想为指导，坚持以人民为中心的发展思想，践行人民城市重要理念，深刻把握建设具有世界影响力的社会主义现代化国际大都市的内在要求，有效贯彻上海市城市更新条例，全面落实市第十二次党代会精神，以推动高质量发展、创造高品质生活、实现高效能治理为目标导向，坚持全市"一盘棋"，以更高站位、更大力度、更强合力加速推进"两旧一村"改造。

2. 基本原则

为了大力推进"两旧一村"改造工作，要明确五项基本原则。一是坚持改善民生，保护发展并重。以人为本，创造更高质量、更加美好的居住环境，切实维护人民群众的居住安全和健康安全。注重历史文化风貌整体保护，在改善居住条件的同时延续历史文脉。二是坚持规划引领，突出创新赋能。有效衔接国土空间规划，统筹做好区域规划，立足区域资源禀赋，加强政策创新研究，推动集成发力，加强全生命周期管理，通过系统强化公共服务、市政和安全设施的支撑能力，实现区域整体开发更新和城乡空间品质全面提升。三是坚持统筹联动，注重分类施策。因地制宜，分类施策，科学确定改造方式和时序。统筹做好布局优化、功能转化等工作，强化资金、资产、资源等要素统筹。通过市区、政企、项目联动，推动跨周期、跨区域、跨类别平衡。四是坚持以区为主，强化市区协同。强化区级主体责任，立足区内资源平衡，全力推进实施。加强市级统筹、指导，强化部门协调配合，加大配套政策保障力度。充分发挥市级城市更新平台功能，形成协同高效的强大合力。五是坚持政府引导，推动社会参与。在总结成功经验、发挥既有政策作用的基础上，进一步完善市场化参与机制和公众参与机制，凝聚全社会共识和力量，实现共建共享。

3．工作目标

上海市明确了"两旧一村"工作的总体目标任务：在 2022 年全面完成中心城区成片二级旧里以下房屋改造的基础上，着力将"两旧一村"改造区域打造成为绿色低碳发展、体现全过程人民民主、传承历史文化并展现城市特色风貌的示范区，改造工作不断迈出新步伐、跃上新台阶，促进城市功能品质进一步提升、城市健康宜居安全发展，显著提升基层治理体系和治理能力现代化水平。2025 年，"两旧一村"改造取得突破性进展，小梁薄板房屋改造全面完成。2030 年，"两旧一村"改造取得标志性成效，符合条件的"城中村"改造全面完成。2035 年，"两旧一村"改造完成历史性任务，改造区域全面建成。全面彰显现代、宜居、安全的城市更新内涵。

4．工作任务

（1）全面攻坚零星二级旧里以下房屋改造
加快推进采取征收方式的中心城区零星二级旧里以下房屋改造；对

有历史风貌保护要求的房屋，可根据实际情况，通过保护修缮、保留改造等方式实施。2023 年底，基本完成采取征收方式的房屋改造；2025 年底，全面完成其他实施方式的房屋改造。2025 年年底，全面完成中心城区零星二级旧里以下房屋改造。加快推进五个新城、南北转型发展区域、崇明生态岛等区域内以二级旧里以下房屋为主的旧城区改建。

（2）全面加快小梁薄板房屋等旧住房成套改造

结合区域规划、功能、保留保护价值甄别和不成套旧住房分布等情况，采取拆除重建、原址改建、置换、承租权归集、征收、保护修缮、保留改造（更新改建）等方式，实施旧住房成套改造，同步推进小区整体改造提升。2025 年年底，全面完成小梁薄板房屋改造，不成套里弄房屋等改造项目加快推进。2030 年年底，全面完成不成套职工住宅改造，不成套里弄房屋、公寓、花园住宅改造取得显著成效。

（3）全面提速"城中村"改造

坚持分类施策，通过项目整体改造、实施规划拔点、环境综合整治等方式，多措并举，切实提升中心城周边、城乡接合部、老城镇等区域的功能品质。促进区域整体改造，优化"城中村"改造项目的认定条件，集体建设用地占比调整为 50% 以上。运用土地储备、农村集体经济组织自行改造引入优质开发主体共同改造、公益性项目建设等方式加快推进。2025 年底，基本完成中心城区周边"城中村"改造，五个新城等重点区域"城中村"改造规模化推进。2030 年底，符合条件的"城中村"改造全面完成。同步推进实施规划拔点、环境综合整治。

探索城市更新
掀开未来新的篇章
Exploring Urban Renewal and
a New Chapter for the Future

党的二十大指出："我国发展面临新的战略机遇"。目前，我国城市正从过去更多追求拆旧建新，步入新时期以留改拆并举的"城市更新"。从某种程度上讲，城市更新是我国城市立足于新的战略阶段的新的战略机遇、战略任务、战略要求，是我国城市发展理念、模式、路径的系统性调整与完善。如何通过实施城市更新行动，展现中国式现代化的光明前景，推进我国城市旧区的全面复兴，是新时代赋予我们的新议题。

目前，城市更新已成为上海城市发展中的一个重点、热点、难点话题。改革开放以来，上海经历了城市空间的快速扩张时期，城市建设用地总量已经达到"天花板"。《上海市城市总体规划（2017—2035年）》提出了建设用地总量"零增长"的刚性约束，表明城市更新将成为上海城市空间发展的主要方式。与"大拆大建"不同，城市更新主要强调盘活存量来获得城市经济和社会发展空间，这将成为未来上海城市发展的主要特征，也对上海的城市发展理念和路径提出了新的、更高的要求。在"创新发展、协调发展、绿色发展、开放发展、共享发展"中，必须不断探索新要求下"有机更新"的新领域，以持续提升城市品质和活力。

近年来，各个领域对城市更新的认识逐步深化。

政府对于城市更新治理思想的转型逐步深化，城市更新已成为重点工作。"十二五"时期，城市更新基本上还没有正式登台亮相。例如在上海市"十二五"旧区改造规划中共出现"旧区改造"97次、"改造"163次，但还没有出现城市更新概念；在"十二五"住房发展规划中，"城市更新"概念也没有开始出现。而在上海市"十三五""十四五"规划以及相关重要文件中，"城市更新"开始频频出现。可以说，城市更新已经成为上海市的主要工作之一。

学界对于城市更新的系统性研究逐步深化。2015年以前，上海以"城市更新"为主题的活动、学术论坛少之又少。即便有，也更多是城市研究和规划设计领域的特色专题，如上海复旦规划建筑设计研究院于2010年成立城市更新研究中心，已经是比较超前了。而如今，城市更新已成为上海相关学科领域的热门研究方向，城市更新研究机构如雨后春笋般涌现，相关主题学术论坛更是缤纷呈现。2015 年，上海城市空间艺术季也开始以"城市更新"为展览主题。

社会对于城市更新的认知与认同逐步深化。客观上讲，在我国目前阶段，对于普通市民来说，城市更新概念比较新，也比较学术化，市民们深化认知还有一个过程。很多市民虽然知道了这个词汇，但究其本质内涵，不见得能够深入了解。在普通市民的意识里，城市更新仅仅意味着房子不拆或少拆了。近年来，政府、媒体、专业工作者对于城市更新的宣传与引介逐渐多了起来，城市更新已渐成热词。媒体关于城市更新的报道频次越来越高，经常见诸报端，市民也开始对此有所讨论。

《大学》有云：苟日新，日日新，又日新。城市更新就是上海"日日新"的主要成长方式，也是城市持续传承与创新的一份责任与使命。上海是一座历史文化名城，还有大量的具有保留保护要求的历史文化风貌区和历史街坊，有众多的优秀历史建筑和文物保护单位，需要倡导城市更新理念，实施城市更新行动，在《上海市城市更新条例》的基础上，不断深化政策、创新机制、探索模式，以适应新时期城市发展的形势要求。

2021 年 8 月发布的《住房和城乡建设部关于在实施城市更新行动中防止大拆大建问题的通知》要求探索可持续更新模式，不沿用过度房地产化的开发建设方式，不片面追求规模扩张带来的短期效益和经济利益，鼓励推动由"开发方式"向"经营模式"转变。

2021 年 9 月 1 日，《上海市城市更新条例》正式施行，在城市更新的理念与方式上，呼应了国家、住房和城乡建设部的相关要求。在此背景下，上海各级政府部门、各类市场主体、各家研究机构加大对城市更新工作的投入力度。2022 年 11 月 12 日，上海市规划和自然资源局、上海市住房和城乡建设管理委员会、上海市经济和信息化委员会、上海市商务委员会共同印发了《上海市城市更新指引》。2023 年 2 月 17 日，中共上海市委常委会审议通过《上海市城市更新行动方案（2023—2025年）》，指出城市更新事关上海未来发展，要求认真贯彻新发展理念，着眼强化城市功能，坚持规划引领、坚持问题导向，试点先行、创新机制，加快补齐公共服务短板，更加注重职住平衡，更好推动城市现代化建设。另外，在城市更新工作推进中，上海延续了过去三十年旧区改造中的改革创新精神，陆续出台了一系列相关配套政策文件。在城市发展模式转型中，上海还将在更多方面建章立制。

未来，上海将在做强、做实市城市更新中心的基础上，在已形成的功能型国企积极参与城市更新工作的基础上，不断完善与创新，打造适应于新时代城市更新工作需要的保障体系，为今后具体工作的推进作出贡献。

　　总之，基于上海三十年旧区改造的历程、成效、经验，以及新时期重点工作的主要特征，上海站高看远，精心编制"两旧一村"改造专项规划，有力、有节、有序推进；审慎制定下一步旧区改造政策，统筹兼顾好各方利益；探讨将过去在成片二级旧里以下房屋改造中的一些做法进行评估后，有选择地转化为"两旧一村"改造和城市更新工作的政策、机制、模式，既包括"两轮征询"、党建引领、"宝兴十法"等好的旧区改造制度，也包括一些实施效果比较好的政策设计，还有一些经受住了历史检验的更新改造模式，以继续演绎中国式现代化的城市更新实践样本。最重要的是，始终坚持党的领导，坚持以人民为中心，坚持以改革创新为动力，将这些作为上海三十年旧区改造工作的光荣传统和宝贵财富传承下去。在此基础上，解放思想，敢闯敢试，将好的理念和做法发扬光大，在新时代新征程，谱写新的辉煌篇章。

图书在版编目（CIP）数据

事关群众切身利益的事再难也要办好：旧区改造卷 =
Safeguarding People's Livelihood with Unrelenting
Efforts Urban Redevelopment／上海市住房和城乡建
设管理委员会编著． — 北京：中国建筑工业出版社，
2022.11
（新时代上海"人民城市"建设的探索与实践丛书）
ISBN 978-7-112-28160-2

Ⅰ．①事… Ⅱ．①上… Ⅲ．①旧城改造—研究—上海
Ⅳ．① TU984.251

中国版本图书馆 CIP 数据核字（2022）第 214859 号

责任编辑：黄　翊　刘　静　徐　冉
责任校对：刘梦然

新时代上海"人民城市"建设的探索与实践丛书
事关群众切身利益的事再难也要办好　旧区改造卷
Safeguarding People's Livelihood with Unrelenting Efforts Urban
Redevelopment
上海市住房和城乡建设管理委员会　编著
﹡
中国建筑工业出版社出版、发行（北京海淀三里河路 9 号）
各地新华书店、建筑书店经销
北京锋尚制版有限公司制版
北京雅昌艺术印刷有限公司印刷
﹡
开本：787 毫米×960 毫米　1/16　印张：22¼　字数：352 千字
2023 年 6 月第一版　　2023 年 6 月第一次印刷
定价：**198.00** 元
ISBN 978-7-112-28160-2
　　（40618）